装备科技译著出版基金

物联网的安全与隐私范式

IoT: Security and Privacy Paradigm

［印度］苏维克·帕尔（Souvik Pal）
［西班牙］维森特·加西亚·迪亚斯
　　　　　（Vicente García Díaz）　主编
［越南］达克恩勒（Dac-Nhuong Le）

方建华　方健梅　孙华刚　王传双　译

国防工业出版社

·北京·

著作权合同登记　图字：01-2023-3121 号

图书在版编目（CIP）数据

物联网的安全与隐私范式 /（印）苏维克·帕尔，（西）维森特·加西亚·迪亚斯，（越）达克恩勒主编；方建华等译. -- 北京：国防工业出版社，2025.7.
ISBN 978-7-118-13579-4

Ⅰ．TP393.4；TP18

中国国家版本馆 CIP 数据核字第 2025Y7X348 号

IoT: Security and Privacy Paradigm 1st Edition / by Souvik Pal | Vicente García Díaz | Dac-Nhuong Le/ ISBN: 978-0-367-25384-4

© 2020 Taylor & Francis Group, LLC.

Authorized translation from English language edition published by CRC Press, part of Taylor & Francis Group LLC. All rights reserved.

National Defense Industry Press is authorized to publish and distribute exclusively the Chinese (simplified characters) language edition. This edition is authorized for sale throughout Chinese mainland. No part of the publication may be reproduced or distributed by any means, or stored in a database or retrieval system, without the prior written permission of the publisher.

Copies of this book sold without a Taylor & Francis sticker on the cover are unauthorized and illegal.

本书原版由 Taylor & Francis 出版集团旗下 CRC 出版公司出版，并经其授权翻译出版。版权所有，侵权必究。本书中文简体翻译版授权由国防工业出版社独家出版并限在中国大陆地区销售。未经出版者书面许可，不得以任何方式复制或发行本书的任何部分。本书封面贴有 Taylor & Francis 公司防伪标签，无标签者不得销售。

※

国防工业出版社出版发行

（北京市海淀区紫竹院南路 23 号　邮政编码 100048）
雅迪云印（天津）科技有限公司印刷
新华书店经售

*

开本 710×1000　1/16　印张 24¼　字数 362 千字
2025 年 7 月第 1 版第 1 次印刷　印数 1—1600 册　定价 168.00 元

（本书如有印装错误，我社负责调换）

国防书店：(010) 88540777　　书店传真：(010) 88540776
发行业务：(010) 88540717　　发行传真：(010) 88540762

作者简介

Souvik Pal 博士是印度西孟加拉邦全球管理技术研究所计算机科学与工程系副教授。在担任现任职务之前，他曾在布巴内斯瓦尔的纳兰达理工学院和加尔各答的 JIS 工程学院担任助理教授，加尔各答 Elite 工程学院计算机科学系担任系主任，有十多年的科研经验。他在 Elsevier 出版社、Springer 出版社、CRC 出版社和 Wiley 出版社出版了 12 本书，是 "智能云物联网系统学习分析的进展"（Advances in Learning Analytics for Intelligent Cloud-IoT Systems）系列丛书主编，获得专利 3 项，于 2018 年获得 "终身成就奖"。他在 Scopus 和 SCI 索引的国际期刊和会议上发表了许多研究论文。他担任了 100 多份国际期刊和会议的副主编和编委会成员，且曾受邀在国内外许多知名大学和学院担任专家/会议主讲人。他的研究领域包括云计算、大数据、物联网和数据分析。

Vicente García Díaz 博士是西班牙奥维耶多大学计算机科学系副教授，主持科研项目 90 余项，在相关期刊、会议和专著上发表研究论文 80 余篇。他是多种期刊的编委和咨询委员会的成员，也是《Scientific Programming 和 International Journal of Interactive Multimedia and Artifcial Intelligence》几期特刊的主编。他还完成了很多专著的撰写工作，如《物联网与大数据手册》（CRC 出版社）、《工业物联网协议与应用》（IGI Global 出版社）、《系统与软件工程创新研究手册》（IGI Global 出版社）、《模型驱动软件工程的进展与创新》（IGI Global 出版社），以及《模型驱动工程的进展和应用》（IGI-Global 出版社）。他的研究方向包括数字化学习（e-learning）、机器学习以及在不同领域中使用特定领域的语言。

Dac-Nhuong Le 博士是越南海防大学信息技术学院副院长，信息技术应用与外语培训中心副主任。他拥有 13 年的科研经验，在国际会议、期刊和网站

（SCI、SCIE、SSCI、Scopus、ACM、DBLP 索引）上发表过许多论文。他的研究领域包括评估计算和近似算法、网络通信、安全和脆弱性、网络性能分析与仿真、云计算、物联网和生物医学图像处理。他的核心工作是网络安全、软计算、物联网和生物医学应用中的图像处理。他担任 Springer ASIC/LNAI 系列（FICTA 2014、CSI 2014、IC4SD 2015、ICCT 2015、印度 2015、IC3T 2015、印度 2016、FICTA 2016、ICDECT 2016、IUKM 2016、印度 2017、CISC 2017、FICTA 2017、FICTA 2018）技术项目委员会、技术评审员、国际会议跟踪主席。目前，他是国际期刊编委会成员，已撰写了 9 本计算机专业学术图书，分别由 Springer 出版社、Wiley 出版社、CRC 出版社、Lambert 出版社和 Scholar 出版社出版。

译者序

传统意义上的互联网应用已经非常广泛、发展相当成熟，但在使用中还存在着各种各样的安全漏洞。随着科学技术的快速发展，物联网技术正在逐渐改变着人们的生活，物联网是互联网技术基础上的延伸和扩展，它将射频识别、传感器、互联网等技术融合在一起，形成一个巨大网络，所有事物容纳在这个网络中，事物之间进行信息的交互，实现任何时间、任何地点，人、机、物的互联互通，以实现对它们智能化识别和管理。物联网作为新兴产物，体系结构更复杂，但是由于没有统一标准，各方面的安全问题也更加突出。将电子标签置入物品中以达到实时监控的状态，这势必会造成个人隐私的暴露，不仅仅是个人信息安全，如今随着企业、国家之间逐渐频繁的合作，一旦网络遭到攻击，后果将更不敢想象。因此，如何在使用物联网的过程中做到信息化和安全化的平衡至关重要。

本书涵盖了物联网技术中广泛涉及的安全和隐私问题，包括安全漏洞、数据密集型安全和隐私、隐私保护通信协议、射频识别相关技术，如信号干扰、欺骗、窃听、机器对机器（M2M）通信协议中的身份验证令牌安全、人群感知中的隐私以及自适应网络物理系统。本书首先从介绍普适计算入手，阐释了开发物联网安全机制的必要性，提出了未来物联网环境下开发 Fog 平台面临的挑战和未来的发展方向。通过对与物联网紧密相关的智能交通系统（ITS）、智能考勤系统、智慧化农业管理系统、远程医疗信息系统（TMIS）等的举例，介绍了采用眨眼传感器、安全带机制等来确保交通安全的方法，针对医疗保健系统各种安全威胁的补救措施、智慧农业的管理措施等。探讨了基于云的工业物联网设备中的数据加密、用于评估和分析网络攻击方法，分析了认证和授权的必要性，重点介绍了软件防御网络（SDN）方法，确定了与物联网设备和软件相关的网络入侵检测预测方法。探索了物联网安全的研究方向，为异构物联网设备和软件面临的安全问题提供了最优解决方案。举例说明了物联网在各种场景中的不同应用，并证明了物联网基础设施技术快速发展下，保证隐私性和安全性最有效的传统方法是采用不同的加密技术。最后讨论了物联网架构中不同层的隐私和安全问题，提供了不同的认证、加密、公钥基础设施（PKI）安全、应用程序编程接口（API）安全、硬件测试和不同的案例分析。

本书内容汇编了全球物联网安全及隐私技术领域学术研究的最新成果，具有极高的学术价值，代表了当前世界物联网安全技术发展的前沿水平。三位主要作者在物联网及安全研究方面都有非常深入的研究。苏维克·帕尔（Souvik Pal）的研究方向覆盖云计算、大数据、物联网和数据分析等领域，著有《智能云物联网系统学习分析的进展》；维森特·加西亚·迪亚斯（Vicente García Díaz）著有《物联网与大数据手册》《工业物联网协议与应用》等；达克恩勒（Dac-Nhuong Le）研究方向包括网络通信、安全和脆弱性、网络性能分析与仿真、云计算、物联网和生物医学图像处理等领域。

物联网技术将大量应用于武器装备的使用、管理和调控等方面，装备效能发挥将会得到极大提升，具有很高的军事应用价值，因此，物联网技术的安全性研究正在被世界上越来越多的国家所重视。本译著的出版，将对我国物联网领域，包括标准规范研究、数据传输协议制定、安全加密研究等发展起到一定的推进作用，将对我国从事物联网技术武器装备研发、保障和管理的安全技术研究人员提供重要的学术参考。

本书出版得到中央军委装备发展部装备科技译著出版基金的资助，在此表示衷心感谢。

本书涉及的内容多，专业性强，加之译者水平有限，不当之处在所难免，敬请读者批评指正。

译 者

2024 年 10 月

前言

本书涵盖了物联网技术中广泛存在的安全和隐私问题,内容的多样化将使本书有别于其他书。章节内容包括安全漏洞、密集型数据安全和隐私、隐私保护通信协议、射频识别相关技术(如信号干扰、欺骗、窃听)、机器到机器(M2M)通信协议中的认证安全、群组感知中的隐私以及自适应网络物理系统。这些主题很可能嵌入支持物联网技术的安全和隐私方面。本书汇集了顶尖的科研人员,就物联网安全和隐私问题的各个方面进行交流和分享他们的经验和研究成果。它还为研究人员、从业者和教育工作者提供了一个重要的跨学科平台,展示和讨论了物联网安全和隐私领域的最新创新、趋势和关注点,以及遇到的实际挑战和采用的解决方案。

本书分为16章。第1章讨论了普适计算的各种维度,以及利用高性能技术向基于无线技术的城市的具体集成。为了使智能城市或类似无线环境中物联网的整体方案和实施变得安全,需要开发各种机制。本章的主要目标是为基于网络互联协议(IP)的物联网传感器提供密码安全管理机制的各种方法,以增强实现其安全性和整体性能。

第2章重点介绍了与部分连接的自动化车辆环境(PCAVE)相关的所有创新技术,以增强先进的交通运输体制,并将这些技术应用到智能交通系统(ITS)中。概述了网络安全问题、欧盟法规和经济,并回顾了与交通部门相关的已知网络攻击。本研究的目标和范围广泛覆盖了高质量的综述和研究文章,包括实验、仿真、建模以及与车辆相关的交通分析,主要关注CAVE和PCAVE中实际的时间数据驱动方法。

第3章介绍了Fog平台的需求,这些需求可以满足将来在物联网环境中通过智能设备生成的大数据的需求,并且还提出了开发这些平台时所面临的挑战。本章仔细研究了现有Fog平台的特性以及设计平台的其他关键要求,例如架构和算法,这些在文献中都可以找到。此外,讨论了未来研究的发展方向。

第4章论述交通事故和保障交通安全的方法。道路变幻莫测,每一个转弯处都可能发生致命的事故。人们不能仅仅依赖其他司机和行人的能力,而需要对环境和其他交通工具有自我的判断。司机应该采取一切预防措施,注意路上的人,因为每个生命都是宝贵的。事故的常见原因是司机注意力不集中或疲劳驾驶。这项研究中使用了一个眨眼传感器,以监测司机的眼睛是否一直睁着,确保司机不会睡着,以及一个装置,以监测司机是否一直系着安全带。通过这些小小的努力,可以确保司机的安全,也可以挽救路上其他人的生命。

第5章介绍了一种使用接近传感器和云存储数据的方法。这一章介绍了智能考勤系统,这是一种几乎不需要安装成本、节省纸张和教师工作时间的课堂考勤系统。如果学生连续三天不上课或出勤率低于要求,将向家长发送信息。

第6章探讨了基于云的工业物联网设备中的数据加密。在物联网中,不同功能的设备都有一个共同的平台。利用这个平台,它们可以互相交流。随着设备之间通信的增加,数据也在增加。为了支持丰富的数据存储和提供可扩展性,引入了云技术。这项技术可以随时随地向用户提供数据。与常规加密标准方法相比,云计算的可靠性提高了 10.05%。

第7章介绍了用于评估和分析网络攻击的方法。本章的意义和贡献是多方面的,本章不仅详细介绍了基于物联网的设备,还介绍了其开发背后所涉及的基本概念,并指出了常见的技术瓶颈。随后,我们将讨论这一领域的开放挑战,以及未来改进现有网络安全技术的可能性。

第8章回顾了相关文献,确定了与物联网设备和软件相关的网络入侵检测和预测方法。各种安全机制,如密码学,将探讨其基于物联网的硬件实现,并将提出一些机器学习技术,以解决可能的安全问题。本章的主要目标是探索研究方向,旨在为异构物联网设备和软件面临的安全问题提供最优结果。

第9章讨论了物联网中认证和授权的必要性。由于网络具有可扩展性,因此提出了静态和动态环境下的认证。讨论了各种问题,如通信开销、计算资源的使用、对多种攻击的容忍度以及设备的信任。由异构设备组成的物联网具有多种资源,因此本章讨论了集中式和分散式认证方案,以减少通信开销和能耗。

第10章重点介绍了软件定义网络（SDN）方法，以制定一个高效的和庞大的物联网网络。SDN 提供的物联网需要具有高度的灵活性和敏捷性。此外，它允许开发者和网络管理员使用应用程序层开发和管理先进的工具和软件从而更加有效地连接物联网。如果我们有更好的 SDN，那么这两种技术之间的关系是成正比的，从而获得最好的物联网性能。通过讨论 SDN 如何帮助物联网拥有一个更稳定和安全的框架来工作，本章介绍了一项与此相关的调查研究。

第11章讨论了远程医疗信息系统（TMIS）如何帮助患者访问所需的医疗服务，实现远程访问他们的医疗信息。由于通信系统的脆弱性和医疗信息的敏感性，TMIS 需要安全通信。用户和服务器的相互身份验证和会话密钥协议对于确保远程医疗体系结构的完整性、互通性和安全性是必要的。远程用户身份验证是在不安全的网络上执行安全通信的一种有效技术。

第12章探讨了现有基于物联网的医疗保健系统面临的各种安全威胁，如非法电子病历（EPR）修改攻击，并随后提出了预防/检测这些攻击的补救措施。在这方面，本章讨论了面向物联网医疗保健系统安全和隐私的传统方法，这些方法主要基于数据预处理，而相对于较新的安全分支，即数字取证，其 EPR 攻击的检测和预防完全面向后处理。最后，本章介绍了一种最新的最先进的数字取证技术，应用于基于物联网的医疗保健基础设施中的医学图像认证。

第13章举例说明了对物联网的基本原理和底层架构的理解。这促使我们向读者和研究人员介绍物联网在其起源和基本概念方面的重要性。此外，了解物联网架构和在人类生活不同领域的可能应用，将鼓励研究人员寻找解决方案和有效设计物联网网络。因此，本章的目标是阐明物联网在国际场景中的各种应用，以及它在提供高质量的人类生活方面的贡献。本章总结了物联网的基本原理，从其开始到目前的应用。本章的另一个目标是让研究人员清楚地了解物联网设计及其功能面临的限制。

第14章介绍了基础设施技术的发展。我们的世界是通过物联网驱动的智能设备连接在一起的，这些设备利用无线媒体通过广播来交换信息，这使得系统更容易被窃听。传统方法是采用不同的加密技术来保证隐私性和安全性，如非对称加密（RSA）算法和对称加密算法（AES）。

第15章阐述了农业司法协作模式下，如何利用物联网监测土壤温度、含水量和土壤水势，从而实现智能化灌溉。在这种方法中，通过自动洒水实现土壤的平衡散热。此外，温度的动态变化也将对土壤进行供水。此外，对土壤体积含水量的协同监测和预测性维护节省了时间，避免了时刻警惕的问题，还可以根据需要向植物和田地供水来促进节水。除此之外，本章还介绍了实验中从传感器接收到的信息和各种参数。该信息作为模拟输入到由 Arduino Uno 单片机实现的等效电子模型，该模型将信息与用户的手机以及集中的数据峰值云进行协作处理。

第 16 章讨论了物联网架构不同层的隐私和安全问题。这里，我们观察数据链路层、网络层和应用层协议。大多数层受以下因素的影响：传输敏感数据、密钥分配、预安装的设备密钥、身份验证、网络攻击以及应用层协议，如 RPL、PAIR、MQTT 和 CoAP。为了实现安全，本书还提供了不同的认证、加密、PKI 安全、API 安全、硬件测试和不同的案例分析。

从征稿到成章，所有的作者都无私地贡献了自己的力量，这是团队积极合作的一个标志。编者们真诚地感谢 CRC 出版社/Taylor & Francis 集团提供的建设性意见。我们非常感谢系列丛书的主编 Vijender Kumar Solanki、Raghvendra Kumar 和 Le Hoang Son 为本书所做的贡献。我们同样感谢来自世界各地的审稿人员，感谢他们对本书的成稿提供的大力支持和帮助。

目 录

➢ **第1章 物联网家庭和智慧城市自动化的入侵检测与防范** ············ 1

    1.1 简介 ·· 1
    1.2 物联网场景的关键模块和组件 ··· 2
    1.3 全局场景 ··· 3
    1.4 用于物联网设备索引的著名搜索引擎 ···································· 4
    1.5 Shodan 物联网搜索引擎 ·· 4
    1.6 对物联网环境的攻击 ··· 10
    1.7 智慧城市中的物联网集成安全远程医疗交付 ························ 12
    1.8 基于区块链的安全机制，应用于家庭自动化和智慧城市
        安全管理 ··· 14
        1.8.1 区块链的关键层面 ·· 15
        1.8.2 智慧城市和家庭自动化区块链的使用 ························ 17
        1.8.3 使用区块链实现生成离散值 ······································· 18
        1.8.4 基于物联网的安全场景区块链 ··································· 22
    1.9 结论 ·· 23
    参考文献 ··· 23

➢ **第2章 异构智能交通系统：网络安全问题、欧盟法规与经济
综述** ··· 26

    2.1 简介 ·· 26
    2.2 运输部门的网络攻击 ··· 27
    2.3 自动化和联网车辆的交通流量 ·· 30
        2.3.1 使用四要素框架对联网和自动驾驶车辆排进行

    建模 ……………………………………………… 30
  2.3.2 自动化和联网交通流研究的机遇和挑战 ……… 31
 2.4 车辆联网与道路吞吐量 ……………………………… 34
 2.5 转型地区联网、合作和自动化运输所需的信息和通信
   技术基础设施 ………………………………………… 34
  2.5.1 自动化水平和自动化水平的过渡 ……………… 35
  2.5.2 TransAID 的范围和概念 ………………………… 36
 2.6 对联网车辆的攻击 …………………………………… 37
  2.6.1 黑客攻击联网车辆的历史 ……………………… 37
  2.6.2 远程汽车黑客的现状 …………………………… 38
  2.6.3 入侵汽车的方法 ………………………………… 38
  2.6.4 现有技术不足以满足未来需求 ………………… 39
  2.6.5 未来对联网车辆的攻击和可能的防御 ………… 40
 2.7 欧盟在联网车辆和自动驾驶车辆部署中的作用及法规 … 41
 2.8 联网车辆和自动驾驶车辆对经济的影响 …………… 42
 2.9 结论 …………………………………………………… 43
 参考文献 …………………………………………………… 44

第 3 章 物联网应用的 Fog 平台：需求、调查和未来方向 ……… **46**

 3.1 简介 …………………………………………………… 46
 3.2 Fog 计算是什么？ …………………………………… 48
  3.2.1 Fog 计算 ………………………………………… 48
  3.2.2 物联网中的 Fog 计算：事物 Fog ……………… 48
  3.2.3 车辆 Fog 计算 …………………………………… 48
 3.3 Fog 计算与其他类似分布式计算平台的比较 ……… 49
 3.4 Fog 计算环境及局限性 ……………………………… 50
  3.4.1 Fog 计算环境 …………………………………… 50
  3.4.2 Fog 计算元素：Fog 节点 ……………………… 51
  3.4.3 Fog 计算的局限性 ……………………………… 51
 3.5 Fog 计算平台的设计目标、要求和面临的挑战 …… 52
  3.5.1 Fog 计算的设计目标 …………………………… 52
  3.5.2 Fog 计算平台要求 ……………………………… 53
  3.5.3 构建有效的 Fog 计算平台面临的挑战 ………… 54

3.6 最先进的 Fog 计算架构和平台 ·· 57
   3.6.1 用于特定领域或应用程序的 Fog 计算架构 ············ 57
   3.6.2 Fog 平台和框架 ·· 58
3.7 物联网在 Fog 计算中的应用 ·· 60
   3.7.1 健康护理 ·· 60
   3.7.2 智慧城市 ·· 61
3.8 Fog 计算平台未来研究方向 ·· 62
3.9 结论 ·· 64
参考文献 ·· 64

第 4 章 基于 IoT 的智能汽车安全系统 ·· 68

4.1 简介 ·· 68
   4.1.1 动机 ·· 68
   4.1.2 研究目的 ·· 69
   4.1.3 目标 ·· 69
   4.1.4 章节组织 ·· 69
4.2 文献综述 ·· 70
   4.2.1 现有模型/研究概述 ·· 70
   4.2.2 调查发现的总结/差距 ·· 71
4.3 提出系统概述 ·· 71
   4.3.1 简介和相关概念 ·· 71
   4.3.2 提出系统的框架和架构/模块 ···························· 72
   4.3.3 提出系统模型 ·· 72
4.4 提出系统分析与设计 ·· 74
   4.4.1 需求分析 ·· 74
   4.4.2 产品需求 ·· 77
   4.4.3 操作要求 ·· 77
   4.4.4 系统需求 ·· 78
4.5 结果与讨论 ·· 81
参考文献 ·· 84

第 5 章 使用云服务的基于 IoT 的智能考勤监控设备 ························ 86

5.1 简介 ·· 86

5.2 云 ··· 86
5.3 使用物联网的传感器 ·· 87
5.4 云和物联网的融合 ··· 88
5.5 云和物联网：集成的驱动力 ·· 89
5.6 基于云的物联网集成的开放性问题 ····································· 91
5.7 平台 ·· 92
5.8 开放挑战 ··· 93
5.9 物联网支撑技术及云服务框架 ··· 94
5.10 物联网虚拟化 ·· 95
5.11 现有考勤监控系统存在的问题 ··· 96
5.12 智能考勤系统硬件支持 ·· 97
5.13 智能考勤系统软件支持 ·· 98
5.14 考勤监控系统架构 ··· 99
5.15 智能考勤所面临的挑战 ·· 101
参考文献 ·· 101

第 6 章 基于云的工业物联网设备的数据加密 ·············· 104

6.1 简介 ··· 104
6.2 文献综述 ··· 106
6.3 前提条件 ··· 112
6.4 系统原理 ··· 112
  6.4.1 研究中的假设 ·· 112
  6.4.2 研究中使用的符号 ··· 112
  6.4.3 系统工作流程 ··· 113
6.5 研究分析 ··· 116
  6.5.1 数据可靠性 ·· 116
  6.5.2 计算时间 ··· 116
6.6 结论 ··· 117
参考文献 ·· 118

第 7 章 物联网技术中的网络攻击分析和攻击模式 ·············· 123

7.1 简介 ··· 123
  7.1.1 基于物联网的网络及相关安全问题 ························· 123

	7.1.2 网络威胁检测安全系统的需求	124
	7.1.3 网络威胁管理	125
7.2	网络攻击的分类和分类学	126
	7.2.1 基于目的	126
	7.2.2 根据介入的严重程度	128
	7.2.3 法律上分类	128
	7.2.4 基于范围	130
	7.2.5 基于网络类型	130
7.3	网络入侵的建模技术和范例	131
	7.3.1 钻石建模	132
	7.3.2 杀伤链建模	132
	7.3.3 攻击图技术	134
7.4	评估支持物联网的网络攻击	136
	7.4.1 分类评估和入侵检测	136
	7.4.2 基于数据挖掘技术的计算机网络攻击分析	138
7.5	针对网络攻击的映射	139
	7.5.1 工业系统和SCADA系统	141
	7.5.2 运输系统	142
	7.5.3 医疗系统和物联网健康设备	143
7.6	下一步的发展和结论	144
参考文献		145

第8章 物联网技术的网络攻击分析和安全性特性综述　147

8.1	简介	147
	8.1.1 物联网设备	148
	8.1.2 云基础设施	149
	8.1.3 网关	149
	8.1.4 物联网架构	149
8.2	物联网技术和服务概述	150
	8.2.1 各种物联网应用中使用的传感器	151
	8.2.2 物联网的应用	151
8.3	物联网设备的漏洞、攻击和安全威胁	153
	8.3.1 物联网的安全威胁	153

8.3.2　网络安全挑战 ·· 153
　　　8.3.3　物联网攻击 ·· 155
8.4　各种解决网络安全和物联网攻击技术的比较研究 ········· 156
8.5　用于解决物联网数据隐私和访问隐私问题的不同
　　 技术 ··· 160
　　　8.5.1　数据隐私 ·· 160
　　　8.5.2　访问隐私 ·· 164
　　　8.5.3　物联网安全的机器学习（ML）方法 ············· 164
8.6　解决物联网安全相关问题的数据加密和解密技术：
　　 案例研究 ·· 167
　　　8.6.1　Base64 加密算法 ······································ 167
　　　8.6.2　实施 ·· 169
　　　8.6.3　电路图 ··· 170
　　　8.6.4　工作流程图 ··· 171
　　　8.6.5　物联网设备之间的安全数据传输分析 ············ 171
8.7　结论和未来研究领域 ··· 173
　　 参考文献 ·· 174

第 9 章　物联网设备认证 ·· **179**

9.1　简介 ··· 179
9.2　物联网验证与授权 ·· 180
　　　9.2.1　文献综述 ·· 181
　　　9.2.2　挑战和研究问题 ······································· 182
9.3　物联网中的认证机制 ··· 183
　　　9.3.1　静态环境和动态环境 ································· 183
　　　9.3.2　集中式方法 ··· 183
　　　9.3.3　分布式方法 ··· 184
　　　9.3.4　局部集中全球分布 ···································· 184
9.4　基于 Fog 的物联网设备验证 ································ 185
　　　9.4.1　网络环境 ·· 185
　　　9.4.2　授权 ·· 191
　　　9.4.3　基于代理的身份验证方法 ·························· 192
　　　9.4.4　性能参数 ·· 193

9.5 结论 ········· 194
参考文献 ········· 194

第 10 章　软件定义网络与物联网安全 ········· **199**

10.1 简介 ········· 199
 10.1.1 传统架构的限制 ········· 200
 10.1.2 软件定义网络（SDN） ········· 200
 10.1.3 OpenFlow 协议 ········· 202
10.2 相关研究 ········· 203
 10.2.1 安全物联网的安全 SDN 平台 ········· 203
 10.2.2 建议的体系结构 ········· 203
 10.2.3 物联网的安全 SDN 框架 ········· 204
 10.2.4 IoT-SDN 集成 ········· 206
10.3 SDN 技术面临的挑战 ········· 207
10.4 SDN 的物联网革命 ········· 208
10.5 结论 ········· 210
参考文献 ········· 211

第 11 章　基于非对称加密算法的远程医疗信息系统用户认证方案 ········· **214**

11.1 简介 ········· 214
11.2 文献综述 ········· 219
 11.2.1 前提条件 ········· 222
 11.2.2 初步计算 ········· 223
11.3 拟用方法说明 ········· 223
 11.3.1 医生注册阶段 ········· 223
 11.3.2 患者登记阶段 ········· 224
 11.3.3 登录和认证阶段 ········· 225
11.4 提出的方案分析 ········· 231
 11.4.1 安全需求分析 ········· 231
 11.4.2 计算成本分析 ········· 233
 11.4.3 对比分析 ········· 233
11.5 结论 ········· 235

参考文献 ····· 235

第 12 章 非法 EPR 修改：物联网医疗系统的主要威胁及通过盲取证方法的补救措施 **242**

12.1 简介 ····· 242
12.2 基于物联网的医疗保健框架 ····· 244
12.3 物联网医疗保健的安全挑战 ····· 246
    12.3.1 基于物联网的医疗系统中的安全攻击 ····· 247
    12.3.2 物联网医疗中的数据修改攻击 ····· 249
    12.3.3 医疗保健面临的挑战 ····· 250
12.4 物联网医疗保健系统中数据修改的安全解决方案 ····· 251
    12.4.1 主动解决方案：医学图像的数字水印 ····· 252
    12.4.2 被动解决方案：用于医学图像真实性检测的法医解决方案 ····· 256
12.5 结论 ····· 261
参考文献 ····· 262

第 13 章 物联网基础与应用 **266**

13.1 简介 ····· 266
13.2 挑战 ····· 268
    13.2.1 可扩展性 ····· 268
    13.2.2 技术标准化 ····· 269
    13.2.3 互操作性 ····· 269
    13.2.4 软件复杂性 ····· 271
    13.2.5 数据容量和数据解读 ····· 271
    13.2.6 容错 ····· 271
    13.2.7 网络 ····· 271
    13.2.8 隐私和安全问题 ····· 272
13.3 物联网及其应用 ····· 272
    13.3.1 智慧家居 ····· 272
    13.3.2 智能可穿戴设备 ····· 273
    13.3.3 智慧城市 ····· 275
    13.3.4 智能停车 ····· 281

- 13.3.5 智慧农业 ... 282
- 13.3.6 鱼类养殖 ... 283
- 13.3.7 灾害管理 ... 284
- 13.4 结论 ... 285
- 参考文献 ... 286

第14章 物联网的物理层安全方法 ... 288

- 14.1 简介 ... 288
  - 14.1.1 保密的常规系统模型 ... 290
  - 14.1.2 实际窃听信道场景 ... 291
  - 14.1.3 多输入多输出系统 ... 292
- 14.2 相关研究 ... 293
- 14.3 加密技术与物理层安全 ... 294
- 14.4 窃听的分类 ... 295
  - 14.4.1 主动窃听 ... 295
  - 14.4.2 被动窃听 ... 295
- 14.5 物理层安全性能指标 ... 296
  - 14.5.1 信道状态信息 ... 296
  - 14.5.2 保密速率 ... 297
  - 14.5.3 遍历保密容量/速率 ... 297
  - 14.5.4 安全中断概率 ... 298
  - 14.5.5 非零安全容量概率 ... 299
  - 14.5.6 安全中断容量 ... 299
  - 14.5.7 安全区域/安全中断区域 ... 299
  - 14.5.8 安全自由度 ... 300
  - 14.5.9 其他保密性能指标 ... 300
- 14.6 无线衰落信道 ... 301
  - 14.6.1 α-η-κ-μ 衰落信道 ... 303
  - 14.6.2 双阴影 κ-μ 衰落信道 ... 304
- 14.7 阴影对保密性能的影响 ... 305
- 14.8 结论 ... 310
- 参考文献 ... 310

第 15 章　物联网灌溉系统　315

- 15.1　简介　315
- 15.2　与物联网相关的简要文献综述　316
- 15.3　物联网设备　317
  - 15.3.1　云平台　318
  - 15.3.2　使用物联网的实现　318
- 15.4　物联网安全问题　318
- 15.5　农业物联网模型的硬件支持　319
  - 15.5.1　Arduino　319
  - 15.5.2　Arduino Uno　320
  - 15.5.3　Wi-Fi 网络解决方案（ESP8266）　320
  - 15.5.4　土壤水分传感器硬件支持　323
  - 15.5.5　农业物联网实施中使用的软件　324
- 15.6　智慧农业的工作原理　328
  - 15.6.1　Arduino IDE 软件中的初始设置　328
  - 15.6.2　与 Arduino 的 ESP8266-01 接口　328
  - 15.6.3　运行代码　328
- 15.7　实验工作　330
- 15.8　结论和未来的增强　334
- 参考文献　334

第 16 章　基于物联网架构的隐私和安全挑战　336

- 16.1　物联网基础　336
- 16.2　物联网的基本要素　337
- 16.3　特征　338
- 16.4　对象的分类　339
  - 16.4.1　电源管理　339
  - 16.4.2　通信　340
  - 16.4.3　功能属性　340
  - 16.4.4　本地用户界面　340
  - 16.4.5　硬件和软件资源　340
- 16.5　传统 TCP/IP 层方法存在的问题　341

16.6 标准和网络协议 …………………………………………………… 343
　　16.6.1 数据链路层 ………………………………………………… 343
　　16.6.2 网络层路由协议 …………………………………………… 345
　　16.6.3 网络层的封装协议 ………………………………………… 346
　　16.6.4 应用层协议 ………………………………………………… 347
16.7 物联网应用 …………………………………………………………… 348
16.8 技术挑战的类别 ……………………………………………………… 348
　　16.8.1 安全性 ………………………………………………………… 348
　　16.8.2 连通性 ………………………………………………………… 349
　　16.8.3 兼容性和寿命 ………………………………………………… 349
　　16.8.4 标准 …………………………………………………………… 349
　　16.8.5 智能分析和行动 ……………………………………………… 349
16.9 试验台和模拟 ………………………………………………………… 349
16.10 隐私和安全 …………………………………………………………… 351
16.11 物联网安全架构 ……………………………………………………… 351
　　16.11.1 感知层 ………………………………………………………… 352
　　16.11.2 网络层 ………………………………………………………… 352
　　16.11.3 传输层 ………………………………………………………… 352
　　16.11.4 应用层 ………………………………………………………… 352
16.12 物联网应用中基于概率的信任建立技术 …………………………… 353
16.13 总结 …………………………………………………………………… 354
参考文献 ……………………………………………………………………… 356

≫贡献者 …………………………………………………………………… **362**

第 1 章　物联网家庭和智慧城市自动化的入侵检测与防范

M. Gowtham, H. B. Pramod, M. K. Banga, Mallanagouda Patil

1.1　简　介

随着智能设备的大规模部署和采用,无线环境中的设备很容易受到巨大安全问题的影响,同时也缺乏防范黑客攻击的机制(Cui 和 Moran,2016;Wortmann 和 Flüchter,2015;Islam 等,2015)。如今,几乎每个人都至少有一个智能小设备,比如智能手机、智能保健小工具或其他任何设备(Dastjerdi 和 Buyya,2016)。这些设备对物联网(Internet of Things,IoT)搜索引擎相当开放,因此需要更高程度的安全强制执行机制(Al-Fuqaha 等,2015;Li 等,2015;Wortmann 和 Flüchter,2015)。

图 1.1 描述了基于物联网的城市环境构成的关键环节,这种城市环境在各个领域都具有高度的自动化和效能。以下是基于物联网的城市环境的关键环节内容。

图 1.1　基于物联网的智慧城市构成的关键环节

(1) 智慧城市：
- 智能道路
- 智能交通灯

(2) 工业应用：
- 臭氧监测
- 智能电网
- 工业灾害预测

(3) 智慧家居：
- 可穿戴设备

(4) 智慧水利：
- 化学品泄漏检测
- 便携式水监测
- 污染水平分析
- 河流洪水预测

(5) 零售业：
- 工业控制系统

(6) 可持续资源的环境保护：
- 海基灾害预测
- 空气污染监测
- 森林火灾检测
- 雪崩和滑坡预防
- 地震探测
- 雪位监测

(7) 数字健康和远程医疗：
- 紫外线辐射检测
- 患者监控

(8) 智慧农业：
- 土壤质量测量

1.2 物联网场景的关键模块和组件

物联网场景的关键组成部分包括：

第 1 章 物联网家庭和智慧城市自动化的入侵检测与防范

- 云
- 物品、设备或小工具
- 用户界面
- 网关
- 接口模块
- 网络
- 存储面板
- 安全机制
- 交流平台

1.3 全局场景

以下是不同分析模式下各种研究数据集的摘录。Statista 是一个重要的研究门户网站，其中提供了经过认证和评估的数据集合。

从 Statista 的摘要中可以看出，图 1.2 显示了基于物联网的设备设施的巨大使用量，并且随着各个领域的使用模式的增加，其使用量正在迅速增加。

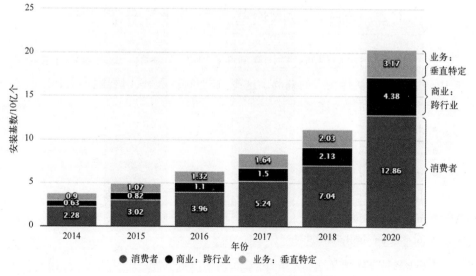

图 1.2　2014—2020 年物联网装机情况

图 1.3 描述了 2014—2019 年欧洲西部平板电脑的拥有量情况，并且这一数字正在上升。因此，非常有必要提高基于物联网和无线环境的安全管

理机制。

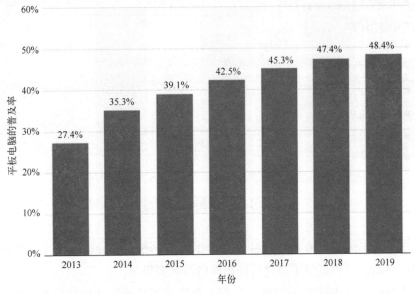

图 1.3 截至 2019 年欧洲西部平板电脑用户普及率

1.4 用于物联网设备索引的著名搜索引擎

以下是大型组织使用的关键物联网搜索引擎（IoTSE）以及黑客在其他基于 IP 设备的网络摄像头中的漏洞。这些门户网站可以索引智能小工具、服务器、网络摄像头和其他许多设备。

- shodan. io/
- iotcentral. io
- censys. io/
- thingful. net/
- iotcrawler. eu/
- iotscanner. bullguard. com/
- um. es/iotcrawler/

1.5 Shodan 物联网搜索引擎

Shodan（McMahon 等，2017；Samtani 等，2018；Arnaert 等，2016；Wright，

2016）是重要的物联网搜索引擎之一，广泛用于识别和连接物联网场景中的开放系统。使用 Shodan，如图 1.4 所示，可以使用简单的传统搜索方法提取任何网络摄像头或服务器。

图 1.4　Shodan 物联网索引搜索引擎

1. Shodan 要点

Shodan（Markowsky 和 Markowsky，2015；Shemshadi，Sheng 和 Qin，2016）被许多研究报告和新闻文章引用。研究发现，大量设备和小工具非常容易被发现并且容易受到攻击，这些设备和小工具只有通过更高程度的安全算法集成，才能避免任何被破解的可能性。根据研究报告，Shodan.io 发现有 52000 多台服务器可访问，但未启用安全身份验证。此外还发现，由于错误的 MongoDB 配置，超过 90000 个数据库服务器易被发现且极易受到攻击（Heller，2017）。

图 1.5 描述了来自 Shodan 公司的设备的深入模式分析和指纹识别，这对部署在智慧城市或智能家庭自动化设备上的物联网设备非常危险。

2. 使用 Shodan 进行数据提取

服务器和设备的许多关键点都是开放的且易受攻击的，包括超文本传输协议（HTTP）状态、服务器、连接类型、内容类型和身份验证方面。

如图 1.6 所示，可以使用 Shodan 提取空洞数据点和服务器，这些数据点和服务器可以与表 1.1 所列的默认密码相匹配。默认密码列表是开放的，任何人都可以访问，因为这些密码是需要制造商或安装工程师在部署智能网络摄像头时提供的。

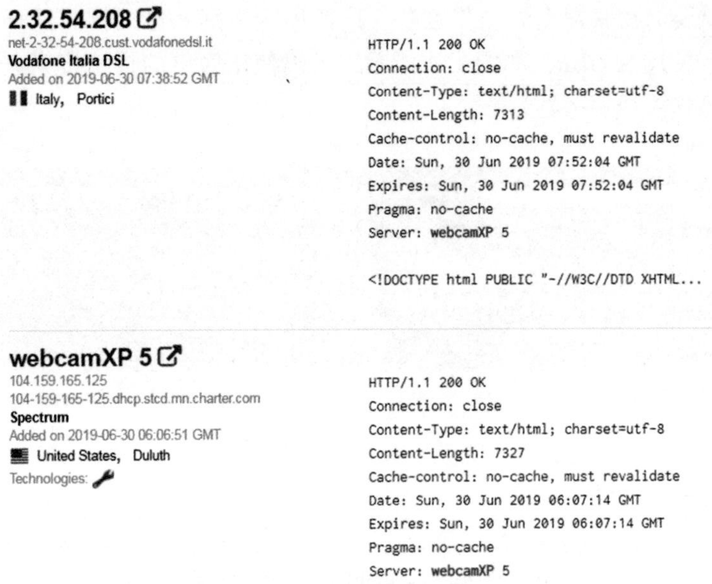

图 1.5　设备指纹的提取

图 1.6　设备内部数据的提取

表 1.1　基于物联网的 IP 网络摄像头的开放存取认证

网络摄像头	默认 IP	用户名/ID	密钥/密码
Speco	DHCPIP	adminuser	1234
IndigoVision（BX/GX）	DHCPIP	Adminuser	1234

续表

网络摄像头	默认 IP	用户名/ID	密钥/密码
DynaColor	DHCPIP	Adminuser	1234
Samsung	192.168.1.200	adminuser	4321
Sentry360（mini）	DHCPIP	adminuser	1234
Lorex	DHCPIP	adminuser	Adminpass
Oncam	DHCPIP	adminuser	Adminpass
IPX-DDK	192.168.1.168	root	adminpass
Digital Watchdog	DHCPIP	adminuser	adminpass
Dahua	192.168.1.108	666666	666666
Basler	DHCPIP	adminuser	adminpass
Sanyo	192.168.0.2	adminuser	adminpass
Honeywell	DHCPIP	adminuser	1234
Samsung	192.168.1.200	root	4321
Dahua	192.168.1.108	adminuser	adminpass
Uniview	DHCPIP	adminuser	123456
Messoa	192.168.1.30	adminuser	Model # of Camera
Sentry 360	192.168.0.250	Adminuser	1234
GVI	192.168.0.250	Adminuser	1234
Verint	DHCPIP	adminuser	adminpass
Toshiba	DHCPIP	root	ikwd
PiXORD	192.168.0.200	root	pass
Starvedia	DHCPIP	adminuser	
Axis	192.168.0.90	root	pass
CBC Ganz	192.168.100.x	adminuser	adminpass
VideoIQ	DHCPIP	supervisor	supervisor
American Dynamics	DHCPIP	adminuser	9999
Canon	DHCPIP	root	camera
CNB	192.168.123.100	root	adminpass
Avigilon	DHCPIP	adminuser	adminpass
Amcrest	DHCPIP	adminuser	adminpass
Longse	DHCPIP	adminuser	12345
Samsung	192.168.1.200	adminuser	1111111

续表

网络摄像头	默认 IP	用户名/ID	密钥/密码
Speco	192.168.1.7	adminuser	adminpass
Speco	192.168.1.7	root	root
3xLogic	192.0.0.64	adminuser	12345
Honeywell	DHCPIP	adminiseristrator	1234
Dahua	192.168.1.108	888888	888888
FLIR	DHCPIP	adminuser	firadminpass
IQInvision	DHCPIP	root	system
Costar	DHCPIP	root	root
VideoIQ	DHCPIP	supervisor	supervisor
Mobotix	DHCPIP	adminuser	meinsm
Grandstream	192.168.1.168	adminuser	adminpass
Intellio	DHCPIP	adminuser	adminpass
March Networks	DHCPIP	adminuser	
Scallop	DHCPIP	adminiserator	password
JVC	DHCPIP	adminuser	jvc
Trendnet	DHCPIP	adminuser	adminpass
IPX-DDK	192.168.1.168	root	Adminpass
Samsung Techwin（old）	DHCPIP	adminuser	1111111
Northern	DHCPIP	adminuser	12345
QVIS	192.168.0.250	Adminuser	1234
Bosch	192.168.0.1	service	service
PiXORD	192.168.0.200	adminuser	adminpass
Ubiquiti	192.168.1.20	ubnt	ubnt
W-Box（Hikvision OEM）	DHCPIP	adminuser	wbox123
Sony	192.168.0.100	adminuser	adminpass
Toshiba	192.168.0.30	root	ikwb
Samsung Electronics	DHCPIP	adminuser	4321
Arecont Vision	DHCPIP	none	
Brickcom	192.168.1.1	adminuser	adminpass
FLIR（Dahua OEM）	DHCPIP	adminuser	adminpass
Sunell	DHCPIP	adminuser	adminpass

续表

网络摄像头	默认 IP	用户名/ID	密钥/密码
Interlogix	DHCPIP	adminuser	1234
DRS	DHCPIP	adminuser	1234
ACTi	192.168.0.100	adminuser	123456
American Dynamics	DHCPIP	adminuser	adminpass
HIKVision	192.0.0.64	adminuser	12345
Canon	192.168.100.1	root	Model # of camera
Bosch	192.168.0.1	Dinion	
Merit Lilin Recorder	DHCPIP	adminuser	1111
Stardot	DHCPIP	adminuser	adminpass
DVtel	192.168.0.250	Adminuser	1234
W-Box（Sunell OEM）	DHCPIP	adminuser	adminpass
IOImage	192.168.123.10	adminuser	adminpass
LTS	DHCPIP	adminuser	12345
FLIR（Quasar/Ariel）	DHCPIP	adminuser	adminpass
Panasonic	192.168.0.253	adminuser1	password
JVC	DHCPIP	adminuser	Model # of Camera
Swann	DHCPIP	adminuser	12345
ACTi	192.168.0.100	Adminuser	123456
Q-See	DHCPIP	adminuser	adminpass
Pelco	DHCPIP	adminuser	adminpass
Samsung（new）	DHCPIP	adminuser	4321
Panasonic	192.168.0.253	adminuser	12345
Merit Lilin Camera	DHCPIP	adminuser	pass
Vivotek	DHCPIP	root	
GeoVision	192.168.0.10	adminuser	adminpass
Samsung	192.168.1.200	root	adminpass
AvertX	DHCPIP	adminuser	1234
Q-See	DHCPIP	adminuser	123456
Wodsee	DHCPIP	adminuser	

3. 在交通灯、机场、家庭和办公室搜索网络摄像头

网络摄像头　　　城市：悉尼→按位置搜索

网络摄像头　　　地理位置：-37.81144.96→按经度/纬度搜索

网络摄像头　　　国家：澳大利亚→按国家搜索

在智慧家居和智慧城市自动化方面，需要加强安全机制，因为服务器或网络摄像头可以使用特定的关键字或搜索视角进行秘密提取（图1.7）。

图1.7　提取的网络摄像头场景

1.6　对物联网环境的攻击

虽然基于物联网的基础设施和传感器的攻击问题非常突出，但可以通过使用高性能的方法和算法来避免（Deogirikar 和 Vidhate，2017；Pongle 和 Chavan，2015；Nawir 等，2016；Kolias 等，2017；Apthorpe 等，2017）。

这些攻击包括拒绝服务（DoS）攻击、分布式拒绝服务（DDoS）攻击、Sybil 攻击、节点模仿攻击和应用程序级攻击，而通过使用基于区块链的技术，可以提高累积安全性。

IoT 场景监控和编程的开源框架：

- DSA，www.iot-dsa.org
  - 设备间通信
  - 有效逻辑
  - 所有图层上的应用
- Contiki，www.contiki-os.org

- IPv6 兼容
- IPv4 兼容
- 资源消耗少
- 兼容协议
- 微控制器集成
- 游戏机关联

Node-RED，www.nodered.org
- 基于流的编程
- 两个以上的 Lac 模块

IoTivity，www.iotivity.org
- 板载连接
- 兼容受限应用协议（CoAP）

OpenIoT，www.openiot.eu
- 感知即服务（S2aaS）
- 动态图
- 动态资源优化

CupCarbon，www.cupcarbon.com
- 创建动态网络
- 智慧城市模拟
- 无线车载网络的产生
- SCI-WSN 模拟器
- 有效的 2D 和 3D 映射
- 开放的街道地图
- 有效的可视化

Zetta，www.zettajs.org
- WebSocket
- 低架空连接
- 传输控制协议（TCP）上的动态和实时通信
- 启用反应式编程

KAA，www.kaaproject.org
- 数据分析
- 实时动态更新

1.7　智慧城市中的物联网集成安全远程医疗交付

使用基于物联网的远程临床服务（IRCS），可以使医疗卫生服务变得更加安全，从而使任何试图破坏医疗服务的企图都能被识别和驳回。远程医疗服务可以使用先进的无线技术来提供更高的安全性。

IRCS 领域可被看作是分组的片段，每个片段都以更高的精度和执行力来尝试进行前沿创新（图 1.8）。尽管使用 IRCS 有多重优势，但仍存在许多困难，包括康复专家的视角、患者的恐惧和新鲜感、经济困难、文明匮乏、识字率和方言多样性、技术限制、质量要求、政府支持和比较角度（Zanjal 和 Talmale，2016；Farahani 等，2018；al-Majeed 等，2015）。

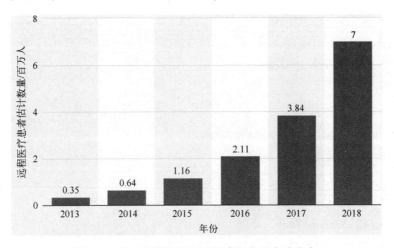

图 1.8　基于物联网的远程临床服务的全球分布

IRCS 的分类：医疗保健远程对象的监控和观察、动态存储器、实时通信和记录。

IRCS 的其他关键点包括物联网集成远程医疗、物联网综合远程护理、物联网综合远程康复、物联网综合应急服务处理、物联网综合远程神经心理学、物联网综合远程创伤护理学、物联网综合专家护理服务、物联网集成心电远程传输、物联网综合远程心脏病学、物联网综合远程放射学、物联网综合心灵感应学、物联网综合皮肤病学、物联网综合远程听力学、物联网综合心灵心理学、物联网综合远程牙科和物联网综合远程眼科。

IRCS 技术包括数据收集软件技术、移动应用技术、微型计算机技术、移动 IRCS 技术、移动操作系统技术、病人监护仪技术和碎弹机器人技术。

IRCS 是社会保障行业研究的重点领域之一，目的是以真实、准确、谨慎的状态实现患者远程可视。目前，有用的科学医疗技术和人机关系的现状是不安全的，同时需要长效药物的改善，至少是智能通信技术的提高（Stradolini 等，2018）。整合和改进包括 IRCS 和媒体传播在内的不可预防的手段是非常有必要的，以便实现社会保障方面切实可行的现实目标（图 1.9）。

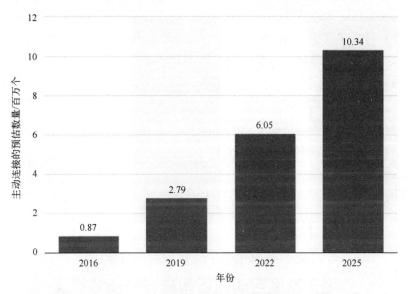

图 1.9 主动的物联网医疗保健连接

稳定的发展空间和与之明确相关的药物医学的发展现状，使得已经具备了对与社会保障相关的、富有想象力的观点以及与前沿卫星发展的关系进行大体量评估的基础，同样，在一般意义上，卫星通信对于 IRCS 的成功通信和最小延迟是必需的。此外，基于卫星通信的执行以及与现有模型关系的研究也在进行当中，这将对研究有用区域具有广阔的前景。指定的隶属关系审查对此相关工作持悲观看法，但是在推动卫星通信和 IRCS 集成的特别长的过程中，多维审查应该是可能的。

IRCS 领域的研究正在如火如荼地进行中。IRCS 是康复性组织行业中的关键研究领域之一，并且可以逐点和精确地对患者进行远程监控。治疗科学和人体组织的现状是落后的，迫切需要加快发展。IRCS 是世界上最具活力的传播工具，它可以被世界范围内的媒体宣传报道。支持性空间和明确相关的药物治疗的现状，以富有想象力的观点为康复性组织及其与前沿卫星的关系进行评估提供了巨大的先决条件。此外,卫星通信与 IRCS 之间的关系是可行的通信,而且延迟时间最短。更重要的是,基于卫星的通信的使用以及与现有模型的关系在这个过程中也是如此,对于在支持区域的快速崛起有着巨大的作用。在相当长的一段时间里,在基于卫星的通信和 IRCS 方面,指定的隶属关系审查对相关工作具有广阔的前景,这也使多维检查成为可能。本书对 IRCS 的评价视角及其在各地区不同策略中的运用进行了实证研究。

远程医疗框架的优势:
(1) 计算速度快,费用少;
(2) 抗碰撞和容错;
(3) 使用安全证书;
(4) 多路散列具有较小的复杂性;
(5) 防止各种类型的攻击;
(6) 具有高性能的散列碰撞;
(7) 高熟练度的一致性检查;
(8) 更严格地防止各种类型的攻击;
(9) 与传统消息摘要相比,具有较长的散列。

1.8 基于区块链的安全机制,应用于家庭自动化和智慧城市安全管理

无线系统目前对各种形式的攻击都是无能为力的,因此一般情况的访问都需要进行验证(Biswas 和 Muthukumarasamy,2016)。毫无疑问,区块链技术是一种非常好的方法,可用于将安全机制纳入无线系统,以提高系统安全水平,并在总体上提高性能。在区块链中,一个先进的分类账被保存起来。计算机化的分类账是非常简单的,中间人或任何董事对记录都没有任何控制。相当数量的交易所的记录需要在区块链分类账中签名,活动以各种约定和计算提交,这些约定和计算是外人无法破解的(Sun 等,2016)

在最先进的无线环境中,一般性能是重要的,并且要求能够验证一般系统条件。这项工作展示了基于区块链的无线系统使用基于 Python 的库的情况,这些库可以与 Raspberry Pi 或 Arduino 或其他一些开源板结合,用于协调和授权情况(Sharma 等,2017 年)(图 1.10)。

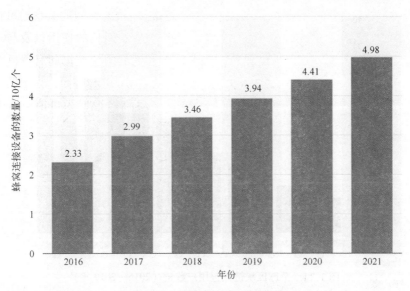

图 1.10 全球物联网和蜂窝设备

1.8.1 区块链的关键层面

区块链是一种前沿技术,它始终与安全性联系在一起,并在分类应用中不断提高确认度。在不久的将来,区块链技术不再局限于机械化的货币,而是针对不同的社会和企业部分。这些部分结合了电子协会、个人到单个通信、在线商务、运输、协同工作、深度通信和其他方面(Puthal 等,2018)。

区块链提出了普及和安全的谨慎技术,其中保持了自动分类账的方法。强制分类账是即时的,中间人或任何官员在记录中没有任何控制级别。值得注意的交易所数量的记录在区块链分类账中分开设置,最后以各种展示和计算方式提交,这些信息和计算不能被外人破解。

以下是区块链实施的一些示例(图 1.11)。

- 娱乐
  - KickCity
  - Guts
  - Spotify
  - B2Expand
  - Veredictum
- 社交网络
  - Matchpool

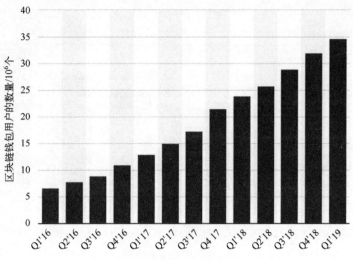

图 1.11 全球区块链钱包用户数量（2016—2019 年）

- Steepshot
- MeWe
- Minds
- Mastodon
- DTube
- Sola

• 加密货币
- Namecoin
- Bitcoin
- Dogecoin
- Primecoin
- Ripple
- Litecoin
- Nxt
- Ethereum

• 零售业
- Blockpoint
- Warranteer
- Loyyal

- Shopin
- Opskins
- Spl. yt
- Portion
- Fluz Fluz
- Ecoinmerce. io
- Every. Shop
- Buying. com

在区块链网络中，存在不同数据元素和记录的区块。每个区块都能连接区块链网络，并且是不可变的。这里的"不可变"一词指的是它是安全的、牢不可破的。

因此，它形成了安全区块链接的区块链，没有任何故意或意外篡改或泄漏数据的可能性。网络链中的第一个区块称为起源区块，从该区块链开始发生交易。

通过插入不同的块，每个块与前一个块加密，使它变得非常安全，先前的状态很难被破解，因为加密层级非常多。

1.8.2 智慧城市和家庭自动化区块链的使用

在智慧城市环境中，加密货币和智能钱包的使用已变得非常频繁。这种方法可以使用区块链有效地实现，从而使智慧城市的金融交易能够安全地进行。此外，智能钱包将给用户带来更多的安全。因为它与区块链技术一样，有安全的协议和算法。Python 程序拥有庞大的工具库，可以从其官方存储库中找到并使用。

附加的库和工具包可以通过 Raspberry Pi 或 Arduino 使用 pip 安装程序安装在 Python 中。区块链技术高度被依赖，用于完成动态密码集成和加密。为此，可以使用上述指令安装 hashlib 库。

下面是安全区块链的一个场景，它生成离散值，从而使整个业务流程和记录高度安全。在下面的代码中，将生成动态离散值，它是链中具有不同业务的任何区块链的基础，并构成整个区块链。

```
class Block: def__init__(this, myidx, ts, mydata, backsecuredhash):
this.myidx = myidx this.ts = ts this.mydata = mydata this.backsecured-
hash = backsecuredhash this. securedhash = this.securedhashop() def se-
curedhashop(this): shasecuredhash = securedhasher.sha256() shasecured-
```

hash.update(mystr(this.myidx) + mystr(this.ts) + mystr(this.mydata) + mystr(this.backsecuredhash)) return shasecuredhash.hexdigest()

　　def keyblock(): return Block(0, date.datetime.now(), "Keyblock Block", "0")

　　def next_block(last_block): this_myidx = last_block.myidx + 1 this_ts = date.datetime.now() this_mydata = "Block" + mystr(this_myidx) this_securedhash = last_block.securedhash return Block(this_myidx, this_ts, this_mydata, this_securedhash)

　　blockchain = [keyblock()] IoT_Secured_Block = blockchain[0] max-blocks = 20 for i in range(0, maxblocks):

　　block_to_add = next_block(IoT_Secured_Block) blockchain.append(block_to_add) IoT_Secured_Block = block_to_add echo "Block #{} inserted in Blockchain".format(block_to_add.myidx) echo "Securedhash Value: {}\n".format(block_to_add.securedhash)

　　通过执行代码，将获得以下具有不同离散值的结果，使用密码学函数提供更高程度的安全性。使用这些离散值，入侵或嗅探业务几乎是不可能的。

1.8.3 使用区块链实现生成离散值

　　Block #1 Gen in Blockchain
　　Node: 60afeff7f57bc04dc1c411763778f661d9088c77d7789b4881a67d465-57154ac
　　Block #2 Gen in Blockchain
　　Node: 8084d8e09b74f295082ea38cc3bbd892f27719b0fa9a732295fac34ed-03debb9
　　Block #3 Gen in Blockchain
　　Node: 247086d83f38210185aed834e1efe218822c6e1223e465321a80d3d78-f7ee803
　　Block #4 Gen in Blockchain
　　Node: e7af556dd479088f4fb8cfb11f8648e192c8bb66835cdc748b039e0fc-5fac646
　　Block #5 Gen in Blockchain
　　Node: 439ed4470f39e44475852dee4d42e4474d535431b61807d02892af38e-4a4395e
　　Block #6 Gen in Blockchain
　　Node: 452d166db9c397cac1870afab08b462b00e15d7f5450485b03f7243a1-

a684b36

Block #7 Gen in Blockchain

Node: 301fabc673d1d29b0c18e0e8cf3c59d85051cf2a1eb4bd11c92abe0c0-e531441

Block #8 Gen in Blockchain

Node: bb876789e44fbd8d8d108d161cbde1b5d5d71cd5de388cdf2c0815c0e-66a8635

Block #9 Gen in Blockchain

Node: 0fa214cf91613631d59514eecab2e9bf74ce13fba4ba1582bcf2b40da-e2510db

Block #10 Gen in Blockchain

Node: 900139625df05d0dab34eab2e0921e4055cd2358dbbf64fd643c03d36-4745ad8

Block #11 Gen in Blockchain

Node: 86d641c12979caaec401ba3a8966df562bb8439183be3e41361f1eb9a-14f8fbb

Block #12 Gen in Blockchain

Node: fcaee1e98c7719df6769323fa0aaa79dc068c1c000380b454dd0e1cbb-45c6e3a

Block #13 Gen in Blockchain

Node: 9429c9d0ecdfb284f189dc0c5359d565eeda405f5970fda0a6ce96294-2088d20

Block #14 Gen in Blockchain

Node: fc9d9357c58c46ea1ec067cbb5e305aac6ef54295da7792f2c6732a6c-7c9

Block #15 Gen in Blockchain

Node: aa7692f3f300e8178953328d99f9194c3c601fecc23b81319b739e6c8-01a 4b6c

Block #16 Gen in Blockchain

Node: 9d145ad7051eaf167c227277497a8eb5418ad17925d24c88276c412f9-902 6cc1

Block #17 Gen in Blockchain

Node: 297e1510bc43890077d36a65ed13fab28f1b8dacaada1b31f4e247de7-7be d878

Block #18 Gen in Blockchain

Node: 092eee32f96382135723d9ebe849b8e3b6c52c432f7930264d5565d efb6e4f6c

 Block #19 Gen in Blockchain

 Node: 0ea694cea5e535107d840fd15d150f505269d6922ec348fdf8d212007-cce 2f83

 Block #20 Gen in Blockchain

 Node: 52b567064c45680ee110a2d660f2c0ff061451510bf9b2848649940c0-f03 2589

 ⋮

 Block #19980 inserted in Blockchain

 Hash Value: 58d86f4e14068cd1f56c5b27b7088a9894aceca01bd51bb3045-69b57c4e2a37e

 Block #19981 inserted in Blockchain

 Hash Value: d8d86d541ed3abb30bddd98d35b6f34d57958cb266aa7077425-1e5491e07d8ac

 Block #19982 inserted in Blockchain

 Hash Value: baf04029f374008683118504391e9a85f0af1593cad9b4d6e32-088c5dcf4814d

 Block #19983 inserted in Blockchain

 Hash Value: 43fa6ddebcc9b433711b3e613152223aea4ced529515a61b7b4-97a7f82fc0a86

 Block #19984 inserted in Blockchain

 Hash Value: b124ea343e9608f48b98cdc20835d6af14d492cbc60a2aff280-9a12741f506a8

 Block #19985 inserted in Blockchain

 Hash Value: 149a0ebe5ba5cde548e24531f8097dc7ea0b5b2b88307597f67-75bfa55bd9686

 Block #19986 inserted in Blockchain

 Hash Value: e7569db4f1353d1f462ef467cccf479cd45f143e3a711b319d3-d0ba59df7550d

 Block #19987 inserted in Blockchain

 Hash Value: a1ae0818dd75ac1edc82af2e6b6eacc549cbed4e6216cbe2aba-5d44467ed4639

 Block #19988 inserted in Blockchain

 Hash Value: 231ffb45f1bab279cd1e89d3fb44d47d900e1cc396b693bd2ea-719bc8c83397b

 Block #19989 inserted in Blockchain

第 1 章
物联网家庭和智慧城市自动化的入侵检测与防范

Hash Value: 53816e89cb4b8b5c3725f27b2cc466dc7d1d32da72c6ce7549d-65fa357ac2789

Block #19990 inserted in Blockchain

Hash Value: 1f8a7ac887af2741c3efdbdef04dc785b2a415f607f11ca346c-df9e4b7680777

Block #19991 inserted in Blockchain

Hash Value: 63cb49f0159d5389b35bdf7d38d1abc09132d561574913d30a4-6caee5243b9d0

Block #19992 inserted in Blockchain

Hash Value: e25d51c6e2124653e73ae6ea69feb93f9fd28688afa824345be-e481a5dd97874

Block #19993 inserted in Blockchain

Hash Value: 7cadfde4d902eef011a88f7bc370d36165521e9bab965152540-42fd9b7f0f094

Block #19994 inserted in Blockchain

Hash Value: 9f8e6a12738a00fca346832860e2d2c4a5ac9f58a552ea64251-4689297eb957d

Block #19995 inserted in Blockchain

Hash Value: ec85bd1133893a6178eedc3e7832c350c40f217418a9d363926-caa44fe71108d

Block #19996 inserted in Blockchain

Hash Value: d5384c12997497c193c791971423c7ed619bad2ce3b202d1417-5c3995182f0a1

Block #19997 inserted in Blockchain

Hash Value: e95d733459d11e25ea1de53d987e2acb6350e547315e124bbf5-028146f6c6528

Block #19998 inserted in Blockchain

Hash Value: b96522fce352e01351e25e40affc43f6708d4fb7844c7cfa648-5b45356d5274a

Block #19999 inserted in Blockchain

Hash Value: b88e5bfbc8c8853fc82676875f9b5f277ea8966a9ca60c0c597-f1623a654e675

Block #20000 inserted in Blockchain

Hash Value: fdd851eafca41027cd3ffb3d0a535f0f53ad6f70ff1f87ce091-295eb9d53fa79

1.8.4 基于物联网的安全场景区块链

在过去的模型中，离散工作是在一个自我满足的框架上执行的。如果有可信区块链的场合，则需要与目标进行信息传递，使各客户可以开始交易。对于扩展和电子执行，Python 中有各种不同的结构。在区块链编程中，工作证明（PoW）是一种重要的估计方法，它可以用于声明并支持与目标进行交换，即在新交易中的区块链中进行融合，它被认为是对交易的检查和合法性的关键性理解。在区块链制作中，各行各业的研究者热切地为交易所提供担保和融资。对于他们的工作，研究者可以用先进的、品种多样的货币作为补偿。

此外，该过程还保持了一个密钥分区，以避免与目标的双重体验问题，即移动的货币或交换是以肯定的方式执行的。例如，如果 A 向 B 发送记录或无线消息，则某个特定需求的记录中的特定报告或金钱方面将被删除，之后应在 B 的记录中引用。总的来说，它是由无线控制器完成的，并具有广泛的吸引力。如果有一个区块链计划，它是在没有广泛参与的情况下执行的，并且通常使用快速计算。如果在某些情况下不从发送方删除交换则不论无线消息的种类如何，它都会取消评估无线消息。

如图 1.12 所示，可以对代码的执行及所有记录和事务的整体实现进行分析，这样操作的透明性就不会存在任何黑客行为。使用 PoW，可以记录和提交事务的完整性。通过这种方法，智慧城市和智慧家庭或物联网的相关方面可以使用基于区块链的技术实现安全。

```
E:\curl-7.65.0-win64-mingw\bin>curl "http://localhost:5000/myblockchain" -d "{\"
from\":\"Sender\",\"to\":\"Receiver\", \"amount\":5}" -H "Content-Type:applicati
on/json"
Transaction Successful

E:\curl-7.65.0-win64-mingw\bin>curl "http://localhost:5000/myblockchain" -d "{\"
from\":\"Person-1\",\"to\":\"Person-2\", \"amount\":5}" -H "Content-Type:applica
tion/json"
Transaction Successful

E:\curl-7.65.0-win64-mingw\bin>
```

```
{"timestamp": "2019-05-25 20:05:42.338000", "data": {"transactions": [{"to": "Re
ceiver", "amount": 5, "from": "Sender"}, {"to": "Person-2", "amount": 5, "from":
 "Person-1"}, {"to": "********************************", "amount": 1, "from": "networ
k"}], "proof-of-work": 18}, "hash": "8ae9acf42e4c4b89384818b0bd1a11ce48640734fcc
5f2813bfb4368eed47d4d", "idx": 1}

E:\curl-7.65.0-win64-mingw\bin>
```

图 1.12 智慧城市和智慧家居自动化中基于物联网的智能货币安全环境

1.9 结 论

因为各种各样的物联网搜索引擎和索引门户网站,基于物联网的设备和智能设备很容易受到各种各样的攻击和嗅探企图。目前,许多与物联网和智能设备相关的软件应用和数据库都面临着巨大的性能问题,包括安全性、负载均衡、周转时间、延迟、拥塞、大数据和并行计算等。这些关键问题传统上会消耗大量的计算资源,低配置的计算机无法处理这些高性能的任务。

有许多云平台可用,在这些平台上可以启动高性能计算应用程序,而无须访问物联网环境中的实际超级计算机。使用这些IoT集成的云服务或物联云(Cloud of Things,CoT),就可以按使用情况进行计费,与购买使用高性能计算所需的实际基础设施相比,它的成本更低。需要加强基于区块链的实现和智能动态算法,以增强整体安全性。在本章中,给出了基于区块链实现的相关场景,通过这些场景,可以以更高的精度和性能获得有效的结果。

参 考 文 献

Al-Fuqaha A, Guizani M, Mohammadi M, et al., 2015. Internet of things: A survey on enabling technologies, protocols, and applications [J]. IEEE Communications Surveys & Tutorials, 17(4): 2347-2376.

Al-Majeed S S, Al-Mejibli I S, Karam J, 2015. Home telehealth by Internet of things (IoT) [C]. In 2015 IEEE 28th Canadian Conference on Electrical and Computer Engineering (CCECE): 609-613.

Apthorpe N, Reisman D, Sundaresan S, et al, 2017. Spying on the smart home: Privacy attacks and defenses on encrypted IoT traffic [M]. arXiv preprint arXiv: 1708.05044.

Arnaert M, Bertrand Y, Boudaoud K, 2016. Modeling vulnerable Internet of Things on SHODAN and CENSYS: An ontology for cyber security [C]. In SECURWARE 2016: The Tenth International Conference on Emerging Security Information, wuli fgggfgfghhhSystems and Technologies: 299-302.

Biswas K, Muthukkumarasamy V, 2016. Securing smart cities using block-chain technology [C]. In 2016 IEEE 18th International Conference on High Performance Computing and Communications, IEEE 14th International Conference on Smart City, IEEE 2nd International Conference on Data Science and Systems (HPCC/SmartCity/ DSS): 1392-1393.

Dastjerdi AV, Buyya R, 2016. Fog computing: Helping the Internet of Things realize its potential [J]. Computer, 49 (8): 112-116.

Deogirikar J, Vidhate A, 2017. Security attacks in IoT: A survey [C]. In 2017 International Conference on I-SMAC (IoT in Social, Mobile, Analytics and Cloud)(I-SMAC): 32-37.

Farahani B, Firouzi F, Chang V, et al, 2018. Towards fog-driven IoT eHealth: Promises and challenges of IoT in medicine and healthcare [J]. Future Generation Computer Systems, 78: 659-676.

Heller M. Insecure MongoDB confguration leads to boom in ransom attacks [EB/OL]. [2019. 06. 20]. https://searchs ecurity. techtarget. com/news/450410798/ Insecure-MongoDB-configuration -leadsto-boom-in-ransom-attacks.

Islam S R, Kwak D, Kabir M H, et al, 2015. The Internet of things for health care: A comprehensive survey [J]. IEEE Access, 3: 678-708.

Kolias C, Kambourakis G, Stavrou A, et al, 2017. DDoS in the IoT: Mirai and other botnets [J]. Computer, 50 (7): 80-84.

Li S, Da Xu L, Zhao S, 2015. The Internet of things: A survey [J]. Information Systems Frontiers, 17 (2): 243-259.

Markowsky L, Markowsky G, 2015. Scanning for vulnerable devices in the Internet of Things [C]. In 2015 IEEE 8th International Conference on Intelligent Data Acquisition and Advanced Computing Systems: Technology and Applications (IDAACS), Vol1: 463-467.

McMahon E, Williams R, El M, et al, 2017. Assessing medical device vulnerabilities on the Internet of Things [C]. In 2017 IEEE International Conference on Intelligence and Security Informatics (ISI): 176-178.

Moran S, with Cui X, 2016. The Internet of things. In Ethical Ripples of Creativity and Innovation [M]. Palgrave Macmillan, London.

Nawir M, Amir A, Yaakob N, et al, 2016. Internet of Things (IoT): Taxonomy of security attacks [C]. In 2016 3rd International Conference on Electronic Design (ICED): 321-326.

Pongle P, Chavan G, 2015. A survey: Attacks on RPL and 6LoWPAN in IoT [C]. In 2015 International Conference on Pervasive Computing (ICPC): 1-6.

Pop C, Cioara T, Antal M, et al, 2018. Blockchain based decentralized management of demand response programs in smart energy grids [J]. Sensors, 18(1): 162.

Puthal D, Malik N, Mohanty S P, et al, 2018. The blockchain as a decentralized security framework [future directions] [J]. IEEE Consumer Electronics Magazine, 7(2): 18-21.

Samtani S, Yu S, Zhu H, et al, 2018. Identifying supervisory control and data acquisition (SCADA) devices and their vulnerabilities on the Internet of Things (IoT): A text mining approach [C]. IEEE Intelligent Systems.

Sharma P K, Moon S Y, Park J H, 2017. Block-VN: A distributed blockchain based vehicular network architecture in smart City [J]. JIPS, 13(1): 184-195.

Shemshadi A, Sheng Q Z, Qin Y, 2016. Thingseek: A crawler and search engine for the Internet of things [C]. In Proceedings of the 39th International ACM SIGIR Conference on Research and Development in Information Retrieval: 1149-1152.

Stradolini F, Tamburrano N, Modoux T, et al, 2018. IoT for telemedicine practices enabled by an Android™ application with cloud system integration [C]. In 2018 IEEE International Symposium on Circuits and Systems (ISCAS): 1-5.

Sun J, Yan J, Zhang K Z, 2016. Blockchain-based sharing services: What blockchain technology can contribute to smart cities [J]. Financial Innovation, 2(1): 26.

Wortmann F, Flüchter K, 2015. Internet of things [J]. Business & Information Systems Engineering, 57(3): 221-224.

Wright A, 2016. Mapping the Internet of things [J]. Communications of the ACM, 60(1): 16-18.

Zanjal S V, Talmale G R, 2016. Medicine reminder and monitoring system for secure health using IoT [J]. Procedia Computer Science, 78: 471-476.

第 2 章 异构智能交通系统：网络安全问题、欧盟法规与经济综述

Andrea Chiappetta

2.1 简 介

随着技术的进步，运输行业发生了相当大的变化，道路系统实现了自动化和互联模式。目前，研究者在自动驾驶汽车上进行了大量的试验研究，这很可能会改变整个运输系统的格局。随着这些方面的改进，在不同类型的车对车（V2V）基础设施中引入了无线连接，这极大地提高了人们对交通环境的感知。由于汽车制造商的目标是实现所有车辆的自动化和连接，由此最终会使运输系统以完全自动化的方式运行，从而在交通方面获得出色的性能（Aloso 等，2018）。

车辆的自动化和连通性有助于提升机动性和乘客的安全性，但同时也为攻击者创造了可能的漏洞，使得黑客攻击而破坏安全。这迫使联网汽车制造商不得不设计出多样的方式和解决方案，以帮助他们将自主和联网车辆的网络安全保持在不同地区和国家规定的框架和标准内（Ring，2015）。

在欧洲，欧盟（EU）设定的主要目标是到 2020 年将温室气体排放量大幅减少 20%，这也是交通运输部门在这方面需要做出的巨大改进，因此，主要的关注点只局限在提高燃油效率和通过制造节油汽车来保护环境。然而，运输系统需要与周围环境以及中央系统实时连接，以最大限度地提高运输部门的整体性能（Li 等，2017）。例如，道路交叉口是交通系统中容易发生事故的瓶颈。通过智能算法的发展，车辆能够交换信息，然后对通过交叉口的每辆车做出更安全的调度，从而改善交通流量，减少可能致命事故的发生。

从目前的无联网到完全自动化或联网的交通运输将会是一个渐进的过程，对交通运营的影响还尚不清楚，对环境污染也有待讨论。因此，预计部分连接的自动化车辆环境（PCAVE）将在相当长的一段时间内（可能是几十年）一直存在（Li 等，2017）。

2.2 运输部门的网络攻击

由于交通运输行业在社会中所扮演的重要战略角色,它也并非没有受到网络威胁和破坏的可能性。交通运输行业涵盖了陆、海、空等各种运输方式,显然,所有连接的东西都意味着至少要与两个不同的设备/传感器对话,出于同样的原因,如果不正确地进行加固,它们也可能遭到攻击。

另外,在上述情况下防范网络攻击的成本在未来几年内估计将超过 2 万亿美元,而今天,物联网才刚刚开始以稳定的速度出现受攻击的可能和传说中的漏洞,并显示出信息安全和操作安全已经成为最重要的挑战。鉴于物联网生态系统通常具有的关键组成部分,它不可避免地会成为网络攻击、间谍活动、拒绝服务以及许多其他类型的网络攻击的目标(Chiappetta,2017)。在不久的将来,物联网行业 4.0 和互联设备以及基础设施将会产生一套标准,并将引入我们从个人设备时代到大规模互联(和高度集成的)设备和平台(支持实时监控、自动适应、仪表、驱动,控制逻辑,等等)的颠覆性变化。

Anderson 在其 1980 年发表的关于网络安全监控的著作中指出,围绕入侵检测已经进行了大量的研究工作。表 2.1 列出了针对运输工具的主要网络安全攻击,这些攻击显示了它们是如何持续增长的,并对报告的类型、方法和危害进行了描述。

表 2.1 截至 2018 年交通行业遭受的历史网络攻击

攻击地点/攻击时间	类型	方式	造成的危害
伍斯特机场(1997 年)	网络钓鱼	黑客设法使伍斯特机场的一家电话公司的计算机服务瘫痪。在这个过程中,他从个人计算机发出一系列命令,并在联邦航空局控制塔禁用关键服务,历时 6h	他关闭了联邦航空局控制塔的关键服务,使机场瘫痪了整整 6h。在袭击过程中,机场的服务停止,导致了巨大的损失和混乱
休斯顿港(2001 年)	拒绝服务攻击	据说,一名来自英国的青少年将美国一个主要港口的所有互联网系统和服务都控制了,这样做的目的是企图报复 IRC 的一名用户。他首先向聊天室里的一个用户发起了一次攻击,通过攻击一个 DoS 端口,使系统减慢速度,而后,通过自己创建的设备切断了聊天室用户的网络连接,结果在端口处关闭了整个系统	该系统与其他服务器系统一起运行,泛滥性的 PING 攻击影响了所有系统,但受影响最大的是端口系统,由于操作速度变慢,致使该系统无法工作。这次攻击使在港口访问(天气、潮汐和水深度)数据成为不可能。尽管没有造成人们身体上的伤害或损害,但这些行为仍然导致了电子设备上的破坏

续表

攻击地点/攻击时间	类型	方 式	造成的危害
美国 CSX 运输公司（美国铁路）（2003 年）	拒绝服务攻击	黑客进入系统并中断了一段时间的操作。该系统通过三个 IP 地址访问，可能来自另一个国家。袭击者的国籍没有被指出	在系统正常化之前，系统运行中断了相当长一段时间。这次袭击扰乱了美国东部 23 个州的交通，造成一天中从 15min 到 6h 的延误
洛杉矶交通工程师罢工（2007 年）	黑客攻击	两名工程师罢工，被禁止进入交通灯控制系统。然而，他们入侵了系统，把设置改回初始值，这样可以很容易地访问这些设置。据他们说，他们的动机是保护系统免受任何形式的攻击	只更改了系统设置，花了 4 天时间才恢复正常并运行良好。当时没有事故报告
波兰罗兹有轨电车（2008 年）	黑客攻击	据说，一名波兰少年在袭击了一个铁路网后使有轨电车脱轨。在这一过程中，他把罗兹市的有轨电车系统改造成了他的个人列车组，这导致非常严重的混乱，在此过程中共有 4 辆电车出轨。他改装了一个电视遥控器，使它可以用来改变轨迹点，并设法侵入有轨电车的车辆段，收集制造该设备所需的信息。他说他做这件事就是一个恶作剧	4 辆有轨电车出轨，12 人在事故中受伤
美国太平洋西北部（2011 年）	拒绝服务攻击	2011 年 12 月，一家身份不明的铁路公司遭到黑客入侵，中断了该公司所有铁路信号，为期 2 天。导致位于太平洋西北部的铁路速度减慢，无法正常运营	铁路公司的系统和运营被关闭了 2 天
安特卫普港（2011 年和 2013 年）	黑客攻击（使用特洛伊木马）	在这起案件中，一伙贩毒分子雇佣黑客破坏控制集装箱位置和移动的 IT 安全系统。黑客们首先向港口工作人员发送恶意软件。通过这种方式，他们能够通过远程访问数据，并将其应用于识别和拦截运载毒品的容器并将其清除。在被发现后，攻击者实际闯入港口的办公室，并带走了工作人员使用的计算材料，包括计算机和键盘	港口遭到了设施等的物理破坏，港口的计算机设备被盗。与此同时，系统被攻破，中和攻击中使用的特洛伊木马，需要一段时间才能使操作正常化
特斯拉劫持比赛（2014 年）	黑客攻击	黑客成功地入侵了一辆特斯拉汽车，他们从 12 英里的距离遥控 S 型车，窃取了汽车的门锁、刹车和其他电子功能，这显示了特斯拉汽车存在一种可能被劫持和破坏的攻击漏洞	汽车的系统完全受到干扰。但是，因为是出于测试目的，汽车没有重大损坏

续表

攻击地点/攻击时间	类型	方式	造成的危害
瑞典机场（2015年）	拒绝服务攻击	2015年，瑞典机场遭到拒绝服务攻击，系统的服务完全瘫痪，令北约和其他利益相关者感到震惊	机场系统瘫痪了一段时间才得以恢复正常
洛杉矶港（2015年）	勒索软件攻击	马士基证实，勒索软件攻击阻止了他们在世界各地的服务。这次袭击意味着拉波特号关闭了一整天，无法运转	APM码头的作业停止，导致港口临近关闭
Uber公司（2016年）	勒索软件	黑客进入Uber系统，获得全球5700万用户的数据，其中包括客户和司机。但是，Uber公司向黑客支付了100000美元，并告诉他们删除数据，不要公开泄密行为，这起攻击被Uber公司隐瞒了	用户数据被非法获取，Uber公司损失了100000美元作为赎金给用户
鹿特丹港（2016年）	勒索软件	该系统遭到了勒索软件攻击，病毒使世界各地的数家企业瘫痪。这些业务包括马士基和APM码头的运营	许多企业受到攻击的影响，使依赖受影响系统的业务和服务瘫痪
旧金山（2016年）	勒索软件	攻击者锁定了旧金山市交通局的计算机，并要求获得100比特币的赔偿，以使服务恢复正常。市交通局被迫向乘客提供免费乘车服务，因为他们无法进入他们的系统来预订乘客和保存数据。一个名为HD-DCryptor的恶意软件攻击了2112台计算机并加密所有数据	共有2112台计算机瘫痪不能工作。客户可以免费乘车，这使得代理商在这一过程中损失了大量的收入
马士基和贾瓦哈拉尔尼赫鲁港口信托（JNPT）（2017年）	勒索软件	港口遭到了一个勒索软件的攻击，它阻止了JNPT港口的行动。在遭受勒索软件攻击后，系统终端被攻击关闭	港口的运作完全瘫痪，无法正常运作，系统终端也被关闭
德国铁路（2017年）	分布式拒绝服务攻击	攻击者向用户发送电子邮件，这些电子邮件被诱骗打开，让攻击者访问系统。攻击者使用了一个名为WannaCry的勒索软件，该软件后来对计算机及其数据进行了加密，要求用户支付300美元和600美元的费用后，才能使服务恢复正常	共有5.7万台计算机受到影响，无法访问，黑客只承诺，如果有人付钱，他们才会恢复计算机
丹麦国家铁路运营商（2018年）	拒绝服务攻击	丹麦国家铁路受到拒绝服务攻击，通信基础设施和票务系统等几项业务瘫痪。攻击者还控制了电话基础设施和邮件系统。这次攻击的目的是摧毁整个系统，使其瘫痪，但在一切恢复正常之前，它设法减缓了一段时间的运行速度	售票系统完全受到影响，无法工作。通信基础设施也遭到破坏，无法进行通信

2.3 自动化和联网车辆的交通流量

在过去几年中,联网和自动驾驶汽车(CAV)的研究开发取得了长足的进步。通过该行业正在推广的实际应用,见证了这一发展成果。然而,对于 CAV 技术对地面运输网络性能的影响,目前还缺乏足够的研究(Li 等,2017)。此外,与 CAV 相关的技术特点以及司机对这些新技术的适应和反应方式还没有完全集成到交通流模型中,这些模型可以用于评价和评估当前道路状况的移动性和安全性影响(Blokpoel 等,2018)。

充分研究和了解 CAV 技术将对网络级别和本地链路级别的流量动态产生的潜在影响,是至关重要的。如果不理解人和技术两个方面的问题,就不会理解这样的含义。关于技术方面,需要指出车辆的动力学特性、通信特性和感知特性,并将其转化为车辆的交通流模型。关于人的方面,考虑到 CAV 拥有不同类型的连通性以及不同的自动化水平,驾驶者对 CAV 技术的响应能力应该通过大量的试验和演示进行测试和测量(Raposo 等,2018)。

2.3.1 使用四要素框架对联网和自动驾驶车辆排进行建模

在这种情况下,研究的对象是一定数量的联网和自动驾驶的车辆,将这些车辆看作一个车辆排,目的是使它们以相同的速度移动,同时保持车辆之间所需的间距。在这种情况下,研究的车辆排中有一辆车领先,而其他车辆则在后面跟着,如图 2.1 所示。这些车辆排可以看作是 4 个主要部分的组合:

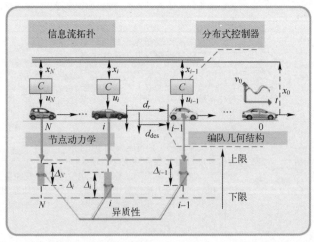

图 2.1 一个汽车排的 4 个主要组成部分(来源于文献(Calvert 等,2010))。

（1）节点动力学（ND）：描述 CAV 排中每辆车的特征。

（2）信息流网络（IFN）：定义了节点之间进行信息交换的方式，包括信息流的质量和拓扑结构。

（3）分布式控制器（DC）：利用获得的相邻信息实现反馈控制。

（4）编队几何结构（FG）：指示 CAV 排队时所需的车辆距离。

图 2.2 中的每个组件对给定排的集体特征都有很大的影响。根据 4 个组成部分的框架，可以在文献（Blokpoel 等，2018）和文献（Calvert 等，2010）中找到一组最新文献。

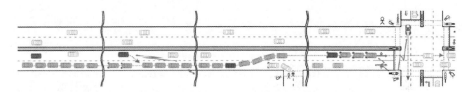

图 2.2 车辆与道路上其他用户的进出排和交通管理演示

（来源于文献（Calvert 等，2010 年））

2.3.2 自动化和联网交通流研究的机遇和挑战

这一部分将总结关于机遇和挑战研究的一系列观点，以及目前为将 CAV 特征转化为交通流模型所做的努力。总结的内容将包括与当前研究相关的贡献、动机、主要结论以及该领域的未来研究方向（Ring，2015）。

1. 自动驾驶车辆交通流建模面临的挑战

自动驾驶汽车的增长和发展已经持续了很长一段时间。该领域在车辆自动化成熟程度方面的最新发展已经达到一个阶段，即自动化水平较低的车辆在道路上接受测试，如果它们能够运行，甚至能够与高自动化水平的车辆进行互动。因此，关于自动驾驶汽车如何与其他车辆互动以及在交通中运行的物理性能，仍有几个方面是不清楚的。为了从目前的状态安全地过渡到自动驾驶车辆在道路上运行，还需要做大量的研究。在部署车辆时也应这样做，需要考虑所部署车辆的所有影响（Raposo 等，2018）。

最大的挑战之一是自动驾驶汽车需要非常精确的模型。首先，常规车辆在常规交通中的运动应该非常准确，它们与自动车辆的交互是非常微妙的。同时，应该从辅助驾驶车辆中准确地捕获并考虑自动驾驶汽车的各个阶段，然后转向全自动驾驶汽车。因此，各种自动驾驶水平仪与常规车辆之间的相互作用应该是正确的。目前，上述所有要求都很难达到，更重要的是考虑到以下事实：甚至没有考虑车辆合作以及连通性的影响，而且每个自动化系统都将正常运行和执行，即使对于相同的自动化级别，其使用方式也不同（Raposo 等，2018）。

目前，对于纵向行驶的交通流模拟效果良好，但并不总是具有老特拉福德的横向模型。这对于模拟来说是一个很大的问题。然而，已经对 SAE 1 级自动车辆和 SAE2 级自动车辆部分系统进行了实证研究，预计这些系统将对其在交通中的静态性能和动态性提供参考。尽管如此，对于更高的自动化水平以及低水平交通与自动驾驶车辆之间的交互作用的实际情况却很少研究。汽车制造商以及模拟自动驾驶汽车研究者都应考虑一些这方面的研究和挑战（Ring，2015）。

要了解自动驾驶车辆的动态，并设法对其进行建模，还需要做很多的研究工作，但前景仍然还不够明朗和强大。因此，有必要更加强调和集中于自动驾驶汽车在实际交通中获得的更大的真实性，这已经超出了从理论上可以得到的结果。同时，对于正确的旧驾驶模式有强大而有力的参考意义。因此，应该意识到，由于系统的设计及其功能方面和普通车辆存在差异，自动驾驶车辆也将从其与其他车辆的相互作用开始，在交通流中形成新的动力。这些方面将需要在自动驾驶车辆上不断得到解决，并在随后增加更多的功能，用于预测下一代交通模拟模型（Raposo 等，2018）。

2. 应对 ACC 挑战的 CACC-V2X 解决方案

CAMP V21 正在执行一个小型测试项目，其主要目标是了解车辆实施联网自动巡航控制（CACC）时的基本技术步骤以及可能面临的挑战（图 2.3）。

该项目研究了 ACC 系统在一辆接一辆汽车运行时所表现出的反应。通过将 ACC 原型系统安装到来自不同制造商的 4 辆汽车中，然后在测试轨道上对它们进行试验，并完成了测试。试验结果表明，在减速时，一种车辆到另一种车辆的反应时间仅为 1.5s。其中约 0.8s 可用于检测前一辆车的操纵，其余 0.7s 可归因于驾驶员所做出的反应（Mattas 等，2018）。由于这种延迟，车辆的工作和操作方式是很不理想的，这增加了从一辆车到另一辆车的逐渐减速，这将导致更多的交通混乱，或者在其他情况下导致交通的严重堵塞。

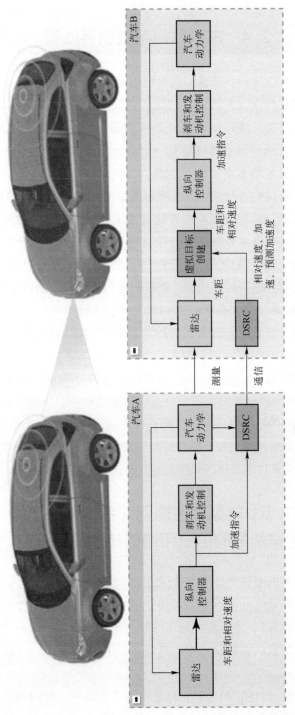

图 2.3 CACC 控制模型（来源于文献（Calvert 等，2010 年））

2.4　车辆联网与道路吞吐量

车辆联网后可以提高吞吐量，减少城市道路上的延误。

在城市道路系统中，交叉路口被认为是交通中的瓶颈，因为交叉路口的通行能力只是通往交叉路口的道路所能承载能力的一小部分。以一个有 4 个路口的交叉路口为例，每个路口都有一个直通车道和一个左转车道，这样给定的路口总共可以容纳 8 个车流。然而，交叉路口在任何时刻只允许两个移动。因此，交叉路口的通行能力仅占所有道路的 25%（Raposo 等，2018）。

通过汽车联网，只有当车辆成排通过交叉路口，而不是像现在这样一个一个通过路口时，城市道路系统的吞吐量才能得到提高，车队信息获取通过联网车辆技术得到增强。因此，本研究探讨了车队成排通过路口机动性可能带来的好处。它指出，饱和流率和交叉路口的通行能力可以通过因子 C 在 1.7~2.0 范围内得到提高（Raposo 等，2018）。

队列和模拟分析表明，如果所有饱和流都以相同的因子增强，而给定的控制无变化，则具有恒定时间控制的信号网络将有助于因子 C 的增加需求。同时，除了需求增加外，车辆还将经历相同的行驶时间和延迟（Schoitsch 等，2016）。当固定时间控制与最大压力自适应控制交换时，也能取得相同的缩放效果。然而，队列的长度将以同样的因子 C 增加，这可能反过来导致饱和。部分容量的增加可以通过增加每个周期的时间来减少队列的长度和联网的排队延迟。联网车辆在交叉口实现排队列控制的影响就变得非常小（Petit 等，2015）。

2.5　转型地区联网、合作和自动化运输所需的信息和通信技术基础设施

在试图确保不间断的效率和安全水平的同时，管理高度自动驾驶车辆和常规车辆的现实问题已被证明是一项艰巨的挑战。考虑到现有情况（例如道路类型、天气条件等），在某些区域中以较高的自动化水平运行的车辆将有可能不得不更改为较低的自动化水平。这项研究旨在探讨各种自动化级别之间的过渡阶段（Raposo 等，2018）。

智能交通系统（ITS）的主要目标是提高个人出行、货运和公共交通的安全性、舒适性、有效性和效率。ITS 领域的主要技术是传感器、控制技术、信

息处理和通信系统技术。此类技术的应用范围覆盖从汽车制造商（取决于功能）到大型交通管理网络（Petit 等，2015）。

逐步引入自动驾驶汽车的计划可能面临一个高度自动化驾驶车辆和传统车辆的过渡期，我们需要对其进行管理，以确保安全水平和效率不受影响。通过车辆基础设施通信（VIC），信息和通信技术基础设施将在过渡期发挥巨大作用（Mattas 等，2018）。

2.5.1 自动化水平和自动化水平的过渡

在 ITS 领域中，车辆过渡等级被划分为 BASt 定义、国家公路交通安全管理局（NHTSA）定义和 SAE 定义。SAE 是一个由不同行业的工程师组成的世界性组织，参与了许多标准的制定。TransAID 之所以采用 SAE，是因为它提供了一个基于驾驶员干预而非车辆能力的分类系统。在 TransAID 中，自动化（表 2.2）的重点放在驾驶员和控制方式的转换，并且在需要时转换控制方式并对其进行建模。在 ITS 领域和国家公路交通安全管理局中，SAE 的定义得到了广泛的应用。表 2.2 提供了 SAE 定义（Ring，2015）。

表 2.2 自动化水平的描述（来源于文献（Ring，2015））

SAE 级别	名字	叙事定义	加、减速和转向的执行	驾驶环境监测	动态驾驶任务的回退性能	系统能力（驾驶模式）
驾驶员监控驾驶环境						
0	无自动化	人类驾驶员在各种不同的动态驾驶任务下完美表现，即使在干预或警告系统增强的时候也是如此	人类驾驶员	人类驾驶员	人类驾驶员	—
1	驾驶员辅助	通过使用驾驶环境信息，进行驾驶员辅助系统下加、减速或转弯驾驶模式转换的具体执行，并希望驾驶员能够完成动态驾驶任务的其他特征	人类驾驶员	人类驾驶员	人类驾驶员	一些驾驶模式
2	部分自动化	由至少一个驾驶员辅助系统（包括加速/减速和转向）所指定的驾驶模式的执行，利用驾驶环境信息，并希望人类驾驶员能够完成动态驾驶任务的所有剩余功能	系统	人类驾驶员	人类驾驶员	一些驾驶模式
自动驾驶系统监控驾驶环境						
3	传统自动化	驾驶模式的性能：专门针对驾驶系统的所有特征进行动态任务的驾驶，希望人类驾驶员能够以适当的方式做出反应，请求许可进行干预	系统	系统	人类驾驶员	一些驾驶模式

续表

SAE 级别	名字	叙事定义	加、减速和转向的执行	驾驶环境监测	动态驾驶任务的回退性能	系统能力（驾驶模式）
自动驾驶系统监控驾驶环境						
4	高度自动化	驾驶模式的性能：动态驾驶任务的所有功能的特定驾驶系统，即使驾驶员从未以正确的方式响应干预请求	系统	系统	系统	一些驾驶模式
5	完全自动化	在驾驶员可以管理的所有环境和道路条件下，通过自动系统来驱动动态驾驶任务的所有功能的全时性能	系统	系统	系统	所有驾驶模式

注：SAE 为美国汽车工程师协会的缩写。

2.5.2 TransAID 的范围和概念

较高的自动化水平，尤其是在城市交通条件下，需要适当的道路基础设施来支持，以确保不间断的安全水平和更高的效率。然而，如图 2.4 所示，道路上还有许多其他情况和因素可以保证高自动化水平（情况 A 和 C），但是，也会有其他情况，即由于安全方面的关键性和许多其他因素中缺乏传感器输入（Petit 等，2015），而不允许或不可能实现高度自动化驾驶（情况 B）。

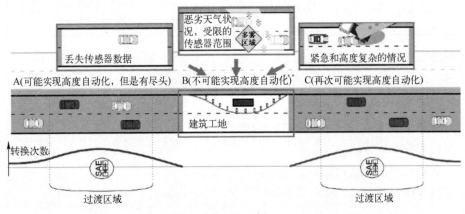

图 2.4 过渡区域演示（来源于文献（Blokpoel 等，2018））

当达到高度自动化和低水平自动化的情况和因素时，将需要越来越多的自动化驾驶车辆执行从自动驾驶到人工驾驶的控制（情况 A）。因此，在给定的情况下，只要高度自动化变得可用（情况 C），一些自动驾驶车辆可能会切换到更高的自动化水平。这些因素指的是实现自动化水平开关的车辆数量，即自动化水平开关区域（Petit 等，2015）。

在过渡地区，一些高度自动化的汽车正由于各种各样不同的原因改变着它们的自动化水平。TransAID 将根据预期的近期市场份额和其他方面，针对每种自动化类型车辆的不同市场占有率，对不同的汽车自动化水平对当前交通系统的影响进行调查。为了获得这种情况下的某些利益和优势，许多层级交通管理系统（TMS）的新概念正在被建立起来（Zhou 等，2017）。

2.6 对联网车辆的攻击

随着汽车互联技术的进步，黑客们设计出新的入侵联网车辆并控制汽车的方法，攻击案例相对增多。这在汽车制造商之间造成了相对的紧张，他们每天都在努力应对这些攻击，并创建新的安全机制，使黑客很难破解这些机制。然而，总有一些公司和个人成为黑客的牺牲品（Mattas 等，2018），关于受到黑客攻击的报道仍然很多。

2.6.1 黑客攻击联网车辆的历史

黑客入侵汽车已经有相当长一段时间了，2002 年就报告了第一起案件。目前有超过 3600 万辆在公路上行驶并连接到互联网上的汽车，但汽车制造商似乎没有从互联网时代面临的最大安全危机中学到更多东西。在许多情况下，网络安全只是事后的考虑，而不是制造和工程过程的一个组成部分（Mattas 等，2018）。

2002 年，黑客开始瞄准发动机管理技术，使用这些技术可以控制燃料喷射器和性能增压器。2005 年，Trifinite 公司使用蓝牙技术不合理地传输或拦截车内无线电信号。另外，英国 Inverse Path 公司也展示了攻击者如何通过 FM 发送虚假的流量更新信息，从而潜在地危害了车内导航系统的完整性，进而使汽车改变其路线，并考虑其他没有交通条件的路线（Petit 等，2015）。

在 2010 年，研究者做了大量的试验，这对汽车的发展产生了巨大的干预，可能会影响汽车的机动性。例如，在得克萨斯州就有这样一个案例：在一家汽车经销公司，一名对公司不满的前雇员利用偷来的凭证访问基于互联网的动员控制台，并开始系统地将前雇主出售的汽车"砖"起来。有人认为远程攻击依赖于售后市场的防盗装置，因此不能认为是联网车辆的弱点。然而，这其实仍然是一个弱点，这可能导致在不同的情况下将联网汽车暴露给攻击者（Schoitch 等，2016）。

2.6.2 远程汽车黑客的现状

由于科学技术的进步，黑客已经开发出强大的技术来帮助他们远程攻击汽车（图 2.5）。2015 年，克里斯·瓦拉塞克（Chris Valasek）和查理·米勒（Charlie Miller）成功远程入侵并指挥征用了一辆在高速公路上行驶的切诺基吉普车（Jeep Cherokee）。两人利用车辆使用的娱乐软件中的零日漏洞成功做到了这一点。他们成功地控制了仪表盘、变速器、制动器和转向器的功能。

图 2.5　一个汽车黑客场景（来源于文献（Ring，2015））

两年后，Valasek 和 Miller 在这方面的研究就已经达到了能够有效和完全控制车辆的水平，他们设法绕过车上有限的数字安全和错误连接机制，使车辆以任意速度行驶、加速并猛烈刹车（Mattas 等，2018）。

尽管这两名黑客从未远程实施过第二次此类的攻击——他们强调使用直接连接到车内控制区域网络（CAN）总线的笔记本电脑进行攻击——但是他们先前的研究表明，对于任何有坚定想法的黑客来说，这仍然是可能实现的（Maa 等，2018）。

依然是在 2015 年，Valasek 和 Miller 成功远程圈定了 47.1 万辆在路上行驶的切诺基吉普车，考虑到他们第一次成功的尝试，他们有可能已经远程入侵了这些切诺基吉普车。这显示了联网汽车的车主和制造商在当前数字时代面临的潜在危险（Lu 等，2016）。

2.6.3 入侵汽车的方法

攻击者可以使用不同的方法进入汽车网络，并操纵它们按自己的意愿行事。在这种情况下，以下是黑客可能使用的主要和常见的方法：

(1) 利用生产线中的漏洞；
(2) 通过攻击汽车的内部网络。

1. 利用生产线中的漏洞

攻击者可以在汽车离开工厂生产线之前利用联网汽车组件的漏洞进行入侵。通过这种方式，当汽车最终被释放到道路上时，他们将有优势控制汽车，并对其进行操纵（Lu 等，2016）。这是一个至关重要的阶段，在此阶段，需要严密地保护安全性，否则黑客会发现弱点并利用它们进行渗透攻击（Petit 等，2015）。

自动驾驶和联网汽车软件的复杂性很容易被黑客击败，这对制造商来说是一个巨大的挑战。考虑到在当今世界情况下任何人都难以保证安全，因此，敏感的技术为攻击者提供了入侵并破坏安全性的漏洞（Mattas 等，2018）。

为了应对进入生产线的黑客，Blackberry 公司决定冒险进入安全领域，提供 Jarvis 软件，旨在确保联网自动驾驶汽车的安全。该组织已明确指出其技术的适宜性，这样可以在未来从最薄弱的地方提供强有力的防御（Maa 等，2018）。

2. 通过攻击汽车的内部网络

汽车的内部网络是所有联网汽车的支柱，即便在自动驾驶汽车中也是如此。这使得它成为所有汽车制造商在开发研究联网汽车时都备受关注的一个领域，所有的自动驾驶汽车都应该确保它们具有强大而充分的安全性措施以抵御任何狡猾的黑客。黑客还可以通过硬编码凭证、编码逻辑错误、缓冲区溢出、信息披露和后门等方式攻击联网车辆（Maa 等，2018）。

这种黑客攻击方法并不仅仅是停留在理论研究阶段的，因为它在 2016 年的黑帽（Black Hat）会议上就已经进行了实践测试。Valasek 和 Miller 设法通过发送虚假信号和消息来拦截正在传输到切诺基吉普车内部网络的重要且正确的信息。这将导致汽车猛烈地转弯、刹车和加速（Williams 等，2018）。

2.6.4 现有技术不足以满足未来需求

现代世界和技术的进步已经消除了公司作为物理场所的概念。过去，传统制造商在设计产品时从未考虑过数字安全问题，汽车行业更是如此。传统的汽车技术可能仅仅在内部进行了简单的互联，但有大量的外部数据交换通过车载诊断端口进行（Mattas 等，2018）。

遗憾的是，目前基于 CAN 总线技术的安全级别非常薄弱，容易被破解并入侵。研究表明，CAN 总线架构的弱点是非常明显的，可以通过更新 CAN 架构的标准来完全破解攻击（Ferguson，2018）。

自动化汽车的未来依赖于快速增长的互联互通技术。V2V 连接的使用将使在道路上创建无线的点对点（Ad-Hoc）网络成为可能，这将会允许车辆交换道路交通和状况的数据。与物联网迅速引入万物联网（IoE）的方式一样，车辆万物（V2X）取代 V2V 也得到了快速的发展。这包括车辆到基础设施（V2I）、车辆到设备（V2D）、车辆到行人（V2P）和车辆到电网（V2G）（Ferguson，2018）。

有了更多的连接，就会有更多的代码行，有了更多的代码行，就意味着会有更多的弱点可以被攻击者利用。生态系统的扩展将意味着有更多的节点需要保护，黑客们也有更多可能的途径恶意访问这些系统（Schoitch 等，2016）。

2.6.5 未来对联网车辆的攻击和可能的防御

单纯地认为网络犯罪分子只是受金钱驱使，而对攻击车辆毫无任何兴趣，这种观点是错误的。但是，这些人的动机可能会是各种各样，他们对攻击汽车网络的兴趣很有可能并且只会随着时间的推移而变得越来越浓厚（Williams、Wu 和 Closas，2018）。

汽车可能受到攻击的第一种情况是汽车勒索软件，这是非常普遍和熟悉的。人们在早上解锁汽车，然后向数字助理发出指令开车去单位。勒索软件消息并不被通常的程序所欢迎，而是在汽车发出使用指令前就在汽车中弹出勒索消息，要求您付款。这是一种可能的情况，像其他攻击一样，攻击者仍然会索要一部分或者大量金钱（Ferguson，2018）。

更有甚者，一些自动驾驶汽车可能会被恐怖分子用作袭击远程地点的武器。这将产生任何人都难以想象的、深远的负面影响。例如，曾经发生在巴塞罗那、伦敦、尼斯和纽约的袭击事件，可以被当作是在制造联网汽车后采取预防措施的典型案例（Maa 等，2018）。

与网络安全相关的研究人员和组织必须与汽车制造商密切合作，以帮助弥补这两类专业人员在技术能力上的差距。因此，确保汽车的安全性不应该是制造过程完成后考虑的事情，而应该是在该行业设计制造汽车时就应考虑的一个因素（Petit 等，2015）。互联网通过快速创新并采纳创新理念，使事物发生革命性变革，从中我们可以吸取很多经验教训。然而，在不考虑安全因素的情况下，如此迅速采纳和创新想法的做法可能会使情况变得更加糟糕，因为它提供了一种可能的途径，利用它罪犯可以获取更大的个人利益（Ferguson，2018）。

2.7　欧盟在联网车辆和自动驾驶车辆部署中的作用及法规

欧盟完全支持在不同级别部署联网车辆和自动驾驶车辆。

（1）政策倡议：与所有利益相关者密切协调，制定政策、路线图、计划和策略。欧盟通信网络、内容和技术总局（DG CONNECT）的作用是将国家和利益相关者召集在一起，以促进提案、想法和经验的交流。

（2）在欧洲层面制定标准。

（3）资助创新和研究项目（H2020），支持初始阶段的基础设施和行动。

（4）必要时确保欧洲一级的立法。

协同智能交通系统（C-ITS）是一种允许车辆与道路基础设施之间进行信息交互的系统。运营商和当局正在 C-Roads 平台上协调工作，使他们能够协调 C-ITS 在欧洲的活动部署。主要目标是为所有道路用户部署可互操作的 C-ITS 服务（Tatjana，2018）。

欧盟委员会于 2016 年 1 月发起了一个高级别的"2030 年全球汽车展"，以确保欧盟能够有清晰明了的汽车发展策略。该组织汇集了会员国、委员和代表保险、电信和 IT 行业的其他利益相关者。该组织还提出了一些建议，以确保在 2030 年推出联网和自动驾驶车辆之前，相关的公共规则、法律和政策框架已经存在。

虽然建立的规则以提高人们的安全保障为目标，但也过于僵化，以至于阻碍了创新的发展。该行业需要自由引进各种各样的技术，以帮助欧盟实现其在交通运输方面的目标。因此，尽管欧盟委员会在其 C-ITS 战略中强调在通信方面采取混合方法，但令人担忧的是，两年之后，技术中立原则趋向于不再被欧盟委员会所尊重（表 2.3）。

表 2.3　欧盟委员会为规范自动驾驶车辆的使用和责任而制定的法律（来源于文献（Evas，2018））

发布时间	文件/规定名称	主要审议情况
2017 年	GEAR 2030 HLG 最终报告 18/10/2017	• 关于受害者的赔偿，该报告指出，至少 2020 年前的系统，产品责任和汽车保险指令在此级别已足够。 • 关于国家赔偿责任方面的不同制度是否重要或可取，存在许多观点。 • 欧盟委员会将关注改变产品责任指令（PLD）和汽车保险指令（MID）的必要性，以及拥有未来发展技术的额外欧盟法律文书的必要性

续表

发布时间	文件/规定名称	主要审议情况
2016 年	GEAR 2030 HLG 路线图	• 就目前 CAV 的发展水平而言,现有的风险分担和责任法律框架是不够的。 • 随着车辆的自动化和联网性的不断提高,修订或更改相关方之间的责任规则可能会变得非常重要
2015 年	商业创新观察站/普华永道委托 DG GROW 进行的研究	• 随着自动驾驶和辅助驾驶技术的快速发展,责任不确定性越来越令人担忧,同时由于责任划定不清晰,保险机构也缺乏评估其责任的能力。 • 提出了一个协调的欧洲法律框架,以应对人们对自动驾驶车辆带来的责任和担忧
2015 年	C-ITS 最终报告	• 在驾驶员控制车辆的情况下,无需更改责任条款和规则。 • 尽管如此,考虑到通过 C-ITS 提供信息时,实现更高联网水平和更高自动化水平的趋势可能会触发车辆的其他动作。 • 上一份 C-ITS 报告建议委员会重新评估 C-ITS 平台第二阶段各方面的责任概念

2.8 联网车辆和自动驾驶车辆对经济的影响

由于缺乏足够的空间来安装新的基础设施和满足交通的需求,因此基于供给和需求的交通管理技术被认为是解决交通拥堵的主要方法。主要从以供应为导向到以需求为导向,这些方法包括动态使用城市空间、使用网络技术对交通信号进行智能控制、路线引导、优惠的公共交通措施、拥堵定价以及共享汽车(Tatjana,2018)。

考虑到网络中私家车数量越来越多而道路容量有限,以供应为导向的技术并不能完全消除道路拥堵,因为主要城市的出行高峰时间的需求超过了预期。适当地制定以需求和供应结合为导向的政策是一项重大挑战,需要对现实拥堵模型、用户可接受性和经济原则等因素进行整合。

随着 CAV 的引入,车内时间的价值可能会受到影响,因为用户可以进行驾驶以外的其他经济效益活动(Schoitch 等,2016)。如果传统车辆和自动驾驶车辆共用一条道路,很可能会使传统车辆的用户远远滞后于共同认定的预期到达时间,这就大大降低了自动驾驶车辆用户的成本。然而,众所周知,如果所有用户都是一样的,那么个人花费的成本并不取决于车内时间的价值。在这里,传统车辆和自动驾驶车辆在物理上是分开的,用户是同质的,车内时间的价值不会影响拥堵的个人成本。尽管出行畅通无阻的成本可能仍取决于所使用的车辆的类型,但收益取决于交通条件,因此收益可以通过恒定的个体特定协调成本来获得（Schoitsch 等，2016）。表 2.4 描述了几种情况及其成本效益分析。

表 2.4　欧盟 CAV 方案的成本效益分析（来源于文献（Evas 等，2018））

顾客效应	场景 1	场景 2	场景 3	场景 4	场景 5	场景 6	场景 7	场景 8
运输用户效应	116.53	-35.58	35.22	-23.95	-1188.14	-879.04	17.18	215.29
健康效应	-1.99	0.00	-0.59	0.19	2.09	0.03	-0.36	-4.21
对外部事故成本的影响	2.34	-0.81	-22.12	6.92	0.05	-19.24	1.27	-0.10
对外部环境成本的影响	8.60	-3.01	-0.20	0.06	0.71	-0.03	-0.12	-1.44
税收收入	6.57	0.82	-4.96	1.55	-2.67	130.85	-2.97	-26.81
更广泛的经济影响	16.11	-5.55	0.75	-0.24	-226.30	-15.41	0.45	5.43
总计	148.15	-44.13	8.10	-15.47	-414.27	-812.85	15.46	288.17

2.9　结　　论

联网的自动驾驶车辆是当今世界每一个汽车制造商都瞄准的目标。然而，摆在这些公司面前的一个挑战是：它们如何能抵御黑客的攻击。自 2002 年以来，各种尝试已经被证明，黑客使用多种复杂的方法入侵车辆是可能和相当简单的一件事情。

为了确保更多的安全性，汽车制造商和软件生产商需要联合起来，创造出持久的解决方案。这样，他们就可以弥补两个商家技术人员技术能力之间的差距。这样还将帮助汽车制造商在生产汽车时考虑安全问题，而不是把安全问题作为汽车生产后才进行的次要活动。

黑客使用多种方法来渗透联网车辆的系统。第一种也是最常见的一种方法是在车辆发布前还在生产线上的时候对它们进行黑客攻击。这样，当车辆到达用户手中时，他们就有能力控制车辆。另一种方法是通过发送错误的信息来误导车辆的内部网络，这将导致车辆的后续动作，如 Valasek 和 Miller 所做的那样。

在联网车辆中实现完善的网络和功能系统是不可能的，但是汽车制造商应该在研发上投入更多的资源,以便能在数据和网络安全技术方面领先于黑客。联网和自动驾驶车辆的未来只有在它们受到良好保护,并被用于预期的正确目的的情况下才能实现,而在生产过程中,网络安全永远是一个需要考虑的主题。

参 考 文 献

Aloso Raposo M, Ciuffo B, Makridis M, et al., 2018. The r-evolution of driving: From connected vehicles to coordinated automated road transport (C-ART): Part I, framework for a safe & efficient coordinated automated road transport (C-ART) system: Study [R]. European Commission, Joint Reaearch Centre, Office of the European.

Anderson J P, 1980. Computer Security Threat Monitoring and Surveillance [R]. Fort Washington.

Blokpoel R, Mintsis E, Schinder J, et al., 2018. ICT infrastructure for cooperative, connected and automated transport in transition areas [C]. TRA2018, Vienna, Austria.

Calvert S, Mahmassani H, Meier J N, et al., 2018. Traffic fow of connected and automated vehicles: Challenges and opportunities [J]. In Road Vehicle Automation, 4: 235-245.

Chiappetta A, 2017. Hybrid ports: The role of IoT and Cyber Security in the next decade [J]. Journal of Sustainable Development of Transport and Logistics, 2(2): 47-56.

Cognitive Heterogeneous Architecture for Industrial IoT - D1. 4 CHARIOT Design Method and Support Tools - H2020 project - Grant agreement ID: 780075.

Evas T, Rohr C, Dunkerley F, et al., 2018. A common EU approach to liability rules and insurance for connected and autonomous vehicles [R/OL]. European Union, EU Publications, EPRS European Parliamentary Research Service. P. E 615. 635.

Ferguson R, 2018. A brief history of hacking Internet-connected cars [J]. New World Crime. Retrieved from https://medium.com/s/new-world-crime/a-brief-history-of-hacking-Internet-connected-cars-and-where-we-go-from-here-5c00f3c8825a.

Li S E, Zheng Y, Li K, et al., 2017. Dynamical modeling and distributed control of connected and automated vehicles: Challenges and opportunities [J]. IEEE Intelligent Transportation Systems Magazine, 9 (3): 46-58.

Lu M, Blokpoel R J, 2016. A sophisticated intelligent urban road-transport network and cooperative systems infrastructure for highly automated vehicles [C]. In Proceedings: World Congress on Intelligent Transport Systems, Montreal.

Maa J, Lib X, Zhoua F, et al., 2018. Parsimonious shooting heuristic for trajectory design of connected automated trac part II: Computational issues and optimization [J]. Transportation Research B, 95(2017): 421-441.

Mattas K, Makridis M, Hallac P, et al. , 2018. Simulating deployment of connectivity and automation on the Antwerp ring road [J]. IET Intelligent Transport Systems, 12(9): 1036-1044.

Petit J, Stottelaar B, Feiri M, et al. , 2015. Remote attacks on automated vehicles sensors: Experiments on camera and LiDAR [J]. Computer Science.

Raposo M A, Ciuffo B, Makridis M, et al. , 2017. From connected vehicles to a connected, coordinated and automated road transport (C 2 ART) system [C]. In Models and Technologies for Intelligent Transportation Systems (MT-ITS), 2017 5th IEEE International Conference on: 7-12.

Ring T, 2015. Connected cars-the next target for hackers [J]. Network Security, 2015(11): 11-16.

Schoitsch E, Schmittner C, Ma Z, et al. , 2016. The need for safety and cybersecurity co-engineering and standardization for highly automated automotive vehicles [C]. In Advanced Microsystems for Automotive Applications 2015: 251-261.

Williams N, Wu G, losas P, 2018. Impact of positioning uncertainty on ecoapproach and departure of connected and automated vehicles [C]. In Position, Location and Navigation Symposium (PLANS): 1081-1087.

Zhou F, Li X, Ma J, 2017. Parsimonious shooting heuristic for trajectory design of connected automated traffic part I: Theoretical analysis with generalized time geography [J]. Transportation Research Part B: Methodological, 95: 394-420.

第 3 章 物联网应用的 Fog 平台：需求、调查和未来方向

Sudheer Kumar Battula，Saurabh Garg，James Montgomery，Byeong Kang

3.1 简　介

在物联网环境中，近来的技术进步已导致各个领域中智能设备数量的快速增长。因此，从这些设备产生的数据在数量和种类上都有所增长。根据思科的数据（Evans，2011），到 2020 年，将有超过 500 亿个物联网设备在使用。这些设备及其通信产生的数据将达到 0.5YB，其中约 45% 的数据将会是物联网创建的数据（Hong 等，2013）。互联网数据中心（IDC）2019 年预测，到 2025 年，将存在 416 亿个互联设备，并生成 79.4ZB 数据。例如：飞机引擎每次飞行会产生 1TB 的数据，而大型制造业每天会产生 1TB 的原始数据，监控摄像头每小时产生 1TB 的原始数据（Perera 等，2017）。当前，通常使用云计算来对这些数据进行处理。由于云计算所具有的一些特性，例如无限可扩展、快速弹性以及丰富的处理和存储能力，云计算被用作物联网应用的主要解决方案。但是，由于物联网设备和云计算之间的高延迟，支持云计算的物联网应用程序遇到了许多性能挑战。

物联网环境中的一些应用对时间的要求至关重要（Bonomi 等，2012；Yi，2015）。例如，智能交通信号灯应迅速做出决策，以允许应急车辆快速行驶（Sarkar 和 Misra，2016）。类似地，在智能停车系统中，应用程序应能够连续检测停车区域，以便向用户提供停车建议，从而避免冲突。特别是在应对灾害情况和紧急情况时，关键信息的交换和处理的任何微小的延迟都可能对生命和物理基础设施造成重大损害（Ujjwal 等，2019）。对于上面讲到的所有示例，几乎都需要实时响应。如果延误，就可能会对个人造成损害并影响社会。如果我们在云中处理这些应用程序，由于高延迟，可能会失去根据事件做出响应的机会。因此，广域网（WAN）中的高延迟的缺点使云解决方案无法有

效应对上述实时应用（Evans，2011）。这样，Fog 计算已逐渐发展成为以一种有效方式处理时间敏感的应用程序。Fog 计算是一种分布式计算范例，其中数据在边缘设备近端即可进行存储和处理（Bonomi 等，2012；Rayamajhi 等，2017），因此可以显著减少数据传输的成本，因此，对时间要求敏感的应用程序的性能就得到了提升。该范式为部署应用程序并提供各种规模的不同服务以满足用户需求提供了一种有发展潜力的解决方案（Chiang 和 Zhang，2016）。有些研究人员为研究开发 Fog 计算的原理、基础架构和算法做出了努力，有些研究为 Fog 计算环境的定义、特性和平台挑战做出了贡献。其他一些研究（Chiang 等，2017；Yi、Cheng 和 Qun，2015）将 Fog 计算与其他相关技术进行了比较，在另一项研究（Hu 等，2017a）中，讨论了处理时间敏感型应用程序的基础架构要求。Naha、Garg 和 Georgekopolous 等（2018）还提出了适合大数据应用的 Fog 计算架构。他们的研究论文的摘要和对本领域研究的贡献见表 3.1。有了这些调查做基础，Fog 计算平台的全面实现仍然需要持续进行开发，以有效地执行对时间敏感度要求高的应用程序。

表 3.1　关于 Fog 计算的现有调查和贡献

文　献	贡　献
Bonomi 等，2012	Fog 计算的定义和特征； 建立关键应用程序平台时的 Fog 计算需求
Yi、Cheng 和 Qun，2015	进行了 Fog 计算与其他相关技术的架构对比； 解释了具有不同用例和场景的 Fog 计算； 讨论了 Fog 计算研究面临的挑战和未解决的问题
Chiang 等，2017	介绍了 Fog 计算的特性，并与云进行了比较； 提出了一种用于物联网应用的新型 Fog 计算体系结构
Hu 等，2017b	为了支持物联网应用的部署，讨论了适合 Fog 计算环境的基础设施； 讨论了不同的应用案例和没有解决的问题
Naha、Garg 和 Georgakopoulos 等，2018	提出了一种适用于 Fog 计算环境中数据密集型应用的体系结构

为了实现这种平台的设计，本章讨论了构建高效、全面的 Fog 平台以满足当前和未来应用程序需求的目标、要求、特性和挑战。本章还通过仔细研究现有 Fog 平台的特性以及设计平台的其他关键要求，揭示了当前研究的差距和未来的发展方向。

3.2 Fog 计算是什么?

在本节中,我们讨论了一般领域和其他领域(例如物联网和车辆网络)的 Fog 计算的定义,不同研究人员在文献中对 Fog 计算的定义给出了不同的见解。根据 Fog 平台的应用和特点,我们提出了 Fog 计算的定义。本节还介绍了 Fog 与其他类似的分布式计算范例之间的区别。

3.2.1 Fog 计算

根据 Bonomi 等提供的定义(2014):Fog 计算被认为是云计算范式从网络核心到网络边缘的延伸。它是一个高度虚拟化的平台,在终端设备和传统云服务器之间提供计算、存储和网络服务。

根据 NIST 提供的定义(Iorga 等,2018):Fog 计算是一种分层模型,可用于对可扩展计算资源的共享连续体进行普遍访问。该模型简化了分布式、感知延迟的应用程序和服务的部署,并由位于智能终端设备和集中(云)服务之间的 Fog 节点组成(物理或虚拟)。

3.2.2 物联网中的 Fog 计算:事物 Fog

事物 Fog(FoT)是 Prazeres 和 Serrano(2016)提出的一种新范式,他们提出了一种在 Fog 计算环境中用于 IoT 的自组织平台,称为 SOFTIoT(Self-Organizing Fog of Things)。该平台支持互操作性,允许在 Fog 设备和云虚拟机的虚拟实体中运行更加复杂的操作。面向 FoT 服务的中间件用于应用程序与 IoT 服务和面向消息的中间件之间的交互,以便在设备和网关之间进行通信。

3.2.3 车辆 Fog 计算

Sookhak 等(2017)提出了一种类似于 Fog 计算的范式,称为车载 Fog 计算(VFC),它利用车辆的基础设施进行通信和数据处理。车载云计算(VCC)与车载 Fog 计算(VFC)的不同之处在于,它仅使用最近的车辆群集,而不使用远程服务器。这种范式由 3 个实体组成:智能车辆、路边节点(RS)、云层,其中智能车辆、路边节点(RS)分别充当数据、Fog 层。同样,Chen 等(2016)使用无人飞行器(UAV)作为 Fog 节点来覆盖大量 IoT 设备。Hou 等(2016)提出了车辆微云和车辆网格,它们将最近的车辆分组以形成集群，以便非常快速地处理数据。表 3.2 中 VFC 和 VCC 之间进行了对比比较（Ning 等，2019）。

表 3.2 VFC 和 VCC 之间的比较

特征	VFC	VCC
资源容量	低	高
控制	分散	集中
延迟	低	高
机动性管理	难	易
可靠性	低	高
可用资源	本地	全球

Bonomi 等（2014）从云和网络方面解释了 Fog，而 Vaquero 和 Rodero-Merino（2014）从环境和功能方面解释了 Fog，NIST（Iorga 等，2018）从建筑和设施的角度解释了 Fog。基于 Fog 的定义和功能，我们将 Fog 计算描述为一个模型，该模型由一组利用用户处理、存储和网络功能并以大规模分布式方式提供给用户的服务组成，并与其他设备通信实时处理应用程序。Fog 计算本身无法满足用户要求，特别是在大数据应用程序中。因此，Fog 计算可以看作是对云的扩展。

本章将不会特别关注 VFC 和事物 Fog，因为这些范例与 Fog 计算有着相似的特点，也面临着相似的挑战和限制。

3.3 Fog 计算与其他类似分布式计算平台的比较

类似于其他分布式计算平台，Fog 计算使用本地终端用户计算设备来处理请求。在 Fog 计算中，物联网产生的数据在中间层进行处理，中间层由 Fog 设备或 Fog 设备和数据组成。获得的结果和数据存储在云中以备将来使用。在处理边缘设备方面，Fog 和其他类似的分布式范例的主要区别是移动云计算（MCC）的移动设备、微云计算的专门数据中心、移动边缘计算（MEC）的边缘服务器和 MCC 的基站服务器。然而，Fog 计算使用具有基本功能的任何终端设备。与其他分布式计算平台相比，Fog 计算在容量、延迟、距离、移动性、可用性、功耗和架构方面还有一些其他的差异，如表 3.3 所列。

表 3.3　Fog 的属性和相关计算范例

平台/属性	Fog 计算	移动计算	移动边缘计算	移动云计算	微云计算
容量	有限	有限	中等	高等	中等
耦合	很宽松	中等	中等	紧密	紧密
延迟	低	中	低	相对高	低
距离	很近	很近	近	远	近
机动性	高	高	中等	高	中等
实用性	高	高	低	很高	低
耗电量	很低	高	很高	低	低
云	是	否	是	是	是
架构	分散的层次结构	分布式	本地/分层	分布式移动云	集中式数据中心
服务器要素	任意终端设备（SCN）	移动设备	边缘服务器	基站服务器	盒装数据中心

3.4　Fog 计算环境及局限性

本节将讨论由 Fog 计算环境处理的物联网应用程序的需求，介绍 Fog 计算的体系结构，并解释 Fog 计算的局限性。

Fog 计算的工作方式是扩展云计算，以处理从云到事物的物联网数据。这种范式的主要目标是使计算更接近最终端用户，以解决高延迟和可扩展性问题。

3.4.1　Fog 计算环境

研究文献中介绍了三类 Fog 计算环境。简单的非物联网应用，如内容交付系统，只由两层组成，而没有物联网层。三层 Fog 计算环境最适合物联网应用（Battula 等，2019），如图 3.1 所示。

云和中间层（Fog）之间通过广域网（WAN）连接，中间层和物联网层之间通过局域网（LAN）连接。物联网层主要通过传感器感知周围的信息，这也称为数据生成器层。Fog 层有助于提供更接近终端用户、远离云的服务。生成的物联网数据将被发送到中间层的 Fog 设备进行数据处理，而不是发送到云端。为了便于将来使用，数据被存储在云中。所以，Fog 计算实现了低延迟，从而提高了应用程序的性能。

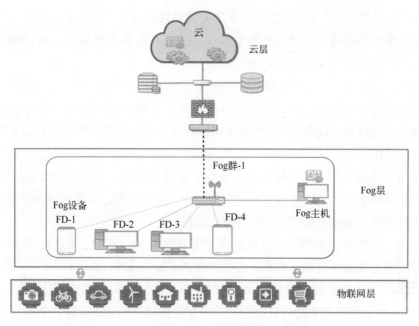

图 3.1 Fog 计算环境

3.4.2 Fog 计算元素：Fog 节点

Fog 计算环境由 Fog 节点或 Fog 设备组成。Fog 节点是一个物理基础设施元素，有助于提供离用户更近的服务，如网络设备、树莓派、智能手机、个人计算机、接入点或任何具有计算、存储和网络功能的设备。这些大规模分布的 Fog 设备形成了云层和 IoT 层之间的中间层，以提高对时间敏感的 IoT 应用程序的执行速度。Fog 节点位于网关、网络元素（例如路由器和交换机）和中间计算机节点上。

3.4.3 Fog 计算的局限性

Fog 计算已发展成为一种可行的解决方案，可以以最小的延迟对时间敏感的应用程序进行处理。但是，该范式中还存在一些固有的局限性：

（1）容量有限：Fog 计算中的 Fog 节点的带宽和存储容量有限。单独使用 Fog 节点不适合处理物联网数据。数据局部性是 Fog 计算中减少系统延迟的关键，因此在 Fog 计算中寻找最佳的数据组织和分配技术是至关重要的。研究人员在其他分布式计算范式中解决了这些问题，如传感器网络（Sheng 等，2006）和云（Agarwal 等，2010）。然而，这些技术并不能完全解决所有问题，因为与云计算不同，Fog 计算需要解决有关数据是应该存储在 Fog 设备、节点还是云中的新挑战。因此，必须重新设计数据存储和管理技术，利用用户服务、请求和移动模式来提高系统的性能。

（2）连通性：Fog 计算在 Fog 层的每一层都有一个异构网络。为了优化连接方面的成本和性能，研究人员在其他分布式计算范例中使用了集群、分区和网络中继技术。这些技术可用于 Fog 计算中，通过动态选择 Fog 节点来提高系统的可用性。

（3）电源管理：大多数 Fog 设备都是低能耗设备，主要依靠电池维持运行，如智能手机、笔记本电脑和树莓派。由于电量有限，设备可能随时关机，导致处理设备的应用程序无法有效持续运行。

（4）可靠性：环境的可靠性会影响系统的性能，因此，Fog 计算的可靠性必须考虑到各种情况，如单个传感器和 Fog 节点故障、Fog 节点的连通性失效、整个区域和区域的故障以及用户连接、服务和平台的故障。Madsen 等（2013）通过比较现有的计算范式，讨论了在提供可靠的 Fog 计算平台时所面临的各种需求和挑战。

（5）安全性和私密性：在 Fog 计算中，由于设备的异构性、多拥有量、对设备没有完全的控制，资源的安全性和数据的私密性是该应用环境的主要限制。

3.5　Fog 计算平台的设计目标、要求和面临的挑战

一个有效的 Fog 计算平台应该克服 Fog 的所有固有限制。本节讨论这样一个高效平台的目标和需求，并提出相关的挑战。

3.5.1　Fog 计算的设计目标

为在 Fog 计算环境中建立一个有效的资源管理平台，其主要设计目标如下：

（1）效率：Fog 计算平台在资源和能源利用方面应该更加高效，因为在 Fog 环境中的资源，如存储、网络、计算和能源，都是有限的。

（2）延迟：这是支持对时间敏感的应用程序的一个重要因素。Fog 计算已经发展到主要被用来处理时间关键型应用程序。因此，Fog 平台的主要目标是提供低延迟的应用程序和服务。为了实现这一目标，任务的决策时间、调

度时间、执行时间和任务卸载时间都应该尽量减少。

（3）应用程序编程接口（API）：该平台的目标是提供一个通用的 API 来支持各种服务和应用程序。

（4）抽象：Fog 计算由异构的 Fog 节点组成，这些节点可能不支持所有 Fog 节点中的相似协议。因此，该平台的目标是提供一个抽象层，对所有 Fog 设备进行抽象，以支持互操作性。

（5）移动性：大多数 Fog 设备和传感器，如智能手机、手持设备和无线身体传感器，都是移动性支持设备。Fog 平台的重要目标是有效地处理容错和移动性设备，以便为客户提供更好的服务。

3.5.2 Fog 计算平台要求

默认情况下，应用程序应该能通过分布式功能自动、快速、轻松地扩展资源，而无须应用程序开发人员编写特殊代码。它们应该提供一个平台来支持定制应用程序的部署和操作。因此，要实现这些功能，每个 Fog 平台都应该具备以下要求（Cloud Standards Customer Council, 2015；Kepes, 2011）。

（1）按需自助服务：平台应能根据用户需求提供计算和存储资源，而不需要服务者进行手动交互。

（2）弹性：平台应能根据用户或应用程序的需求提供资源和取消提供资源。

（3）可扩展性：平台应该能处理突发的流量高峰，并为用户提供有效的结果。

（4）自动部署：平台应该遵循单击部署模型，在这种模型中，开发人员只需单击一次就可以部署应用程序。

（5）子弹服务：平台应该为在单一环境中测试和管理应用程序的资源提供快速服务。

（6）Web 用户界面：平台应该提供在不同场景和用例中管理、部署和测试应用程序的用户界面。

（7）多租户：多租户是指由不同租户托管的不同应用程序在同一时间共享公共基础设施。在联合环境中，改善资源的利用和创造商业机会是非常关键的。多租户还将确保租户之间的隔离、安全性和私密性。平台应该能为使用相同应用程序环境的不同并发客户机提供隔离。

（8）安全性：平台应该能保护部署应用程序的环境的安全。

(9) 测量服务：平台对资源进行自动监控和管理，根据客户使用情况提供透明的测量服务。

3.5.3 构建有效的 Fog 计算平台面临的挑战

在时间敏感型应用程序的实际开发和部署中，由于其地理分布特性和节点不可管理性，使得为用户提供服务已成为一个具有挑战性的问题。许多研究人员都已尝试构建平台，但这些都是非常特殊的用例或领域。Fog 计算不同于其他分布式计算范例，由于高延迟，传统的云平台不适合时间敏感的应用程序，构建一个高效的 Fog 计算平台比云要复杂得多。构建云和 Fog 平台所涉及的复杂性见表 3.4。

表 3.4 云与 Fog 计算特征比较

特 征	云	Fog
数据管理	低	很高
迁移	低	高
资源监控	低	高
自我管理	低	高
虚拟机放置和配置	低	高
虚拟化	低	高
能源管理	难	很高
位置依赖性	低	高
联盟复杂性	中等	高
地理分布和泛在网络接入	中等	很高
负载平衡	中等	高
隐私和安全风险	中等	很高
资源需求分析	中等	高
缩放比例	中等	很高
基于 SDN 的联盟	中等	中等
机动性	无	高
多租赁	低	中等
面向服务的	低	高
异质性	低	高

因此，需要建立一个有效的平台来开发和部署 Fog 计算环境下的应用程序。由于 Fog 设备的特性和环境的不同，使得这是一项具有挑战性的任务。Fog 计算平台操作层如图 3.2 所示，分层面临的挑战如下：

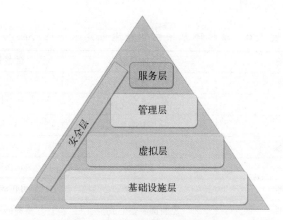

图 3.2　Fog 计算平台操作层

（1）虚拟化技术：虚拟化技术有助于有效利用硬件资源。因此，正确选择虚拟化技术是一项重大的研究挑战，因为这一决定将取决于设备的硬件配置。表 3.5 列出了容器技术相对于虚拟机管理程序技术的优势。但是，Fog 是一个异构环境，其中某些设备目前不支持容器技术。因此，选择合适的"容器或管理程序"是决定系统性能的重要因素。

表 3.5　容器技术与虚拟机管理程序技术的不同

特　征	容　器　技　术	虚拟机管理程序技术
需求	容器发动机	管理程序
软件	Docker	KVM
重量	轻	重
虚拟化	操作系统级	硬件级
大小	小（MB 级）	大（GB 级）
配置	实时	低
启动时间	快	慢
性能	本地	有限
安全性	低	高
隔绝状态	过程	全部

（2）单片或微服务体系结构：体系结构在构建复杂、可扩展和稳健的系统中起着关键作用。在单片体系结构中，扩展单个服务是困难的，但在微服务体系结构中，扩展单个服务是容易的。表 3.6 比较了单片体系架构和微服务体系架构的不同特性。

表 3.6 单片体系架构和微服务体系架构的区别

特　征	单片体系架构	微服务体系架构
集成化	容易	困难
开发	单一语言支持	多语言支持
升级	困难	容易
可维修性	困难	容易
通信	存储器	微服务之间
可扩展性	可扩展	可扩展个体微服务
可更换性	重新部署整个系统	重新部署单个微服务
服务类型	很好	
管理	集中式	分布式

（3）网络管理：由于有数十亿的物联网设备，管理网络是一项复杂的任务。然而，文献中提出了许多利用网络功能虚拟化（NFV）和软件定义网络（SDN）来有效管理网络的方法。当这些技术与 Fog 环境集成以实现低延迟时，主要挑战随之而来。

（4）资源监控和管理：在许多资源管理组件中，监控工具在关键决策中发挥着重要作用（Battula 等，2019）。例如，这些资源监控工具有助于根据工作负载和资源可用性来调度任务，以便实现能源和成本的优化。资源发现和适当的资源选择、分配和任务的取消分配对资源管理负责，资源管理不当时会导致服务质量下降。

（5）虚拟机（VM）或容器调度技术：由于地理分布和移动性，传统的调度算法不适合 Fog 环境。市场上有许多不同的容器编排和调度技术，如 Swarm、Kubernetes 和 Mesos，可用于微数据中心和许多 Fog 设备的调度。但是，这些工具在有限的资源环境中运行会消耗更多的资源。因此，需要实施有效的算法或策略来满足物联网用户的需求。

（6）延迟：Fog 计算范式解决了云的一个限制，即延迟。然而，由于全分布和高移动设备的存在，使得在 Fog 中提供低延迟成为主要的挑战。

（7）任务迁移：由于设备的移动性和不可管理性，有效的任务迁移和卸载是重要的因素。例如，将任务调度到其中一个 Fog 设备，并且在完成任务之前，由于电池电量低而关闭了 Fog 设备。将任务重新安排到可用设备之前，该任务无法完成。因此，对于有效的平台，我们需要迁移或淘汰整个任务或部分任务，以满足应用程序的要求。

（8）Fog 的安全和隐私：数据在自主的 Fog 设备中存储和处理，这些设备也经常更新数据。每当数据更新时，对数据的访问控制也会更改。此类环境需要新的安全和隐私要求，如表 3.7 所列。因此，由于设备（受信任和不受信任）的开放参与，Fog 环境中的安全和隐私是最大的挑战。为了解决这些问题，我们必须为 Fog 体系结构中的每一层提供安全保证。

表 3.7 Fog 计算安全和隐私要求

特　征	需　求
数据存储	较少费用，轻度加密，完整性验证
数据查询	安全查询，动态支持，优化结果
数据共享	访问控制、访问效率、授权效率
计算	应用程序和应用程序数据的保密性
网络	可靠性、威胁和攻击防御

3.6　最先进的 Fog 计算架构和平台

本节主要讨论目前为构建高效的 Fog 计算平台和架构所进行的研究工作。

3.6.1　用于特定领域或应用程序的 Fog 计算架构

Bonomi 等（2012）提出了一种基于多用例需求的 Fog 软件架构。它包括两个主要层，以 Fog 层为例，它通过提供一个通用的设备管理和监控平台来管理设备的异构性，同时隐藏资源信息。Fog 的服务编排层由负责管理容器、应用程序状态监视和策略管理器的 Foglet 组成，以满足分布式数据库中客户端指定的各种业务策略。然而，系统在接收多个消息时是可扩展的，但是在处理数据时是不可扩展的。

医疗保健、环境灾难和智慧城市应用程序具有时间敏感性。研究文献中的大多数研究人员没有考虑他们的架构和框架的可扩展性。Stantchev 等（2015）在 Fog 计算环境中为基于智能传感器的任意医疗保健应用程序提出了面向服务的架构（SOA），并以监测患者血糖水平为例，对该模型进行了验证。物联网层由血糖传感器组成，应用程序部署在 Fog 层，用于收集血糖水平并发送给医生，以评估是否需要紧急医疗护理。但是，研究者并未根据 Fog 节点可以处理的设备数量来考虑所提出系统的可扩展性，没有考虑智能可穿戴设备的移动性。Fratu 等（2015）和 Masip-Bruin 等（2016）提出了基于 Fog 计算的体系结构，用于监测 COPD 患者，以应对患者的紧急情况，例如低脉搏率和高脉搏率。但是，研究者没有讨论所提出系统的可扩展性和容错能力。与上述平台类似，还有专门为智能产业设计的工业物联网（IIoT）平台。Nebbiolo Technologies 为工业物联网创建了一个 Fog 计算平台（Steiner 等，2016），可以用于数据分析、通信和应用程序部署，该平台主要由 3 个组件组成：FogSM，负责端到端系统管理；FogOS 是一组模块，负责在 Fog 节点上安全、灵活地部署和数据管理；FogNodes 是一个专有的硬件架构，支持 Nebbiolo 构建的虚拟化，但是，不支持设备的异构性。

3.6.2 Fog 平台和框架

在文献中，存在一些 Fog 计算平台，这些平台解决了本章前面讨论的一些挑战。本节对市场上目前可用的一些开源和商业 Fog 平台进行了严格的审查。

1. 商业 Fog 平台

我们有一些商业 Fog 计算平台，支持对时间要求严格的应用程序。本节描述了它们的特性和局限性，它们之间的对比分析见表 3.8。

表 3.8 Fog 平台特点

产品名称	安装设备	目的	分析	可扩展性	大数据	云集成	容错
Cisco IOx	加固路由器	实时事件和数据管理	×	×	×	√	×
Data in Motion	物联网设备	数据管理与分析	√	×	√	×	×
Local Grid	网络设备和传感器	实时分析和决策	√	√	√	√	×
ParStream	嵌入设备	物联网实时分析	√	√	√	√	√
PrismTech Vortex	Prism Tech Fog 设备	数据共享平台	×	√	×	×	×

（1）Cisco IOx（Cisco，2016a）是一款在路由器中运行的商业产品，可为与 IOS 虚拟机一起在虚拟机上运行的操作系统提供网络存储和计算功能。

（2）Data in Motion 是 Cisco 的一款产品，它通过分布式方式部署，以及在简单的基于规则的 RESTful API 支持下执行基本分析和发现数据流，进而控制数据流（Cisco，2017）。

（3）Local Grid（Cisco，2015）通过安装在设备中的嵌入式软件在网络设备上运行。这为所有类型的传感器之间提供了安全连接。该平台位于云和终端设备之间，可以以最小的延迟执行实时分析，并支持与云的集成，它可以解决 Fog 和云之间的复杂通信问题。

（4）ParStream（Cisco，2016b）是思科公司的一款工具，通过简单的数据查询，在用户附近进行大数据分析，以完全分布式的方式进行数据分析。它构建在名为 ParaStream DB 的专利数据库之上。

（5）PrismTech Vortex（Adlink，2017）是 Fog 计算的一个普遍存在的数据共享平台，它提供了单点的细粒度访问控制以及对称和非对称环境的身份验证。

2. Fog 平台和框架

本节讨论支持特定应用程序的 Fog 平台和框架的特点和局限性，并在表 3.9 中进行了比较分析。

表 3.9　Fog 平台、框架和架构

类型	监控	容错能力	资源选择与分配	部署	动态资源调度	异构性	移动性	可扩展性	安全和隐私
Fog Torch	√	×	√	√	√	×	×	×	×
MePaaS	√	×	√	√	×	×	×	×	×
混合 Fog 计算	×	×	√	√	√	×	×	×	×
Emu Fog	×	×	√	√	√	×	×	×	×
基于容器的树莓派簇	√	×	√	√	×	×	×	×	×

Fog Torch（Brogi 等，2017）是 Fog 应用程序部署的概率质量保证、资源消耗和成本估算工具。但是，Fog Torch 不支持节点的可扩展性和移动性。

EmuFog（Mayer 等，2017）是一个 Fog 模拟器，它可以从低水平设计 Fog 计算场景。这个模拟器运行在基于 Docker 的容器化技术之上。EmuFog 中的 Fog 节点根据用例场景需求通过不同的网络拓扑进行连接。研究者通过实际网络拓扑和综合网络拓扑对系统的性能进行了评估。但是，这个框架不支持混合用例场景。

通过对 PAAS 传统架构和 REST 范式的扩展，以现有架构和标准为核心，提出了一种新的架构，来实现 PAAS 和 Fog 之间的交互（Yangui 等，2016）。它解释了体系结构中的 4 个关键层：应用程序开发层、应用程序部署层、应用程序托管和执行层以及应用程序管理层。应用程序开发层包含 IDE（工具）、API 和 SDK 等工具，供开发人员轻松地在 PAAS/Fog 中开发应用程序。应用程序部署层是现有体系结构的部署程序和控制器模块的扩展，部署程序模块部署应用程序，控制器模块与部署程序交互以控制托管资源。为了维护 Fog 计算环境中的可用资源，采用了一种新型模块 Fog 资源库。应用程序托管和执行层是用于设备之间执行流程的一个新的业务流程层，负责在设备之间交换和协调信息。应用程序管理层是 PAAS 管理层的扩展层，它与所有三层和智能工具交互，以提供基于 SLA 的可扩展性和可用性，并支持 VM 迁移。

Pahl 等（2016）认为，由于设备的异构性，在云计算中使用的传统技术将不适用。他们提出了一种新的基于容器的虚拟化技术来解决云在边缘云中的局限性。作者指出，基于容器的技术有助于管理和编排服务。就能源消耗、鲁棒性和成本而言，将树莓派应用到带有容器调度技术的 Fog 设备是更好的选择。尽管如此，作者一致认为这还仅仅是一个基本的原型，还需要做很多改进来管理技术的其他方面，比如网络和存储，进行适当的资源调度和迁移，以提高 Fog 平台的性能。

Liyanage、Chang 和 Srirama（2016）提出 mePaaS 作为物联网应用的平台服务，用于在边缘设备上开发、部署和执行使用其程序模型编写的应用，该平台使用一个资源感知组件，借助 MIST 节点来管理 Fog 设备的可用性。然而，在他们的研究中，没有考虑各项任务之间的互操作性。

3.7 物联网在 Fog 计算中的应用

Fog 计算为医疗、智慧城市、智慧交通、智慧农业、智慧能源和游戏等各个领域的每种时间敏感型的物联网应用提供了解决方案，接下来我们将对其中一些领域的应用进行讨论。

3.7.1 健康护理

Yassine 等（2019）提出了一个支持大数据物联网分析的平台，将 Fog 计算用于智慧家居，通过提供智能策略使房主受益。该平台支持从智慧家居的传感器收集数据，并根据房主的身体活动规律进行分析，以确定健康状况。

它还可以通过确定能源消耗的模式来拟订节约能源的计划。作者建议，这些平台可以根据业务需求扩展到各种服务和应用程序中，比如根据用户的兴趣选择投放广告的合适时间，他们用智慧家居的实时数据集对他们的平台进行了验证。

Verma 和 Sood（2019）提出了一种新的基于 Fog 云的压力监测框架，用于对学生的压力等级进行分类和预测。为了对学生的压力等级进行分类，使用了贝叶斯信念网络（BBN）算法，为了得到压力指数，作者使用了两阶段时间动态贝叶斯网络（TDBN）模型。根据相关结果，他们确定了影响压力水平的关键参数。

为了给更健康的生活提出预防和防护措施，Rani、Ahmed 和 Shah（2019）在智能健康（S-Health）中提出了一个监测和分析患者健康的模型。例如，根据蚊子生长的相关信息，该模型提出了预防基孔肯亚病的措施。表 3.10 列出了针对特定应用程序的最新平台和框架的摘要。

表 3.10 智慧城市应用的 Fog 平台和框架

平台和框架	目 的	算 法	应用程序/案例研究
物联网大数据分析平台	通过分析房主的智慧家居数据，为他们提供建议	• 频繁的模式挖掘 • 集群挖掘	• 智慧能源 • 卫生保健 • 商业广告
学生压力物联网感知监控系统	预测特定情况下学生的压力水平	时间动态贝叶斯网络（TDBN）和贝叶斯信念网络（BBN）	移动医疗
智慧健康系统框架	收集和预测传染病传播的原因，并提出预防措施	模糊 k-最近邻算法	s-健康

Fog 层不仅用于医疗保健中的数据处理，在一些工作中 Fog 层也被用作传输层并用于维护医疗记录（Venckauskas 等，2019；Silva 等，2019）。

3.7.2 智慧城市

Wu 等（2019）提出了一种利用 Fog 计算的新型交通控制体系结构。为了避免交通堵塞，他们使用强化学习来生成每个交叉路口的通信和交通信号灯控制系统。整个流程由其系统的 4 个工作流组件生成：①Fog 节点控制；②车辆信息；③交通云控制；④交通状况信息。

车辆信息组件收集车辆信息，如目的地和速度，并将其发送到 Fog 节点控制流程。交通状况视频组件收集从交叉口摄像头到 Fog 节点控制流程的数据，它将收集到的这些组件发送的所有数据发送到云。交通云控制组件收集来自所有 Fog 节点的信息并应用增强算法，生成交通灯控制程序后将其发送回其各自的 Fog 节点控制流程组件。

3.8　Fog 计算平台未来研究方向

由于 Fog 环境的资源有限，需要构建一个有效的平台来进行 Fog 设备的资源管理和分发，例如智能手机和树莓派（Raspberry Pis），以提高物联网应用程序的性能。因此，用安全性来管理设备和逻辑资源（例如虚拟机、微元素和容器）的异构性是一项复杂的任务。接下来，根据先前讨论的现有系统对有效 Fog 平台的要求的考察，下面列出了该领域中的各种开放挑战和研究方向。

资源配置：平台应根据用户需求估算并提供 Fog 设备资源。Fog 控制器是 Fog 计算平台的关键组成部分。然而，面临的挑战是，由于 Fog 控制器运行的服务具有有限的存储、计算和网络资源，资源配置应该以更高的精度和最低的开销来完成。另外，由于 Fog 计算中 Fog 节点的移动性，系统在评估和配置时还要考虑和处理设备的移动性，这是一项非常复杂的任务。

资源分配：平台应根据资源估计信息，考虑应用程序的 QoS 要求，公平分配资源。应用程序或终端用户的需求可能会动态变化（Naha 等，2020），因此通过满足 QoS 要求来处理这些动态需求是一项具有挑战性的任务。

存储管理：Fog 设备存储能力有限。因此，一旦在 Fog 设备中对数据进行处理，处理后的数据和输入信息将存储在云端，以备将来使用，然后将 Fog 设备中的数据移除。管理数据的进出和上传也是一项复杂的任务。此外，为了处理 Fog 计算中的大数据，必须将数据分割并存储在多个对等 Fog 设备中。通过容错处理，将多个 Fog 节点的存储抽象为单个系统存储图像，这是另一项复杂的任务。

电力/能源管理：在 Fog 计算中，Fog 设备，如智能手机和笔记本电脑都是由电池供电的，并不具有丰富的能量。因此，设备可能会在应用程序运行时关闭。因此，调度算法应该在将资源分配给应用程序（一个复杂的任务）之前考虑并预测设备的能量。

网络管理：Fog 设备必须支持有线或无线网络连接，以便与其他传感器、Fog 设备和云进行通信。考虑到应用程序的故障，确保网络连接和网络分布以满足终端用户的需求是一项复杂的任务，因为在一些地方缺乏网络覆盖。在相关文献中，研究者使用 SDN 对 Fog 设备的网络资源进行了分配和管理。

安全性：在 Fog 计算环境中，自主终端设备参与处理物联网应用，为用户的请求服务。由于分布式所有权和自治性，这些设备不能保证数据的安全和隐私。此外，由于环境的开放性，该网络暴露在更多的攻击和漏洞中。由于 Fog 设备在处理、存储和网络方面的局限性，攻击者可以发起诸如会话劫持攻击、拒绝服务攻击和中间人攻击等攻击。此外，识别恶意设备和运行在这些设备中的恶意软件是一项关键任务。传统上采用基于 PKI 的认证方案对 Fog 资源进行认证。然而，由于 Fog 设备是非常大的和分布式的，这些技术并不合适。此外，在 Fog 计算环境中，5G 技术对实现低延迟起着至关重要的作用。传统的（3G 和 4G）身份验证和安全协议不适合 5G 环境，因为用户和服务之间需要额外的身份验证。因此，为了解决这些问题，需要研究开发行之有效的身份验证和授权技术。

隐私性：在 Fog 环境中，数据从采集节点或传感器节点传输到单个 Fog 设备或多个 Fog 设备，对数据进行处理并根据数据进行相应的动作。因此，存储的数据不应该与网络中未经授权的设备共享。然而，由于对设备的有限访问，我们无法控制这一点。因此，实现隐私性处理是一项非常复杂的任务。在安全和隐私方面的主要挑战是确保网络中未授权的和自主的 Fog 设备之间的信任。

Fog 服务（Fog-as-a-Service，FaaS）：根据上述定义和特点，我们认为 FaaS 是一种向客户提供服务的新方式。与云不同，FaaS 中的服务将在所有规模行业和个人的终端设备上提供私有和公共的现有计算基础设施空闲资源，以满足客户的需求。FaaS 应该能够部署和启动不同垂直市场的各种应用，通过有效地管理资源，以满足物联网应用的需求。通过使用虚拟化技术抽象计算、网络和存储服务，并为开发人员提供通用 API，可以实现高效的资源管理。Bonomi 等（2014）指出，应该在支持资源虚拟化的同时有支持多租户的特性，比如数据隔离和资源隔离。为了满足物联网应用的需求，该平台还需要其他一些特性，如用户管理、审核和计费、监控和日志记录、灾难恢复和高可用性。FaaS 应该在微服务体系结构中实现，而不是在传统体系结构中实现，因为它具有可扩展性和可管理性的优点。构建符合所有这些要求的 FaaS 是一个公开的挑战。

3.9 结　　论

一个有效的 Fog 平台能够满足物联网应用在当前和未来的需求，它应该提供低延迟、高效资源配置、可扩展性、弹性、易于部署方法和移动性支持等特性。现有的基于云的平台由于设备的大规模分布式异构性、高延迟性和移动性支持，不适合用于 Fog 环境。然而，文献中很少有 Fog 计算平台能够满足特定应用的需求，因为没有支持所有类型应用程序的通用平台。

参 考 文 献

Adlink, 2017. "Prismtech vortex." http://www.prismtech.com/ vortex.

Agarwal, Sharad, John Dunagan, et al., 2010. Volley: Automated data placement for geo-distributed cloud services [C]. In Proceedings of the 7th USENIX conference on Networked systems design andimplementation (NSDI'10). USENIX Association, USA, 2. Battula, S.

Battula S K, Garg S, Montgomery J, et al., 2019. An Efficient Resource Monitoring Service for Fog Computing Environments [J]. IEEE Transactions on Services Computing, 3(4): 709-722.

Battula, Sudheer Kumar, Saurabh Garg, et al., 2019. A micro-level compensation-based cost model for resource allocation in a fog environment [J]. Sensors 19(13): 2954.

Bonomi, Flavio, Rodolfo Milito, et al., 2012. Fog computing and its role in the Internet of things [C]. Proceedings of the First Edition of the MCC Workshop on Mobile Cloud Computing: 13-16.

Bonomi, Flavio, Rodolfo Milito, et al., 2014. Fog computing: A platform for Internet of things and analytics [J]. In Big Data and Internet of Things: A Roadmap for Smart Environments, Studies in Computational Intelligence, 546: 169-186.

Brogi, Antonio, and Stefano Forti, 2017. QoS-aware deployment of IoT applications through the fog [J]. IEEE Internet of Things Journal 4(5): 1185-1192.

Chen, Ning, Yu Chen, et al., 2016. Dynamic urban surveillance video stream processing using fog computing [C]. 2016 IEEE Second International Conference on Multimedia Big Data (BigMM), 2016.

Chiang M, S Ha, I Chih-Lin, et al., 2017. Clarifying fog computing and networking: 10 questions and answers [J]. IEEE Communications Magazine 55(4): 18-20.

Chiang, Mung, and Tao Zhang, 2016. Fog and IoT: An overview of research opportunities [J]. IEEE Internet of Things Journal, 3 (6): 854-864.

Cisco, 2015. LocalGrid fog computing. http://www.local-gridtech.com/wp-content/uploads/2015/02/LocalGrid-Fog-Computing-Platform-Datasheet.pdf.

Cisco, 2016a. Cisco IOx local manager pages and options. http://www.cisco.com/c/en/us/td/docs/routers/access/800/software/guides/iox/lm/refere nce-guide/1-0/iox_local_manager_ref_guide/ui_reference.html.

Cisco, 2016b. Parstream. https://www.cisco.com/c/en_intl/obsolete/analytics-automation-software/cisco-parstream.html.

Cisco, 2017. Data in motion. . https://www.cisco.com/c/m/en_us/solutions/data-center-virtualization/data-motion.html.

Cloud Standards Customer Council, 2015. Practical guide to platform-as-a-service. http://www.cloud-council.org/CSCC-Practical-Guide-to-PaaS.pdf.

Evans, Dave, 2011. The Internet of things: How the next evolution of the Internet is changing everything [J]. CISCO White Paper 1(2011): 1-11.

Fratu O, Pena C, Craciunescu R, et al., 2015. Fog computing system for monitoring mild dementia and COPD patients - romanian case study - [C]. 2015 12th International Conference on Telecommunications in Modern Satellite, Cable and Broadcasting Services (Telsiks): 123-128.

Hong, Kirak, David Lillethun, et al., 2013. Mobile fog: A programming model for large-scale applications on the Internet of things [C]. Proceedings of the Second ACM SIGCOMM Workshop on Mobile Cloud Computing.

Hou Xueshi, Yong Li, Min Chen, et al., 2016. Vehicular fog computing: A viewpoint of vehicles as the infrastructures [J]. IEEE Transactions on Vehicular Technology 65(6): 3860-3873.

Hu P F, Dhelim S, Ning H S, et al., 2017a. Survey on fog computing: Architecture, key technologies, applications and open issues [J]. Journal of Network and Computer Applications, 98: 27-42.

Hu Pengfei, Sahraoui Dhelim, Huansheng Ning, et al., 2017b. Survey on fog computing: Architecture, key technologies, applications and open issues [J]. Journal of network and computer applications, 98: 27-42.

IDC, 2019. The growth in connected IoT devices is expected to generate 79.4ZB of data in 2025, According to a new IDC forecast. https://www.idc.com/getdoc.jsp?containerId=prUS45213219.

Iorga Michaela, Nedim Goren, Larry Feldman, et al., 2018. Fog Computing Conceptual Model [M]. (No. Special Publication (NIST SP) -500-325).

Kepes, Ben. 2011. Understanding the cloud computing stack: Saas, paas, iaas [J]. Diversity Limited: 1-17. http://www.etherworks.com.au/index.php?option=com_k2&id=74_6ec28b0c12234c2140cdf0f1c19cf0cb&lang=en&task=download&view=item

Liyanage M, Chang C, Srirama S N, 2016. mePaaS: Mobile-embedded platform as a service for distributing fog computing to edge nodes［C］. 2016 17th International Conference on Parallel and Distributed Computing, Applications and Technologies（Pdcat）：73-80.

Madsen Henrik, Bernard Burtschy, G Albeanu, et al., 2013. Reliability in the utility computing era: Towards reliable fog computing［C］. Systems, Signals and Image Processing（IWSSIP）, 2013 20th International Conference on. Bucharest, Romania.

Masip-Bruin X, Marin-Tordera E, Alonso A, et al., 2016. Fog-to-cloud Computing（F2C）: The key technology enabler for dependable e-health services deployment［C］. 2016 Mediterranean Ad Hoc Networking Workshop（Med-Hoc-Net）. Mediterranean.

Mayer Ruben, Leon Graser, Harshit Gupta, et al., 2017. EmuFog: Extensible and scalable emulation of large-scale fog computing infrastructures［C］. 2017 IEEE Fog World Congress（FWC）. Santa Clara, CA, USA.

Naha R K, Garg S, Chan A, et al., 2020. Deadline-based dynamic resource allocation and provisioning algorithms in Fog-Cloud environment［J］. Future Generation Computer Systems, 104: 131-141.

Naha R K, Garg S, Georgakopoulos D, et al., 2018. Fog computing: Survey of trends, architectures, requirements, and research directions［J］. IEEE Access 6: 47980-48009.

Ning Z L, Huang J, Wang X J, 2019. Vehicular fog computing: Enabling real-time traffic management for smart cities［J］. IEEE Wireless Communications 26(1): 87-93.

Pahl Claus, Sven Helmer, Lorenzo Miori, et al., 2016. A container-based edge cloud PaaS architecture based on Raspberry Pi clusters［C］. 2016 IEEE 4th International Conference on Future Internet of Things and Cloud Workshops（FiCloudW）. Vienna, Austria.

Perera C, Qin Y R, Estrella J C, et al., 2017. Fog computing for sustainable smart cities: A survey［J］. Acm Computing Surveys 50(3): 1-45.

Prazeres, Cássio, Martin Serrano, 2016. Soft-iot: Self-organizing fog of things［C］. 2016 30th International Conference on Advanced Information Networking and Applications Workshops（WAINA）, Piscataway: 803-808.

Rani S, Ahmed S H, Shah S C, 2019. Smart health: A novel paradigm to control the Chickungunya virus［J］. IEEE Internet of Things Journal 6(2): 1306-1311.

Rayamajhi Anjan, Mizanur Rahman, Manveen Kaur, et al., 2017. Things in a fog: System illustration with connected vehicles［C］. 2017 IEEE 85th Vehicular Technology Conference（VTC Spring）, Sydney, Australia.

Sarkar S, Misra S, 2016. Theoretical modelling of fog computing: A green computing paradigm to support IoT applications［J］. Iet Networks, 5(2): 23-29.

Sheng Bo, Qun Li, Weizhen Mao, 2006. Data storage placement in sensor networks［C］. Proceedings of the 7th ACM International Symposium on Mobile Ad Hoc Networking and Computing, Florence, Italy.

Silva C A, Aquino G S, Melo S R M, et al. , 2019. A fog computing-based architecture for medical records management [J]. Wireless Communications and Mobile Computing. Volume2019: 1-16.

Sookhak Mehdi, Richard Yu F, Ying He, et al. , 2017. Fog vehicular computing: Augmentation of fog computing using vehicular cloud computing [J]. IEEE Vehicular Technology Magazine 12(3): 55-64.

Stantchev Vladimir, Ahmed Barnawi, Sarfaraz Ghulam, et al. , 2015. Smart items, fog and cloud computing as enablers of servitization in healthcare [J]. Sensors & Transducers 185(2): 121-121.

Steiner W, Poledna S, 2016. Fog computing as enabler for the industrial Internet of things [J]. Elektrotechnik Und Informationstechnik 133 (7): 310-314.

Ujjwal K C, Saurabh Garg, James Hilton, et al. , 2019. Cloud Computing in natural hazard modeling systems: Current research trends and future directions [J]. International Journal of Disaster Risk Reduction, 38: 101-188.

Vaquero L M, Rodero-Merino L, 2014. Finding your way in the definition fog: Towards a comprehensive of fog computing [J]. Acm Sigcomm Computer Communication Review 44(5): 27-32.

Venckauskas A, Morkevicius N, Jukavicius V, et al. , 2019. An edge-fog secure self-authenticable data transfer protocol [J]. Sensors, 19(16).

Verma P, Sood S K, 2019. A comprehensive framework for student stress monitoring in fog-cloud IoT environment: m-health perspective [J]. Medical & Biological Engineering & Computing, 57(1): 231-244.

Wu Q, Shen J, Yong B B, et al. , 2019. Smart fog based workfow for traffic control networks [J]. Future Generation Computer Systems-the International Journal of Escience, 97: 825-835.

Yangui Sami, Pradeep Ravindran, Ons Bibani, et al. , 2016. A platform as-a-service for hybrid cloud/fog environments [C]. 2016 IEEE International Symposium on Local and Metropolitan Area Networks (LANMAN), Rome, Italy.

Yassine A, Singh S, Hossain M S, et al. , 2019. IoT big data analytics for smart homes with fog and cloud computing [J]. Future Generation Computer Systems-the International Journal of Escience, 91: 563-573.

Yi Shanhe, Cheng Li, Qun Li, 2015. A survey of fog computing: Concepts, applications and issues. Proceedings of the 2015 Workshop on Mobile Big Data, Xi'An, China: 37-42.

Yi Shanhe, Hao Zijiang, Qin Zhengrui, et al. , 2015. Fog computing: Platform and applications [C]. 2015 Third IEEE Workshop on Hot Topics in Web Systems and Technologies (HotWeb), Washington, D. C. , USA: 73-78.

第 4 章 基于 IoT 的智能汽车安全系统

Asis Kumar Tripathy

4.1 简 介

在车轮被发明之前，原始人与其他群体和区域保持着隔绝的状态。他们只能在步行的距离内进行活动和劳作等。车轮的发明使早期人类的生活完全改变了，他的社会界限也随着时间的推移而得到了扩大。随着时间的推移，原始人进化成一个有礼貌、文明的个体，并重新对车轮的结构进行了设计。随着科技的发展，交通已经成为人们日常生活中不可缺少的一部分。然而，尽管它有无数的优点和用途，我们必须解决它所带来的主要问题，因为，这些问题会危害人的生命。根据统计和计划执行部的数据，2009 年印度注册的机动车为 1.14 亿辆，2012 年为 1.59 亿辆。德里统计手册提供的数据清楚地表明，从 2014 年到 2016 年，注册机动车的数量从 53.4 万辆增加到 87.7 万辆，从而导致事故数量和由此导致的相关伤亡人数激增。尽管开展了道路标志和交通规则等相关的宣传活动，但根据 IndiaSpend 发布的数据，2015 年与交通有关的死亡人数中，机动车事故占 83%。

4.1.1 动机

尽管物联网提供的应用程序令人难以理解，但是它正在一步步使人类生活的方方面面变得简单。物联网是一个抽象的概念，它通过互联网连接所有设备、工具和小工具，使这些设备能够彼此通信。它融合使用了信息技术、网络技术和嵌入式技术，通过各种传感器和跟踪设备之间的耦合，提供所需的结果，从而使生活更轻松。物联网在智能汽车及其安全、导航和有效的燃料消耗等各个领域得到了广泛的应用。为了挽救因道路交通事故而丧生的宝贵生命，该项目提出了一种解决方案，以实现预期的结果。在这一解决方案中，我们正在设计和部署一个系统，该系统不仅可以避免事故的发生，而且可以采取相应的措施。

4.1.2 研究目的

这项研究的目的是解决造成致命碰撞的问题，并整合采取的措施，以确保安全。没有交通工具的生活是无法想象的，它能使遥远的地方更容易到达，能大大减少出行时间。但是由于道路上车辆数量的不断增加而出现的问题也不容忽视。该项目旨在消除一些车祸的主要诱因，也旨在整合车祸发生后采取的应急措施。在这里，汽车事故的原因集中在以下几个方面：

（1）驾驶时不使用安全带；

（2）酒后驾车；

（3）疲劳驾驶。

项目中包含的事故后措施是：事故引发连锁反应的暗示。

4.1.3 目标

提出的项目旨在达到以下目标：

（1）只有系好安全带后，才能打开点火开关。

（2）安装一个气体传感器，以确保司机没有喝醉。如果司机没有喝醉，引擎才会点火。

（3）为了确保司机不瞌睡，车辆上安装了眨眼传感器。

（4）为了避免撞车，安装了一个近距离传感器，以发现道路上车辆前方的阻碍物。

（5）为了确保事故后的安全，安装了警报系统，该系统利用 GPS 系统获取被撞车辆的地理位置，并将其发送给负责人和授权的个人，并使用振动传感器检测事故状况。

4.1.4 章节组织

在第一部分中，对整个项目进行了介绍。提出了所有基本原理，其中解释了项目的关键模块，例如已实施系统的目的和目标，以及选择该项目标题的动机。该项目报告的第二部分对已经进行的文献调查做了回顾，为正在开展的项目实施工作提供了基础。审查、记录现有的和已经研究过的等效和竞争方法，并与本章中实施的技术和方法进行对比。这些方法可进一步验证其系统中普遍存在的任何二分法。此外，还整合了克服与其他研究方法的差距所使用的各种方法。

从第三部分开始，讨论项目的技术方面，将这些方法的基本框架和体系结构整合到智能车辆安全保障系统的构建中。这是通过文本、图表和流程图来解释的。这有助于项目的逐步可视化和组织。

第四部分对项目实施的方法进行了更加深入的研究。通过对构成本章所需要满足的功能性和非功能性需求进行分类和归类，进一步对技术进行描述和演示，进一步记录并详细研究了点对点软件和硬件的约束条件和完成明显构建准则需要满足的要求。

最后一节为结论。描述了同样的内容，以简要说明所做研究工作的基础，提供一个摘要并对该项目的下一步研究工作的范围进行了摘要性质的讨论。

4.2 文献综述

4.2.1 现有模型/研究概述

Pannu 等（2015）重点是利用树莓派作为处理芯片来制作具有单目视觉、能够自给自足的汽车产品。一个高清晰度的摄像头和一个超声波传感器被用来给汽车提供及时的、现实的基本信息。汽车能够安全地、有洞察力地实现既定的目标，避免了人为操作错误的危险。许多当前的计算，如路径识别和障碍物定位，被合并，以实现对汽车的重要控制。本章以其处理器的可靠性为依据，利用树莓派进行系统的实现。

Kumar 等（2014）进行了一种基于加速度计的驾驶员安全系统的设计和开发。该框架使用树莓派（ARM11）快速访问控件和加速计来发现问题。如果发生任何情况，消息便被发送给授权人员，以便他们能够采取迅速和即时的措施，以挽救生命和减少伤害。系统只包含了一个模块，而忽略了其他致命的原因，使得所提出的模型不符合要求并且不完整。

Sumit 等（2015）提出了一种具有说服力的车辆避碰策略，以确定车辆前部的障碍物和盲点。当车辆和障碍物之间的距离减小时，驾驶员通过蜂鸣器和发光二极管（LED）指示灯发出警报，并在显示屏上显示，超声波传感器可识别相对于车辆处于移动或静止状态的物体。该系统对于发现从汽车侧面横过的车辆、自行车、摩托车和行人很有安全应用价值。本书采用树莓派作为微型计算机来实现这个系统，但限制了系统的开箱即用性。

Mohamad 等（2013）提出了一个在车辆内嵌入酒精检测仪以规避碰撞的研究系统框架。该系统能够使驾驶员警惕饮酒量，并在液晶屏上显示。此外，它使用蜂鸣器产生一个警告，使司机能够意识到他或她自己的特殊情况，并发出报警提示，使他或他周围的其他人产生警觉。该框架建议的安全性部分是当驾驶员处于异常的醉酒状态时，系统将不允许其驾驶汽车，因为启动系统将自动关闭。这种方法在某种程度上是为了警告司机，让他知道自己本身的情况，这很讽刺，因为司机不会注意到采取任何动作来对抗它。这个想法虽然很新颖，但实际上是行不通的。

4.2.2 调查发现的总结/差距

当前系统展示了一种在碰撞期间接收汽车地理坐标的研究方法。利用该现有框架，一种提前发现对象碰撞的方法被提了出来，但是它并不是意图造成这些致命事故。它既不关注在酒精/气体传感器的帮助下酒后驾驶车辆造成的碰撞事故，也不关注疏忽使用安全带造成的车祸。

此外，这些研究框架不能保证司机是否清醒或感到昏昏欲睡，或者由于同样的原因，也没有使用眨眼传感器。此外，当前的框架需要人工参与。无论如何，所提出的研究框架是针对当前工作的缺点而设计的，是完全机械化的。

4.3 提出系统概述

4.3.1 简介和相关概念

该系统采用了基于物联网和全球移动通信系统（GSM）的嵌入式系统。为了避免事故，当系统启动时，使用压力传感器检查安全带。如果司机没有系安全带，引擎就会关闭。然后酒精传感器开始工作，检查是否有酒精摄入，如果是，引擎就会关闭。完成这两项主要任务后，眨眼传感器、振动传感器和红外（IR）传感器将分别检查疲劳、碰撞和障碍这 3 种情况。如果发生碰撞，振动传感器就会处于激活状态，那么就会有一条消息发送给相关的联系人。如果有任何障碍物，蜂鸣器就会发出"哔哔"声提醒司机。如果司机感到昏昏欲睡，就会被眨眼传感器检测到并关闭引擎。

4.3.2 提出系统的框架和架构/模块

提出系统的框架和架构/模块:

(1) 该系统利用 GSM 技术进行编码模式的通信,传输位置坐标。

(2) 该系统基于 Arduino Uno。

(3) 该系统应该能够在很远的物理距离上进行通信。

(4) 该系统使用了红外传感器、振动传感器、酒精传感器、眨眼传感器和压力传感器。

(5) 为了实际地将所有组件组装起来并执行它们,系统中各种传感装置的组成及位置如图 4.1 所示。

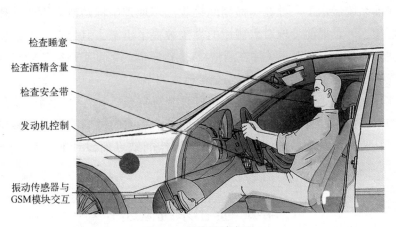

图 4.1 系统设计实现

4.3.3 提出系统模型

最适合这个项目并与给定项目的需求保持一致的软件开发系统模型是敏捷开发模型。图 4.2 描述了实现敏捷开发模型的相关步骤。

在敏捷开发模型中,整个需求集被分解为许多构建(图 4.3 和图 4.4)。这里有不同的开发阶段,使开发周期成为一个"多步骤瀑布"循环。整个周期被分割成更小的部分,使模块更容易管理和实现。每个模块都要经过计划、需求分析、设计、实现或构建以及测试阶段。系统的运行版本在第一次迭代结束时交付,因此我们在产品开发周期的早期就得到了一个工作模型。每次迭代都会发布一个模型,其中添加了一些模块,将更多的功能集成到上一个版本中。这个过程一直持续到完整的系统被开发出来,这些迭代在一个循环中重复，直到系统的最终版本被重新填充，并且收到了预期的结果。

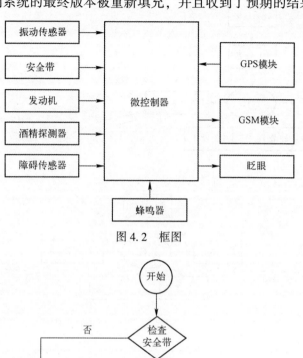

图 4.2 框图

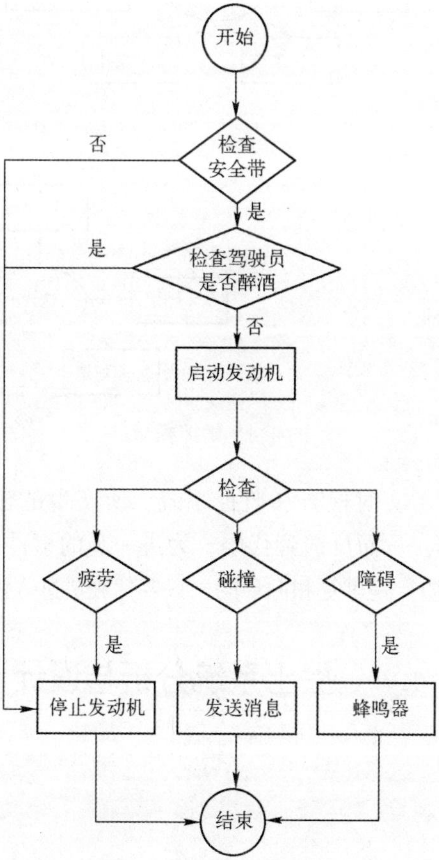

图 4.3 UML 图（活动图）

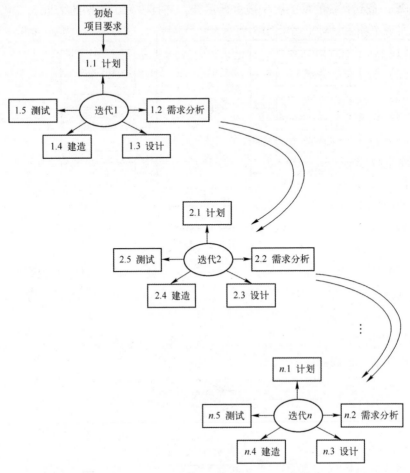

图 4.4 敏捷模型

- 由于项目部署了实时检查和监控系统，所产生的输出被进一步用于采取必要的行动，从而反馈到代码，为进一步的事件提供适当的行动。
- 这个过程在本质上是重复和循环的，只要驾驶员进入汽车内部就会执行。

4.4 提出系统分析与设计

4.4.1 需求分析

1. 功能需求

在主要的系统设计中，表明了实现功能需求理念的计划安排。在本项目报告的系统体系结构部分中,阐述了实现非功能性需求理念的安排。

实现本项目目标的必要功能要求是:

(1) 汽车系统应具有判断驾驶员是否系好安全带的能力。

(2) 所实施的系统应具有确定驾驶员是否饮酒的能力。

(3) 汽车系统应能够根据驾驶员是否感到困倦来确定驾驶员的心理意识。

(4) 汽车系统应具有检查车辆是否与前方车辆距离太近的能力。

(5) 汽车系统应具有确定是否已发生事故的能力,因此应具有借助 GSM 技术将事故位置坐标发送给相关人员的能力。

1) 产品角度

本项目处理引起事故的问题,力求确保安全。这个项目介绍了导致致命事故的各种原因。道路上的情况是不可预测的,在道路的每一个转弯处都有可能出现致命的事故,一个人不能依赖其他驾驶员和行人的驾驶感觉,他需要对周围的环境和交通工具有自我意识。驾驶员应该采取一切预防措施,也要注意路上的行人,因为每个生命都是有价值的。事故的常见原因是司机在路上因为分心或睡眠不足而导致注意力不集中。

2) 产品特点

该产品旨在提供以下功能:

(1) 事故检测和驾驶员安全:车内有振动传感器,如果对车辆有任何影响,会立即启动通用分组无线业务(GPRS)模块和 GSM 模块。

(2) 行人和车辆安全:车辆前部有一个红外传感器,用于检查是否存在任何障碍物。

(3) 酒精检测:酒精传感器开始工作,检查酒精消耗量,如果检测到酒精,则关闭发动机。

(4) 睡眠检测:眨眼传感器放置在透明玻璃内,用于检查驾驶员是否感到困倦。

(5) 安全带机构:压力传感器检查安全带锁止情况,确认后启动发动机。

3) 用户特性

在系统开发过程中,采用了以下用户特征:

(1) 外部力量不应导致系统的破坏。

(2) 框架必须能够明确地识别和发现与组件相关的问题。

(3) 检测到的问题应立即反馈给系统。

4) 假设和依赖关系

这些假设和依赖关系在一开始就建立起来了,让我们对产品的实现有一个清晰的理解：

（1）需要适当的 GPS 模块来提供准确的地理位置坐标。

（2）驾驶员应佩戴与眨眼传感器集成的眼镜眼罩。

（3）系统应始终与互联网连接到一起。

（4）存在可以添加大量近距离传感器的适当位置。

5）领域要求

（1）系统必须是可访问的，并应能接收数据。

（2）系统必须在每次发生碰撞或驾驶员昏昏欲睡时更新数据库。

（3）必须安装该系统，以便在任何地方和任何条件下发生碰撞时，将消息传递给相关权威人士。

（4）系统必须每次更新数据库，每当驾驶员坐在车上，安全带状态应立即更新。

6）用户需求

（1）系统用户需要提供基本的操作信息。

（2）用户必须了解手机的基本工作原理，才能阅读、发送短信和打电话。

（3）用户必须有一个网络连接，以便在系统崩溃的情况下接收文本信息。

（4）系统中使用的传感器必须是功能性的，应该能够接收并记录相应的值。

（5）系统应该能够通过互联网发送处理过的参数值。

（6）系统和用户都应该了解它所提供的技术和功能，这样系统才能被完全开发。

2. 非功能性需求

在框架设计和先决条件构建中，无用的必要条件是确定可以用来判断框架任务而不是特定实践标准的必要条件。它们从作为特定行为或能力特征的实际需要中脱颖而出，在框架计划中，执行有用的必要行为动作是逐点安排的。

在框架设计中明确了计划执行非实际先决条件的行动过程，因为它们在很大程度上是架构需求的关键。在本项目报告的设计部分阐明了实现功能要求的思路。

实现本项目目标成果的一些必要功能要求如下：

（1）传感器值状态应实时更新。

（2）本项目使用的硬件为 Arduino Uno 和各种传感器。

（3）本项目使用的软件是 Arduino IDE。

（4）本项目应在 Mac 系统上开发。

4.4.2 产品需求

产品要求你能够将所有先决条件应用于特定项目。它们的组成使人们能够理解一个项目应该做什么。在任何情况下，智能车辆安全和安保系统都不应设想或描述该项目将如何以特定的最终目标执行，以便以后允许界面设计师和设计师利用他们的能力，为必要情况提供理想的答案。

1. 效率

该框架是高效的，即硬件和产品都能快速得到结果。为硬件组成插入的 C 代码具有 $O(n)$ 的复杂度和 $O(n)$ 的空间复杂度。这样可以快速得到结果，SIM GPRS 800A 调制解调器只需花费 30s 即可将信息发送到网站页面。

2. 可靠性

该框架是强有力的，并且在创造准确的结果和收益方面是非常可靠的。每一个传感器和传输器都应该在强有力的条件下工作，即在信息来源迅速变化和信息来源逐渐变化的情况下。特别是这个框架在每一个条件下都给出了正确的评价。

3. 便携性

结构紧凑，客户无须花费大量的精力和解决大量的问题就可以将其呈现理想的状态。我们要考虑的是，附属物不应该是免费的，否则收益就会得不到保证。

4.4.3 操作要求

1. 经济上

相对于 Arduino Uno 这样的元件来说，传感器可以说是价格低廉。从经济的角度来看，购买硬件组件的价格很低，而可用的软件都是免费和开源的。因此，实施该项目对用户的预算影响很小。

- 这里的权衡是，减少成本将降低准确性。
- 智能车辆安全系统的建设和安装并不昂贵。

2. 环境上

- 设备不会对环境构成威胁。
- 设备不会吸收或释放任何有害物质到环境中。

3. 社交上

- 该设备具有很大的社会影响，因为它有助于防止道路事故。此外，它还将拯救许多人的生命。
- 人们将能够规避道路罚款。

4. 道德上
- 设备由用户安装。
- 它是一个开放源代码系统，每个人都可以使用，只收取象征性的许可费用。
- 不涉及私营公司或第三方公司。

5. 健康和安全
- 智能车辆安全系统在预防交通事故和挽救生命方面发挥着重要作用。
- 智能车辆安全系统使用非常安全，不会对用户造成任何伤害。
- 该项目将确保不会造成健康问题。

6. 持续性

这个框架可以简化可持续设计过程，并可以使更加一体化基础设施能交付使用。它将有可靠的变化范围，使其更具可维护性。此外，该模块的界面非常容易理解，不需要为使用做额外准备。

7. 合法性
- 智能车辆安全系统的设计符合所有法律保障。
- 所有编程应该符合标准的许可，而不能是盗版的副本。

8. 可检查性
- 无须检查，因为只要最初的想法没有改变，智能车辆安全系统就不会发生变化。
- 是一次性安装工作，之后可以轻松使用软件。
- 如果设备出现错误数据，将尽快进行检查，以免将错误添加到数据库中。

4.4.4 系统需求

智能车辆安全系统的输出在很大程度上依赖于 Android 应用程序，一个名为"智能车辆安全系统"的项目，其硬件组件组成如下：

（1）Arduino Uno 板：该项目采用 Arduino Uno 作为微控制器。所有的传感器元件都连接并焊接到这个微控制器板上，然后微控制器接收输入并进行计算以给出特定的输出（图 4.5）。

（2）全球振动传感器：本项目利用振动传感器来感知汽车的事故和碰撞。传感器接收到的该输入被提供给微控制器 Arduino Uno 板，该电路板进一步利用该输入提供特定的输出（图 4.6）。

图 4.5　Arduino Uno 板

图 4.6　振动传感器

（3）酒精/气体传感器：本项目利用酒精传感器来检测呼吸中的酒精含量。传感器接收到的该输入被提供给微控制器 Arduino Uno 板，该电路板进一步利用该输入提供特定的输出（图 4.7）。

（4）眨眼传感器：本项目利用眨眼传感器来感知驾驶员的疲劳。传感器接收到的该输入被提供给微控制器 Arduino Uno 板，该电路板进一步利用该输入提供特定的输出（图 4.8）。

图 4.7　气体传感器

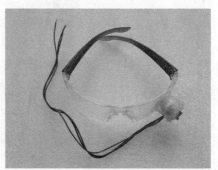

图 4.8　眨眼传感器

（5）蜂鸣器：这个项目利用蜂鸣器发出信号并提醒司机和周围环境。根据计算结果，输出由 Arduino Uno 板发送至蜂鸣器（图 4.9）。

（6）GPS 模块：本项目利用 GPS 模块跟踪事件发生地点的坐标。传感器接收到的该输入被提供给微控制器 Arduino Uno 板，该电路板进一步利用该输入提供特定的输出（图 4.10）。

图 4.9　蜂鸣器　　　　　　　　　　图 4.10　GPS 模块

（7）GSM 模块：本项目利用 GSM 模块传输 GPS 模块检测到的位置坐标。传感器接收到的该输入被提供给微控制器 Arduino Uno 板，该电路板进一步利用该输入提供特定的输出（图 4.11）。

图 4.11　GSM 模块

本指导练习将揭示如何将 GSM 调制解调器与 Toradex 模块连接（图 4.12）。

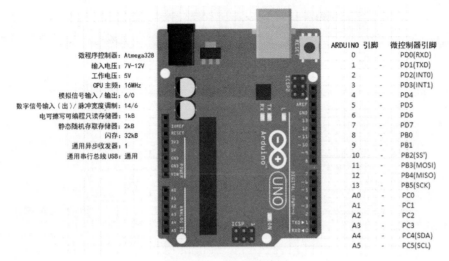

图 4.12　Arduino 接线图

4.5　结果与讨论

实验结果表明，与其他实验装置相比，该模型能得到更好的结果。力敏传感器的输出如图 4.13 所示。该图显示，随着时间的增加，输出提供更多的值。图 4.14 为振动传感器的串行监测。

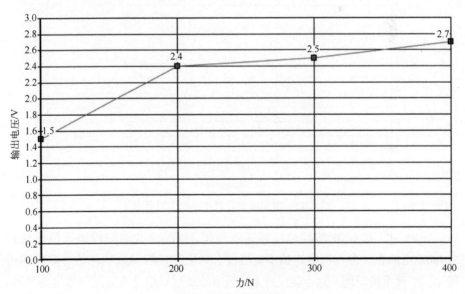

图 4.13　力敏传感器

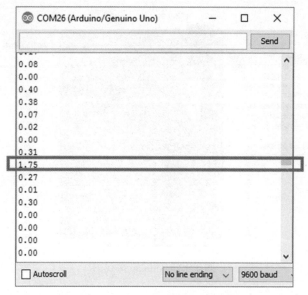

图 4.14　力敏传感器串行监测

然而，图 4.15 和图 4.16 分别显示了由于疲劳和碰撞原因而导致的发生事故的百分比。

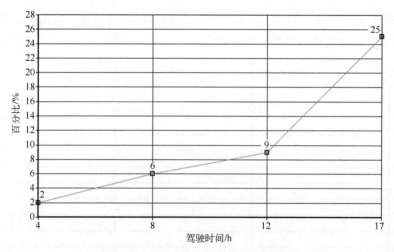

图 4.15　由于疲劳导致碰撞产生的概率

使用 GPS 和 GSM 的理念已经实现（图 4.17）。大量的传感器被集成到 Arduino 电路板。存在网络连接不良或没有网络连接的偏远地区的外联难题可能是一个棘手的问题。这可能反过来导致事故威慑短信没有发送到指定的号码。可以通过添加诸如大数据和 GPS 之类的技术概念来研究和收集数据，以理解和读取与事故相关的模式，从而增强和修改所提出的系统。可以对相同的系统进行相应修改后在二轮车上实施。此外，发生事故的地点还可以被发送到救护车上，以便快速做出医疗反应并予以关注。

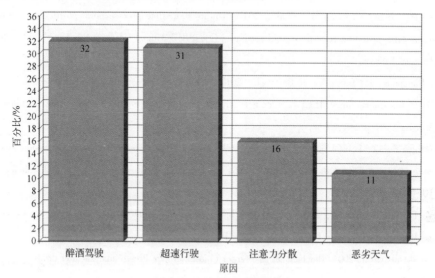

图 4.16　事故发生的原因

图 4.17　硬件原型

参 考 文 献

Chen H, Chiang Y, Chang F, et al., 2010. Toward real-time precise point positioning: Differential GPS based on IGS ultra rapid product [C]. SICE Annual Conference, The Grand Hotel, Taipei, Taiwan.

Dai Jiangpeng, Jin Teng, Xiaole Bai et al., 2010. Mobile phone based drunk driving detection [C]. 2010 4th International IEEE Conference on pervasive computing technologies for healthcare, Munchen, Germany: 1-8.

Garethiya Sumit, Lohit Ujjainiya, Vaidehi Dudhwadkar, 2015. Predictive vehicle collision avoidance system using raspberry-pi [J]. ARPN Journal of Engineering and Applied Sciences, 10 (8): 3656-3659.

Jerry T, Goh H, Tan K, 2008. Accessible bus system: A bluetooth application [J]. Assistive Technology for Visually Impaired and Blind People: 363-384.

Kohji Mitsubayashi, 2004. Biochemical gas-sensor (biosniffer) for breath analysis after drinking [C]. SICE 2004 Annual Conference. Sapporo, Japan.

Kumar R M, Senthil D R, 2013. Effective control of accidents using routing and tracking system with integrated network of sensors [J]. International Journal of Advancements in Research & Technology, 2 (4): 69-74.

Kumar V, Naveen V, Sagar Reddy, et al., 2014. Design and development of accelerometer based system for driver safety [J]. International Journal of Science, Engineering and Technology Research (IJSETR), 3 (12).

Miesenberger K. et al. (eds.), 2006. Computers helping people with special needs, 10th International Conference, ICCHP 2006, Linz, Austria.

Mohamad Mas Haslinda, Mohd Amin Bin Hasanuddin, Mohd Hafzzie Bin Ramli, 2013. Vehicle accident prevention system embedded with alcohol detector [J]. International Journal of Review in Electronics & Communication Engineering (IJRECE), 1 (4).

Noor M Z H, Shah A, Ismail I, et al., 2009. Bus detection device for the blind using RFID application [C]. 5th International Colloquium on Signal Processing & Its Applications, Kuala Lumpur, Malaysia: 247-249.

Pannu Gurjashan Singh, Mohammad Dawud Ansari, Pritha Gupta, 2015. Design and implementation of autonomous car using Raspberry Pi. International Journal of Computer Applications, 113 (9): 22-29.

Quoc T, Kim M, Lee H, et al., 2010. Wireless sensor network apply for the blind u-bus system [J]. International Journal of u-and e-Service, Science and Technology, 3 (3): 13-24.

Sanchez J, E Maureira, 2007. Subway mobility assistance tools for blind users. LNCS Volume 4397: 386-404.

Wang Shu, Min Jungwon, Byung K Yi, 2008. Location based services for mobiles: Technologies and standards [C]. IEEE International Conference on Communication (ICC), Beijing, China.

第 5 章　使用云服务的基于 IoT 的智能考勤监控设备

Suriya Sundaramoorthy，Gopi Sumanth

5.1 简　介

在日常生活中，互联网已经成为我们的一部分，我们有很多东西想要去了解和尝试，并且，我们需要大量的、安全的存储服务，这显然指向了近年来最好的技术之一，云计算。如果我们有一些应用程序可以同时利用物联网（IoT）和云计算，为我们节省大量时间，而且本质上也是环保的，那会怎么样？可能就会有很多问题从你脑子里迸出来。那么，先让我们来研究这些重要的部分。

5.2　云

美国国家标准技术研究所（National Institute of Standards and Technology，NIST）对云计算进行了精确的定义："云计算是一种模型，它是无处不在的、方便的、按需的网络访问可配置的计算资源共享池，这些资源可以通过最简便的管理或服务使提供商快速交互供应和发布"。云计算已成为一种流行时尚的技术，由于它是一种虚拟化资源，具有存储容量大、处理范围广、安全性高、成本低的特点。因此，以预算友好型的方式，通过云计算存储和访问大量数据是非常简单且有用的。

云计算的主要特点是具有分层的体系结构和服务模型，分层体系结构的等效服务模型如图 5.1 所示。服务模型主要分为三部分，与云计算相关的独特功能如下：基础设施服务（IaaS），主要进行存储、处理和联网；平台服务（PaaS）主要负责维护平台层和资源；软件服务（SaaS）主要负责提供应用程序。

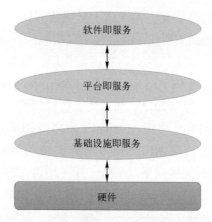

图 5.1 与服务模型相关的分层体系结构

根据资源的物理可用性，云计算可以分为 4 种主要类型。公共云允许任何人访问公共信息，私有云将云的可访问性限制到特定的所有者，社区云被限制为特定社区访问信息，混合云是上述 3 种架构的任意一种组合。

5.3 使用物联网的传感器

物联网主要处理互联网和物理设备，如传感器和执行器的信息。传感器可以使我们的工作变得更容易，在有些地方我们不能轻易得到信息，传感器通常被安装在特定的地方进行数据采集。

物联网可以用图 5.2 所示的分层架构来描述。感知层主要用于从传感器和执行器捕获数据，网络层主要对从感知层捕获的数据进行处理和传输，应用层主要对数据进行处理并存储在云或服务器中。

传感器应该在低于最大容量的电压下安装和维护，它们可以完成数字世界和物理世界之间的交互。一般来说，传感器应该始终连接到

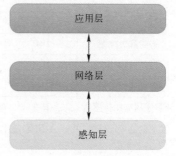

图 5.2 物联网分层架构

电源上，然后它们将处于活动状态，并根据我们的使用情况完成动作，在性质上也是经济的。

Takabi 等（2010）解决了与安全和隐私解决方案有关的问题；Subashini 和 Kavitha（2010）专注于安全云计算研究；Gubbi 等（2013）通过传感器和

执行器实现了物联网的可视化，无线技术已将物联网转变为完全集成的未来互联网，物联网的这种新兴形式是通过云平台实现的；Suciu 等（2013）描述了云计算基础设施的分布式特性对物联网的作用。通过云资源调配可以有效地提供涉及智慧城市服务的实时应用程序。Zhou 等（2013）专注于云计算，与云计算集成。Soliman 等（2013）通过整合物联网和云计算服务，实现了智慧家居应用。该模型侧重于使用 Arduino 平台将数据放置在传感器和执行器中，使用 Zigbee 技术进行联网，使用云服务实现与智能设备的交互，使用 JSON 数据格式提高数据交换效率。Aazam 等（2014，2016）关注集成物联网和云计算的需求，称之为"物云"。研究明确讨论了物联网和云计算集成可能产生的问题，即协议支持、能源效率、资源分配、身份管理、IPv6 部署、服务发现、服务质量提供、数据存储位置、安全和隐私以及不必要的数据通信。

5.4 云和物联网的融合

云计算有一些特定的属性，通过这些属性可以改进物联网技术的一些特性。考虑云计算的存储能力、服务、应用、能效和计算能力，结合物联网的特点，可提供智能解决方案、可再生智能电网、患者远程监控、智慧家居应用传感器和发动机监控传感器（表5.1）等云服务项目。

表 5.1 云计算与物联网特征映射

物联网特征	云服务				
	存储	服务	应用	能效	计算能力
智能解决方案	具有	具有	具有	不具有	具有
可再生智能电网	具有	具有	不具有	具有	具有
患者远程监控	不具有	具有	具有	不具有	—
智慧家居应用传感器	具有	具有	具有	具有	具有
发动机监控传感器	不具有	具有	具有	具有	具有

将物联网和云技术集成的主要原因是为了在安全和无处不在的系统方面研究更好的解决方案，前面提到的云计算的一些特性使二者的集成融合变得更加容易。在可以从服务集成中受益的各个领域中，移动技术和医疗行业将首先受益（Muhammad 等，2017）。其他研究集成中，在对使用物联网和云服务的人员的语音病理监测上，这种方法在检测中具有很高的准确性（Muhammad 等，2017）。

Atlam 等（2017）的研究清楚地展示了由于云计算和物联网技术的集成而产生的挑战和问题。挑战包括安全性、隐私、异构性、大数据、性能、法律方面、监视和大规模。问题包括标准化、Fog 计算、云功能、服务级别协议（SLA）实施、能效、安全性和隐私性。通过这种技术集成可能受益的各种云-物联网应用（LeTu'n 等，2012；Irwin 等，2010）包括医疗保健、智慧城市、智慧房屋、视频监控、汽车和智能移动性、智慧能源和智慧电网、智慧物流以及环境监控。云计算与物联网的集成带来了许多新的服务模型，例如 SaaS（即感知服务）、EaaS（即以太网服务）、SAaaS（即感知和激活服务）、IPMaaS（即身份和策略管理服务）、DBaaS（即数据库服务）、SEaaS（即传感器事件服务）、SenaaS（即传感器服务）和 DaaS（即数据服务）。云-物联网集成应用的普遍优势是通信、存储、处理能力和新服务模型。

在每天都有大量数据需要存储和维护的情况下，云技术是安全数据存储和维护的完美解决方案。当我们想要集成这两大技术以实现更好的应用时，我们确实有一些优点和缺点，也需要遵循一些步骤。因此，让我们看看如何做到这一点。

存在的主要问题，即标准化、异构性、环境感知、中间件、物联网节点身份、能源管理以及现有基于云的物联网平台的容错能力（Ray 等，2016）。Bandyopadhyay 等（2011）通过实现物联网设备之间的有效通信解决了异构性问题。Chang 等（2011）专注于基于云的物联网系统和物联网支持技术分类所需的技术和框架研究。Celesti 等（2016）研究了物联网云联合架构对新商机的重要性。

5.5　云和物联网：集成的驱动力

物联网设备持续捕获信息，对其进行处理，然后将其发送给其他设备进行进一步操作。云通常存储、处理信息，然后帮助用户检索数据。我们必须确保集成是顺畅的，并且必须注意它们的个别特性不会受到影响。我们必须要考虑的一些因素如图 5.3 所示。

1. 处理速度

对数据的持续采集要求物联网必须具备很高的处理速度，并且对采集到的数据进行处理也应该非常快。云计算需要很高的处理速度，因为它对存储的数据具有广泛的可访问性。但是相对而言，由于云计算具有处理大量资源

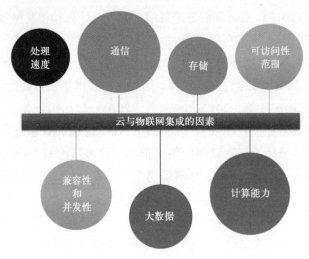

图 5.3 涉及云与物联网集成的因素

的特性，因此具有较高的处理速度。

2. 大数据

数据的来源是物联网设备，它们每天收集大量的数据。因此，物联网拥有大量数据，但云没有数据，除非有东西触发它来存储数据。虽然物联网设备收集的数据很多，但是无法存储，在这种情况下需要一种技术来存储所有产生的数据，这就是云。

3. 可访问性范围

由于传感器的读取和处理能力，物联网的访问范围非常有限。如果我们想要增加物联网设备的范围，就必须安装更多的设备。云计算由于具有普适性，因而具有广泛的可访问性。当进行集成时，物联网设备会发送要存储的数据，而云能够在非常大的范围内访问数据。

4. 兼容性和并发性

许许多多的物联网设备读取数据并将数据发送到网络网关，这些物联网设备只发送信息，并不真正关心同一数据被多次捕获。云将获得的所有数据进行处理，在处理过程中，它应该处理所有与兼容性和并发性相关的问题，并以一种方式存储这些数据，以便将数据进一步处理到应用程序中。

5. 通信

物联网设备通常通过宽带传输数据。云根据其数据存储密度和处理能力进行通信。虽然，自动化可以低成本用于数据收集和存储，但是由于宽带的容量低，它可能无法将数据传输到与云相同的容量。

6. 存储

云是一种虚拟资源，可以在任何地方进行操作，因此具有很大的存储容量，但是物联网设备的存储容量有限或为空。因此，最好将两种技术集成在一起，以克服物联网设备的存储危机。

7. 计算能力

由于物联网是一种物理设备，它体积小且计算能力有限或较少，而云计算是一个虚拟实体，因此实际上具有无限的计算能力。为了平衡计算能力，我们必须将物联网与云集成在一起，以获得更好的计算结果。

云计算与物联网集成的驱动因素涉及智能电网、智慧家居应用、智能解决方案、数字孪生等最新技术，还涉及各种内部机制、架构和分类。它们的工作过程是收集数据，将其与元数据进行聚合和映射，然后存储在云中。集成驱动主要涉及的组件如图 5.4 所示。这些是主要的方面，通过这些因素可以简化驱动因素，然后其他因素将有助于更好地整合和提高生产力。

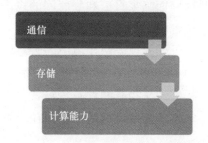

图 5.4　用于集成云和物联网的驱动因素

5.6　基于云的物联网集成的开放性问题

在基于云的物联网集成过程中遇到的开放问题是标准化、Fog 计算、云能力、SLA 执行、大数据、能源效率、安全与隐私，如图 5.5 所示。

标准化是一个关键问题，因为缺乏标准会影响基于云的物联网环境的性能。基于云的物联网需要各种物联网设备之间的互联，以实现云服务的生成。因此，标准化在定义标准、体系结构和协议方面起着关键作用。

Fog 计算是指将云服务扩展到其边缘，它充当一个平台，可在最终用户与其所需的服务之间进行通信，它会延迟网络，因为它是最适合于对延迟敏感的应用程序，它包括对位置、边缘位置、实时交互和移动性等的感知功能。

云能力全都与安全有关，因为安全始终都是任何网络环境中需要关注的

图 5.5 基于云的物联网集成的开放性问题

主要问题。基于云的物联网面临来自云和物联网的攻击威胁,物联网攻击威胁包括与数据完整性、机密性和真实性相关的攻击。

SLA 执行的重点是基于云的物联网环境中的服务质量问题。云服务提供商有违反 SLA 的趋势,这就引发了与服务管理质量相关的一系列问题。

能源效率涉及由于将数据从物联网设备传输到云端而引起的与能源消耗有关的一些问题。压缩技术、数据传输和数据缓存技术是被用来克服这些能源效率问题的关键技术。

5.7 平　　台

在当今世界,将物联网设备与云计算集成在一起并不是一项容易完成的任务。正确地构建这样一个平台是非常困难的,而且同时它还涉及巨大的安装成本。因此,许多行业都选择创建一个虚拟平台,用于测试基于云计算和物联网的所有应用程序。我们可以看到许多支持物联网设备信息的云计算范例,如 SaaS、DaaS、AaaS(即分析服务)、XaaS(即一切服务)、TaaS(即测试服务)、PaaS、EaaS 和 SEaaS。与其他云服务平台相比,这些平台在处理速度和时间消耗等方面非常高效。随着虚拟化基础设施的使用,我们可以根据需求定制平台,比如使用大量开源和商业平台的高级架构。将物联网设备和云计算集成为一个平台,我们应该拥有像 API 这样的中间件服务。最常用的平台有 ThingSpeak、IBM BlueMix、Microsoft Azure IoT Hub、Amazon Web Services IoT、谷歌 Cloud 的 IoT、Cisco IoT Cloud Connect、OpenIoT 和 IoT-Toolkit。

5.8 开放挑战

无论何时，在云计算和物联网领域，任何一种应用程序或技术，它都有积极的一面和消极的一面。我们已经发现了云计算和物联网集成的许多因素和驱动因素，下面将讨论集成的一些主要障碍，我们称之为开放挑战（图 5.6）。

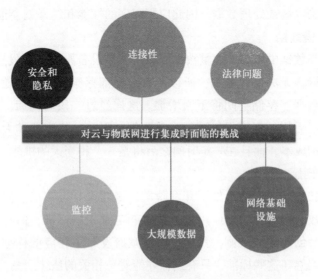

图 5.6　云与物联网集成时面临的挑战

1. 安全和隐私

云计算是一种虚拟的存储，如果其中一个云数据中心被攻破，那么大量的数据将会丢失，因为云是分布式系统，这将是云计算的主要关注点。当特定设备被篡改或连接到某些设备以操纵物联网设备的功能时，物联网设备也会出现问题。如果我们要集成它们，那么我们就必须要考虑从物联网设备到云的数据，因为通过中间件 API，数据很容易被盗取，隐私也将丢失，这是集成过程中遇到的主要挑战之一。

2. 网络基础设施

云的基础设施是基于其服务模型的，而服务模型可以帮助我们轻松地维护数据。因为云是一个分布式系统，所以在基础设施方面没有任何困难和挑战。由传感器和执行器组成的物联网设备涉及一定的网络基础设施，如果基础设施稍有变化，网络就会变得单调乏味，最好是建立一个新的，而不是固定受影响的网络。对二者进行集成时，我们可能会面临更多的问题，因为中间件的基础设施也应该得到兼顾。

3. 连接性

云将连接到世界各地的不同数据中心，它的主要优势是可以跨数据中心复制数据，这样，如果一个数据中心不能工作，它可以连接到另一个数据中心。数据应该是安全的，它总是连接到互联网，以便能更好地通信。如果物联网设备失去了与互联网的连接，那么数据就会丢失。如果我们丢失了数据，那么云就无法收集或处理数据，因此应用程序的性能和结果就会很差。

4. 大规模数据

云通过其数据中心存储大量数据，而物联网设备则收集和发送大量数据。由于物联网设备无法存储数据，所以所有数据都存储在云上。随着我们持续不断的存储数据，存储空间将不断增加。这样经过一段时间后，大量的旧数据似乎变成了无用，不值得维护的大量数据。因此，相应地扩大数据规模需要巨大的维护成本，而且在一定时间之后将是一个相当大的挑战。

5. 法律问题

云计算和物联网设备尚处于开发阶段，因此没有人知道它们工作的全部实际细节。政府也还没有为使用这些技术制定预先的标准，但在整合这些技术时，可能会创建一些规则。然而，一旦政府发布了相应的标准，应用程序开发人员必须遵守这些标准，只有这样才能避免相关的法律问题。

6. 监控

在监控云和物联网设备时，由于物联网设备的损耗、管理资源、安全性和性能，我们必须更多地关注物联网设备。虽然云只是存储数据，但我们必须根据其服务模式对它进行监控，以监控它是否正确地存储数据。在集成技术中，我们必须确保诊断、性能、安全性和网络得到维护和监控。

这些都是这些技术面临的主要开放性挑战。我们可以通过克服开放性挑战将物联网与云集成，并提供一个更好的应用程序，使所有的标准和性质都是用户友好的。

5.9 物联网支撑技术及云服务框架

Chang 等（2011）讨论了基于云的物联网系统所需的技术和框架。本书将物联网支撑技术分为 13 大类。支撑物联网的技术是多种多样的，并且本质上也是不可互操作的。物联网支撑技术主要包括识别技术、物联网体系结构技术、通信技术、网络技术、网络发现、软件和算法、硬件、数据和信号处理技术、发现和搜索引擎技术、关系网络管理、电源和储能技术、安全隐私技术和标准化。基于云的物联网系统依赖云来提供所需的处理服务，为公共服务框架提供了坚实的基础，这样就避免了在物联网的不同云之间出现各种访问方法的场景。基于 IP 传输和会话初始化协议，IP 多媒体子系统（IMS）为基于云的物联网系统提供了一个通用的服务框架。基于 IP 传输和会话发起协议，IMS 为基于云的物联网系统提供了通用的服务框架。云计算技术提高了 IMS 体系结构的可伸缩性和效率。这个框架也有一些挑战，比如物联网环境需要重新设计用户服务器（HSS）数据库模式、物联网环境中 IMS 服务发现和搜索功能需要改进、物联网需要改进原始统一资源标识符（IMS-URI）命名的架构，需要改进用于服务组合和交互的服务功能交互管理器。

5.10 物联网虚拟化

虚拟化构建的服务隐藏了底层硬件或软件的复杂性。这就提供了具有可靠性、弹性、可扩展性、隔离性和资源优化的有保证的服务。基于云的物联网系统更多地依赖于 Linux 容器虚拟化（LCV），这个 LCV 为 Linux 环境中的不同应用程序创建容器。它是一种操作系统级别的虚拟化技术，有助于在共享主机操作系统内核的同时，在用户空间创建典型操作系统的多个实例。LCV 的显著特点是在设置、配置、优化、感知管理和执行能力等方面的灵活性。一般来说，容器有两种模型：应用程序容器和系统容器。应用程序容器只能在容器内运行单个应用程序。系统容器在引导用户空间实例时具有可扩展性，这种灵活性的美妙之处在于，容器内同时运行用户空间的多个实例，每个实例都有自己的初始化进程、进程空间、文件系统和网络堆栈。容器的最佳例子是 Docker、LXC、lmctfy 和 OpenVZ。

让我们从启动时间、动态运行时控制、速度、隔离、闪存消耗、虚拟环境和物理环境之间的通信通道、动态资源分配或分离以及直接硬件访问等方面，讨论一下传统虚拟机监控程序虚拟化技术和 Linux 容器虚拟化技术之间的差异。与虚拟机监控程序虚拟化技术相比，Linux 容器虚拟化技术在初始启动时间和应用程序启动时间方面是有利的。从动态运行时控制的角度来看，虚拟机监控程序虚拟化技术通过信号量、虚拟网络连接或串行连接来启动或终止容器中的应用程序，而 Linux 容器虚拟化技术则直接从主机执行。下一个要比较的参数是速度：虚拟机监控程序虚拟化技术在直接访问虚拟机方面具有相当好的速度，因为 Linux 容器虚拟化技术通过主机系统上运行的同一个驱动程序访问虚拟机。根据所考虑的场景，延迟和吞吐量会受到 Linux 容器虚拟化开销或虚拟机监控程序虚拟化开销的影响。LCV 不支持系统级别上的隔离概念，但是隔离在虚拟机监控程序虚拟化中发挥了有效的作用，因为它可以同时支持系统级别和用户级别上的隔离。Linux 容器虚拟化通过证明其共享操作系统内核和用户空间的特殊性，实现了闪存的消耗。但是虚拟机监控程序虚拟化提出了单独存储虚拟机映像的限制，并且根本不允许共享。在虚拟环境和物理环境之间的通信通道中，可以看到 Linux 容器虚拟化和虚拟机监控程序虚拟化的统一，因为它们允许通过串行或网络接口进行通信。在某些情况下，它也可以通过使用具有信号量的共享文件系统来实现。系统的负载管理和故障转移更多地依赖于动态资源分配或分离。它侧重于为负载严重的虚拟机分配额外的 CPU，或者从空闲虚拟机或容器中删除 CPU。虚拟机监控程序虚拟化允许从虚拟机直接访问硬件外设，而 Linux 容器虚拟化技术不支持这一点。

5.11 现有考勤监控系统存在的问题

到目前为止，我们一直在讨论我们将要使用的技术，以及集成这些技术的因素、挑战和驱动因素。现在，我们来谈谈考勤监控系统的应用。首先，我们将讨论一些印度国内的考勤监控方法。

在过去，上学的人很少，老师会注意到有学生不来。老师会直接到学生家里询问他们旷课的原因。因为学生人数比较少，而且学生的家通常就在学校附近，所以他们采取了这种做法。

但是随着时间的推移，人们开始慢慢意识到教育的重要性，开始逐渐出现学校和机构，加入教育机构的人数也在增加。还有许多学生从很远的地方来到该教育机构上课，因此，以前的教师到学生家里询问缺席情况的制度已经不可行了。因此，老师们开始在每堂课都要保留学生的出勤记录。现在，出勤已经成为一些学校和大学的一个主要要求，学生应该保持最低的出勤率。对教师来说，即使是通过电子手段或在线手段，保持合格的出勤记录而不出错已经变得很困难了。目前，不仅大多数教育机构都在遵循这一制度，许多私人企业和政府机构也在遵循这一制度。

一些大学已经将这一系统改进为生物特征考勤系统，该系统根据学生的眼睛扫描或指纹来进行考勤，然后直接连接到互联网上。有些公司使用员工出入卡来记录员工的出入情况。然而，当有很多人排着长队等待扫描门禁卡或生物识别时，它会消耗大量的时间，很难保持每天的出勤。所以，它没有被广泛实行，大多数院校都实行考勤簿系统。为了解决上述问题，我们的智能考勤应用程序将非常有用，它可以记录每个人都有考勤信息，不会出错，也不会浪费很多时间。

5.12 智能考勤系统硬件支持

我们已经看到了现有系统的问题，现在我们必须了解智能考勤应用系统的工作过程，更要了解系统的硬件和软件部分。首先，我们来学习硬件部分。

当谈到硬件时，我们脑海中运行的事情主要是关于安装的，比如在哪里安装、如何安装以及如何使其工作。除了这些，硬件也意味着我们将有一些安装成本。硬件的磨损相对较少，应合理使用硬件。

在制作身份证的过程中，我们需要一个近距离传感器信号发射器，它将产生信号供接收器捕获。我们还需要一个电路，这个电路能在卡片的整个生命周期中产生一个恒定的结果。这个恒定的结果将帮助我们从一群人中识别出一个人，然后从软件处理的角度产生一个简单的方法。在身份证磁条之间安装传感器之前，我们必须测试特定信息，以确保它将分配给唯一的人。

磁条主要用于传输信号，并且磁条还包含与写入传感器的编码编号相同的编码编号。如附近有多于一张身份证，磁条便会失效（这一点稍后会解释清楚）。我们可以在图 5.7 中看到传感器与身份证集成的设计。当我们安装传感器时，我们必须确保传感器正确地安装在身份证上，同样，我们必须确保性能、可靠性和其他相关因素。磁条会在卡上打印一些信息，以便直接识别身份证。

我们已经看到了通过身份证生成或发送信息的硬件部分，同时，我们还需要一种能够捕捉每一张身份证产生的信息的设备。为此，我们安装了一个近距

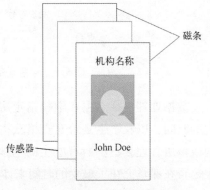

图 5.7　传感器与身份证集成设计

离传感器接收器,它有一个有限的访问范围,每秒钟只能捕获有限数量的数据。我们会根据人数和教室面积在教室里安装接收器。这些接收器将在后台连接到互联网上,接收到的每一块数据将被传输到存储设备上进行数据处理。

由于成本和所涉及的电路,硬件部分将是最具挑战性的部分。身份证本身很轻巧,就像信用卡或借记卡一样。接收器有一个摄像头,用来捕获数据并传输数据。接收器和发送器之间的关系应该非常恰当,并且应高度安全,以防止数据丢失或被篡改。

5.13 智能考勤系统软件支持

我们已经描述了应用程序的硬件设置,现在我们将介绍该应用程序所需的软件设置。不像硬件,软件不会涉及太多的成本,也不需要任何电路。我们所需要的只是存储在云里,以及一个处理数据的平台,这些数据将被提供给云。现在,我们将介绍对捕获数据的处理以及此应用程序中包含的功能。

在将唯一号码分配给传感器后,该唯一号码应该映射到系统中的一个人,并将此人的详细信息打印在身份证的磁条上。当身份证在近距离传感器接收器附近时,它们将开始捕获数据并将其发送给接收器。接收器将捕获数据,然后通过宽带传输到云端,由云对数据进行存储和处理。

我们需要通过将唯一的身份证号码与正确的人对应起来,检查所有数据是否输入正确。软件执行的整个过程和控制流程如图 5.8 所示,软件过程中使用的所有所需数据由近距离传感器接收器收集。

图 5.8 考勤监控软件过程控制流程图

数据处理包括学生在学校指定房间内的时间,以便软件检查学生在房间内的时间,以及学生是否有资格获得该特定时间的出勤率。开始和结束的时间应该由管理教室里所有学生的老师来决定。根据时间安排,我们将知道学生是否在课堂上花了最少的时间来计算出勤率。

为了提高考勤的准确性,管理班级的老师应该通过检查出勤数据是否正确来确认在场的学生。

在对数据进行所有处理之后，这些数据将被更新并存储在云中的一个单独位置，以备将来使用。处理后的出勤情况也将直接更新到学生的出勤门户中。由于有了这种更新，父母就可以持续地监视他们的孩子。

这里最大的障碍是，所收集的数据将会有许多重复条目，因为会有多个接收器同时捕获数据。为了解决这个问题，我们需要去除所有的重复数据，然后根据唯一的身份证号码对数据进行排序，再根据时间对数据进行排序，以便计算所涉及的时间和分配考勤。如果在同一地区有多于一张身份证，所有的身份证将会失效，他们必须等待身份证被激活，在此之前，他们不会被处理为出勤。

这就是软件如何设计和处理来自硬件设备的输入。这在设计中可能会有一些常见的问题，我们将在后面的章节中进一步讨论。

5.14　考勤监控系统架构

我们对考勤监控系统的硬件和软件部分分别进行了分析，为了得到实际应用，需要将硬件和软件部分进行集成。在收集数据的初始阶段使用物联网技术，在收集数据之后，云计算技术进入应用的后续处理。这很容易通过图 5.9 所示的体系结构来解释。

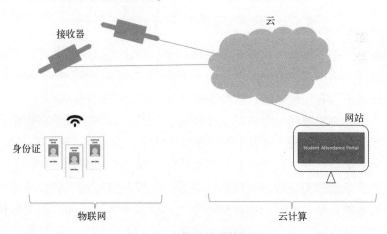

图 5.9　考勤监控系统架构

物联网的物理设备是第一部分，它们的重要任务是收集有关身份证的数据。接收器将持续读取身份证，并将数据传输到其他云计算技术系统。云计算技术系统将获得所有的数据，并对所有的信息进行处理，然后在每个地方进行相应的更新。云计算将是一个额外的优势，因为利用它的虚拟存储，我们可以存储非常大量的数据。

近距离传感器被用于物联网设备，是由于它们对应用的有效性，使其具备从规定距离无线收集数据的特性。同样，每个近距离传感器接收器将只能在特定的一秒内读取有限数量的设备的数据，所以我们必须根据人的密度和房间的面积来安装接收器。学校会设置一些设备，检查卡片是否正常工作，如果卡片不正常或丢失，我们可以直接向学院报告，重新办理身份证。传感器的设置示例如图 5.10 所示。

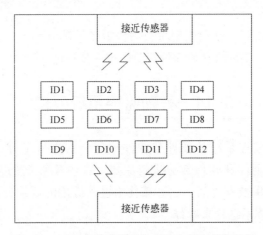

图 5.10　近距离传感器接收器从身份证收集数据

如果在网站上更新的出勤率有任何问题，学生必须联系老师，然后将问题报告给管理部门以解决问题。总会有一个人来管理传感器和云端之间的数据，这样就不会有任何缺陷，技术的整合也将是顺利和容易的。

面临的主要问题将是数据的安全性和保密性，因为在将数据传输到云端时，数据很容易被篡改，或者卡中存在的传感器信息可能被破坏并导致故障。存储在云中的数据并不那么安全，因为只有一些云技术具有良好的安全特性。因此，为了数据的安全性，我们必须购买云并使其具有适当的安全特性。从传感器收集的数据只能在云中存储一年，之后数据将被丢弃，因为这样我们可以节省存储空间，同样地，传感器读数也不会有任何用处，只需合并考勤即可。

在智能考勤系统的帮助下，我们可以完全停止在考勤簿上记录的原始方法。使用这个系统，我们可以节省纸张，同时也可以保护许多树木。在这个应用程序中，唯一需要的是一些接收器的安装费用和为班上每个学生制作身份证件的费用。软件成本将低于硬件成本,因为对于软件来说,将有一些资源可以访问云端和宽带来捕获传感器的数据。

这就是智能考勤系统如何利用这两项先进的技术并将它们集成为应用程序的目的,即使存在重大障碍和困难,我们也可以很容易地克服它们,使应用程序更轻松运行。制作身份证件可能会有一些困难,但是它们是使用次数最多、使用时间最长的物品,因此为了避免它们与唯一的传感器编号混淆,可以将它们映射到一个新人的身份证件上,我们可以为另一个人重复使用这些数据。通过这种方式,我们可以降低经济成本,减少电子垃圾。

5.15 智能考勤所面临的挑战

高校面临的主要挑战是代理问题。使用这个智能考勤应用程序,就不会出现这样的情况。还有其他一些问题:

(1) 如果一个人一次佩戴多张卡怎么办?

- 如果两张身份证相互接触,它们都将失效。这种情况的发生是由于制造身份证时的磁条问题,因此如果两张磁卡紧密接触,那么这些磁条就会失效。

(2) 如果我们把身份证放在包里或书桌怎么办呢?

- 如果是这种情况,则接收器将无法接收来自身份证的信号,因为发射器和接收器之间存在障碍物。因此,一个人不能为多个人出勤。

参考文献

Aazam Mohammad, Eui-Nam Huh, 2014. Smart gateway based communication for cloud of things. 2014 International Conference on Future Internet of Things and Cloud. Barcelona, Spain.

Aazam Mohammad, Eui-Nam Huh, Marc St-Hilaire, et. al, 2014. Cloud of things: Integrating Internet of things and cloud computing and the issues involved [C]. 11th International Bhurban Conference on Applied Sciences & Technology (IBCAST), Technology (IBCAST). Islamabad, Pakistan.

Aazam Mohammad, Eui-Nam Huh, Marc St-Hilaire, et al., 2016. Cloud of things: Integration of IoT with cloud computing [J]. Springer International Publishing, Book Robots and Sensor Clouds, 36: 77-94.

Atlam Hany F, Ahmed Alenezi, Abdulrahman Alharthi, et al., 2017. Integration of cloud computing with Internet of things: Challenges and open issues [C]. 2017 IEEE International Conference on Internet of Things (iThings) and IEEE Green Computing and Communications (GreenCom) and IEEE Cyber, Physical and Social Computing (CPSCom) and IEEE Smart Data (SmartData), Exeter, UK: 670-675.

Bandyopadhyay D, Sen J, 2011. Internet of things: Applications and challenges in technology and standardization [J]. Wireless Personal Communications, 58 (1): 49-69.

Celesti A, Fazio M, Giacobbe M, et al., 2016. Characterizing cloud federation in IoT [C]. 30th IEEE International Conference on Advanced Information Networking and Applications Workshops (WAINA), Crans-Montana, Switzerland: 93-98.

Chang K D, Chen C Y, Chen J L, et al., 2011. Internet of things and cloud computing for future Internet [C]. International Conference on Security-Enriched Urban Computing and Smart Grid, Springer, Berlin, Heidelberg: 1-10.

Gubbi, Jayavardhana, Rajkumar Buyya, Slaven Marusic, et al., 2013. Internet of Things (IoT): A vision, architectural elements, and future directions [J]. Future Generation Computer Systems, 29 (7): 1645-1660.

Irwin David, Navin Sharma, Prashant Shenoy, et al., 2010. Towards a virtualized sensing environment [C]. International Conference on Testbeds and Research Infrastructures. Berlin, Heidelberg: 133-142.

Le Tuan Anh, Hoan Nguyen Mau Quoc, Martin Serrano, et al., 2012. Global sensor modeling and constrained application methods enabling cloud-based open space smart services [C]. 2012 9th International Conference on Ubiquitous Intelligence & Computing and 9th International Conference on Autonomic & Trusted Computing (UIC/ATC). Fukuoka, Japan: 196-203.

Muhammad Ghulam, SK Md Mizanur Rahman, Abdulhameed Alelaiwi, et al., 2017. Smart health solution integrating IoT and Cloud: A case study of voice pathology monitoring [J]. IEEE Communications Magazine, 55 (1): 69-73.

Ray Partha Pratim, 2016. A survey of IoT cloud platforms [J]. Future Computing and Informatics Journal, 1 (1-2): 35-46.

Soliman Moataz, Tobi Abiodun, Tarek Hamouda, et al., 2013. Smart home: Integrating Internet of things with web services and cloud computing [C]. IEEE International Conference on Cloud Computing Technology and Science, Bristol, UK.

Subashini S, Kavitha V, et al., 2010. A survey on security issues in service delivery models of cloud computing [J]. Journal of Network and Computer Applications, 34 (1): 1-11.

Suciu George, Alexandru Vulpe, Simona Halunga, et al., 2013. Smart cities built on resilient cloud computing and secure Internet of things [C]. 2013 19th International Conference on Control Systems and Computer Science, Bucharest, Romania.

Takabi Daniel, James B D Joshi, Gail-Joon Ahn, 2010. Security and privacy challenges in cloud computing environments [J]. IEEE Security and Privacy Magazine 8 (6): 24 -31.

Zhou Jiehan, Teemu Leppanen, Erkki Harjula, et al., 2013. CloudThings: A common architecture for integrating the Internet of things with cloud computing [C]. Proceedings of the 2013 IEEE 17th International Conference on Computer Supported Cooperative Work in Design (CSCWD), Whistler, BC, Canada.

第6章 基于云的工业物联网设备的数据加密

N. Ambika

6.1 简　　介

物联网已成为当今世界的必需品，这项技术旨在提供一个共同的平台。通过这项技术，设备可以定位和寻址，可以将互联网作为媒介进行通信，不同功能的设备之间可以相互通信，也可以随时随地从该设备访问数据。许多应用（Babar 等，2011 年）比如医疗保健（C. Doukas 等，2012；Doukas 和 Maglogiannis，2012；Bhatt、Dey 和 Ashour，2017）、智能住宅（Arabo，2014；Harper，2006）、工业（Huang 和 Sun，2018）以及农业（TongKe，2013；Mukhopadhayy，2012）都使用了这些设备。随着其使用量的不断增加，数据存储也日益庞大，这就是需要云计算技术提供解决方案的地方，这项技术正在为物联网提供巨大的数据存储（Jiang 等，2014）。

云计算的特点是通过互联网进行计算、服务和应用。云技术与设备的集成（Hasan、Hossain 和 Khan，2015）需要进行一些技术方面的改进，这些改进涉及存储、能源（Bahrami、Khan 和 Singhal，2016）、计算能力和环境感知（Arabo，2014）。云技术的一些特性包括：

（1）基于传输控制协议（Rojviboonchai 和 Aida，2004）或互联网协议（Huitema，1998），平台通过互联网存储。服务器和存储设备连接在一起，从而使这项技术更好地发挥作用。

（2）为客户提供高效快捷的服务。

（3）应用程序通过互联网执行程序运行。

（4）管理能源和抑制增长同样是一个挑战。将服务提供给相同的能量输入或提供相同的服务以减少能量输入可以达到我们想要的目的。如果系统能够满足要求，则认为该系统具有计算能力。

Singh 等（2016）建议在将物联网与云集成时考虑到以下安全条件：

（1）安全通信有助于防止窃听（Zh 等，2011）、数据泄漏以及数据损坏。该研究工作建议使用传输层安全性（TLS）来引入安全性，TLS 采用的就是基于证书的模型。

（2）访问控制（Wang、Cardo 和 Guan，2005）控制对对象执行的操作。从访问数据到发出查询到执行计算，可能会有所不同。身份验证（Lee、Hwang 和 Liao，2006）和授权是对用户使用权限授权的两个阶段。

（3）传送中的数据包含一些敏感信息，因此，必须在系统中保持机密性。使用提供位置信息的应用程序将有助于提供更好的安全性。云架构可以是公共的、私有的和混合的。客户在使用服务之前应对系统的要求进行详细了解。

（4）云提供数据共享。客户应在遵循提供的政策后使用设施，过程中应确保个人数据受到保护，并应在用户接受时共享数据。

（5）为了保护数据免遭滥用，必须为用户提供加密服务（Boneh、Dan 和 Franklin，2001）。系统应该具有向客户提供授权、撤销和发行新密钥集的选项。

（6）涉及个人证书的申请时应提出一些安全方面的问题（Narayanan 和 Shmatikov，2010）。关注点应涉及收益与数据披露之间的权衡，组合数据的功能优势是不暴露凭证。

（7）与身份相关的问题必须得到解决。物联网供应商应该拥有用户物品的完整细节，可信平台模型（Morris，2011）在这一过程中起到了帮助作用。

（8）操作、创建或更新必须识别提供者。云服务应该负责各项事务的协调和分配。

（9）云旨在为存储数据提供支持。可扩展性是云应该具备的优先属性之一。

（10）云提供商应保证系统中的法律和规定。所有客户均应遵守上述规定。

（11）当用户授权云进行共享时，云就具有了共享的属性。它还为用户提供各种类型的访问和控制，即使遇到不同类型的攻击，也要注意这一点。

（12）云的策略是维护数据的完整性（Krutz 和 Vines，2010）。无效的东西将会被系统拒绝和否认。

物联网用于工业装置，为提高效率和加快程序提供了一个平台。工业物联网（IIoT）技术（Hossain 和 Muhammad，2016）采用云技术连接机器、控制器和驱动程序。新兴技术、远程控制和自动化生产是 IIoT 云的福音。但是该技术还存在许多安全问题（Roman、Zhou 和 Lopez，2013）。Huang 和 Sun（2018）对这些安全问题进行了解释。本书提出了层次分析法，这是一种解决决策问题的结构化方法。规划、设计和风险评估（Zhao 等，2005；Singh 等，2016；Narayanan 和 Shmatikov，2010）是研究过程中遇到的一些问题。遇到的风险可能会破坏数据的机密性、完整性和可用性。由于这些设备是无线的，因此存在很大的安全问题（Roman、Zhou 和 Lopez，2013；Aazam 等，2014；Liu 等，2015）。后门（Diksha 和 Shubham，2006）、密钥破解（Dagon、Lee 和 Lipton，2005）、Sybil、DoS、Monitor（Chowdhury 和 Panda，2017）以及访问权限攻击都存在于这些网络中。因此，提供一个针对这些安全问题的解决方案变得至关重要。

上面提出的研究工作有助于为系统带来更高的安全性。系统使用位置密钥加密数据，使用了高级加密标准（AES）和 RSA 算法。传感器的位置与对象的位置连接在一起，该密钥用于使用 AES 算法加密数据。哈希码（Maurer，1968）是从级联密钥派生的，该哈希码使用用户位置密钥加密，用户将能够使用其位置详细信息生成私钥和公钥，公钥与云共享。该方法有助于为系统带来可靠性（Bauer 和 Adams，2012），还可以最大限度地减少外来攻击。

6.2 文献综述

对于无线设备来说，安全性变得至关重要（Carcelle、Dang 和 Devic，2006）。物联网-云接口可以用于方便地存储和检索数据。传输机密数据时要求很高的安全性，认证和加密（Mao 等，2016）是保护数据安全的有力措施。身份验证作为一种预防措施，对通信过程的各方面进行验证。密码学（Koblitz、Neal 和 Menezes，2005）是一种用于保护传输数据安全的技术。在本节中，将针对接口安全的不同研究技术进行介绍（Alassaf、Alkazemi 和 Gutub，2017）。

Stergiou 等（2018）研究了带有源头—目的地的、配对的无线传感器设置。研究中还假设包括可信中继和窃听器。这项研究认为，只有源信息是保密的，而假设窃听信道、协作协议、信源编码和解码方案是公开的。协作协议仅限于解码后转发和放大后转发。源使用第一传输时隙播送编码消息，可信中继使用第二个时隙进行传输。它解码信息，重新编码，然后协同传输，使用重编码符号的加权版本，检测窃听。RSA 算法用于协助可信平台模块。

Muhammad 等（2018）提出了一个安全监控框架，该方法是一种节能的方法。视频摘要和图像加密相结合，为系统带来了安全性。利用视频摘要方法获取信息框架，提出了一种基于映射和加密系统的图像加密方法。密码来自于嵌入的普通图像的随机位置，这些图像与偶然的噪声毫无区别。利用视觉传感器的处理能力来获取信息框架，检测到事件后，将向相应的权威机构发送警报消息，最后的决策基于许多因素，包括提取的关键框架及其在受到某些攻击后的变化。

Belguith、Kaaniche 和 Russello（2018）设计了一种基于属性的轻量级加密，该方案支持带宽受限的应用。PU-ABE 是一个新的变体关键属性，它为研究工作提供了帮助。该系统旨在有效地访问策略更新，两个通信方是云和数据所有者。访问策略可以在不泄露其中密钥的情况下进行更新，加密实体生成密码文本，这将附加到加密数据并传输到云端。云服务器会在收到数据后进行更新，该系统通过对外包数据的良好访问控制来确保隐私性。密码文本的大小保持不变，它也仍然独立于其他属性。

Rahman、Daud 和 Mohamad 在 2016 年发表的研究论文中提出了一种五层的生态系统方法（Prentice，2014）。第一层是物联网传感器节点和设备，第二层是通信和网络，第三层由计算机和存储组成，应用程序和服务位于第四层，数据分析构成了第五层，研究中还提出了一个安全框架。

认证系统模型由 Barreto 等（2015）提出，在研究中讨论了不同的用例，并详细说明了如何才能在提供者/服务提供者模型中发挥效能。

研究中考虑了两种请求，即用户对物联网设备的直接请求和由云执行的用户请求。该模型支持单点登录和单点注销任务，提出了两种身份验证类型。第一种身份验证是基本的用户身份验证，能够通过云访问服务和资源，物联网设备对用户是透明的，认证阶段是第一个阶段中的依赖方，这种方法简化了用户对云的访问。在物联网设备上的身份验证在第二阶段进行，这一步代表基本用户执行。第二种身份验证是高级用户身份验证，通过这种方式，管理用户、云平台和制造商可以直接访问物联网设备。

以云为中心的多级认证是由 Burton 等（2016）提出的，它解决了可扩展性和时间限制的问题。模型使用分层方法，公共安全调查对象可以携带或佩戴随身设备，减轻了连续进行身份验证的负担，这是一个增强的两级认证研究（I. W. Butun，2012）。在这项研究中，作者必须通过云服务提供商进行身份验证。在模型中，用户、可穿戴节点、可穿戴网络协调器和云服务提供商是 4 个实体。该方案分初始化、注册和身份验证三个阶段运行。在初始化阶段，进行密钥协商和分发，系统采用椭圆曲线密码体制，该算法用于数字签名的生成和审查，在用户和云服务提供商之间完成验证；在注册阶段使用椭圆曲线数字签名，该算法用于交换秘密消息授权码，该研究方案还采用了椭圆曲线 Diffe-Hellman 密钥交换算法，此算法用于云服务提供商和用户之间；可穿戴设备（Di Rienzo 等，2006）在身份认证阶段后可以通过可穿戴网络协调访问。

Gehrmann 和 Abdelraheem（2016）的研究解决了分布式物联网设备的安全问题，他们设计了一种新的方案来解决这个问题，方案中的机器具有很高的可用性和抗攻击性。物联网设备采用合适的高层应用模型进行设计，这个模型有助于系统的执行，这些活动在云执行的机器中被引用，机器接受所有直接处理的问题。系统阻碍与物联网设备的任何直接通信，专用同步协议用于与机器通信，状态的信息和状态的变更通过该协议进行传输。物联网设备启动同步过程，并同时被赋予关闭整个网络接口的特权。

Chandu 等（2017）建议使用混合加密方法，该方法使用 AES 加密（Rijmen 和 daemen，2001）算法和 RSA 算法（Agrawal，2010）。传感器收集的数据提供给微控制器，由于设备硬件支持 AES 加密，因此数据使用 AES 加密算法进行加密，加密的密钥被保存以备以后使用。这个带有密钥的加密数据被传送到云端后，云为接收到的消息提供安全性。发送器用密码来访问对象，如果发送器以外的任何设备请求数据，则需要向发送器发送一条消息，发送器使用请求者的公钥并对数据的密钥进行加密，此消息与请求者共享。请求者可以使用他的私钥解密密钥，使用密钥解密后，请求者才可以使用数据。

Bokefodea 等（2016）考虑了基于角色的场景，提供的访问控制基于个人拥有或分配的角色，同时使用了 AES 算法和 RSA 算法。存储在云中的数据使用密钥加密，用于加密的密钥是使用 AES 算法创建的，此凭证用于加密数据。对于每个角色，使用 RSA 算法生成一个公钥和私钥。公钥用于云加密密钥。用户提出数据请求，可以使用私钥获得解密密钥，此密钥用于解密云提供的数据。

消息队列遥测传输协议由 Singh 等（2016）提出，该算法是基于密钥/密文策略属性的加密方法的派生物。研究采用了轻量级椭圆曲线密码体制，研究建议，发送器根据一组术语对数据进行加密。这些建议提供了对策略的访问,如果它满足访问策略,那么,接收方将能够解密接收到的消息。该算法中,用户属性用于制定访问策略,从公钥生成器(PKG)生成主密钥和访问策略开始,系统中的设备必须向公钥生成器注册。在此过程中,设备提供的属性由 PKG 验证,生成器将公共参数传递给相应的设备,设备使用这些参数进行加密。私钥被传输到接收方,用于解密封装在访问策略中的属性。

Al-Salami 等(2016)提出了一种轻量级加密方法(Alassaf、Alkazemi 和 Gutub,2017)。该方案适用于智慧家居,它承诺在不增加计算和通信开销的情况下提供保密服务,是一个基于身份的方案(Bao、Hou 和 Choo,2016),并且结合了 Diffe-Hellman 加密机制(Kocher,1996),系统支持快速随机加密标准。本研究采用了两种算法,一个用于加密会话密钥,另一个用于使用所选密钥加密消息。

Rahulamathavan 等(2017)的研究支持保密性和访问控制,系统采用单一加密方法,该过程涉及 4 个实体:数据所有者/簇头、区块链矿工、属性权限和分布式账本。系统使用属性生成私钥和公钥(Ambrosin 等,2016)。矿工们与一些密钥发行计划进行交互,相关部门将解密材料发给矿工。簇头负责聚合来自不同传感器的数据,数据在传输到相应的传感器之前经过加密,所做的加密可以由区块链矿工使用适当的属性进行验证。矿工使用正确的解密密钥时,传感器会为他们提供读数。区块链附加在交易中,以确保只有正确的个人使用加密数据,该系统通过细粒度的访问控制来帮助提供数据隐私。

Belguith、Kaaniche 和 Laurent 等(2018)提出了一种多属性权威属性方法,该方法是多方面的。本研究工作采用 CP-ABE 方案(Lewko 和 Waters,2011),将解密阶段的一部分委托给云服务器,为对手查询密钥提供了条件。方法中的挑战者从初始化一个空集和一个表开始,对手被设置为查询与属性集相关的密钥,权威机构使用相应的密钥进行确认。在转换密钥查询阶段,对手被设置为查询密钥。如果挑战者在搜索过程中找到了密钥,它就会用密钥确认;如果不可用,则运行算法来生成一组转换键。该方法支持隐藏的访问策略,该系统具有可行性、安全性和保密性。Talpur、Bhuiyan 和 Wang(2015)的研究中使用了同态加密技术,该方法可以用于健康监测,服务在用户之间共享,以降低成本。研究提出了一种基于网络协议的方法来保证系统的安全,并可以动态配置系统。在本书中,我们使用了单用户节点和共享节点组合的方法,单用户节点在系统中充当标识节点,验证用户在网络中的访问。共享节点验证也是单个节点的责任,负责对离开网络的数据进行验证。

Aljawarneh 和 Yassein（2017）使用 AES 算法（Feldhofer、Dominikus 和 Wolkerstorfer，2004）和通用算法（Masood、Rattanawong 和 Ioveniti，2003）来提高安全性。该系统减少了密钥分发和密钥更新过程，密钥是利用拟议工作中的数据生成的。在加密过程中，输入文件在多个大小不同的块中被读取。块分为两个部分——明文和密钥，密钥使用 Feistel 加密方法进行加密（Bellare、Hoang 和 Tessaro，2016）；明文使用 AES 加密，加密后的文本和密钥使用通用算法进一步聚合。表 6.1 对各种研究的特征、优势以及时空复杂性进行了对比。

表 6.1 各种研究的特征、优势以及时空复杂性

贡献	特征	优势	空间复杂性	时间复杂性
Carcelle、Dang 和 Devic（2006）	物联网云接口用于方便地存储和检索数据。传输的保密数据要求很高的安全性	身份验证和加密是为保护数据而采取的一系列措施	$O(n\log n^2)$	$O(\log n)$
Stergiou 等（2018）	这项研究假设窃听信道、协作协议、信源编码和解码方案是公开的，认为只有源信息是保密的	RSA 算法用于保证数据的安全性	$O(n^3)$	$O\left(\log\dfrac{n}{2}\right)$
Belguith、Kaaniche 和 Russello（2018）	该系统使用基于属性的轻量级加密，该方案支持带宽受限的应用程序，PU-ABE 是新的变体密钥属性，可在研究中提供帮助	该系统旨在有效地访问策略更新	$O(n^2)$	$O(2^n)$
Rahman、Daud 和 Mohamad（2016）	生态系统由 5 层组成，物联网传感器节点和设备构成第一层，通信和网络构成第二层，第三层由计算和存储组成，应用程序和服务在第四层，数据分析构成第五层	本书提出了一个安全的框架	$O(n^2)$	$O(n^4)$
Barreto 等（2015）	考虑到直接用户对 IoT 设备的请求和由云执行的用户请求	该模型支持单点登录和单点注销任务	$O(2^n)$	$O(n!)$
Butun 等（2016）	该模型使用分层方法，公共安全调查对象可以携带或佩戴该设备	它减轻了连续身份验证的负担	$O(n\log n)$	$O(n^2)$
Gehrmann 和 Abdelraheem（2016）	物联网设备的执行状态是通过合适的高级模型设计的，这些活动是在云执行的计算机中完成的，机器接受所有针对设备的请求	这台机器具有很高的可用性和抗攻击性	$O(n^2\log n)$	$O(n!)$
Chandu 等（2017）	传感器将收集的数据提供给微控制器，这些数据使用 AES 加密算法加密，加密的密钥被保存以备以后使用。这个带有密钥的加密数据被传送到云端，云能够为接收到的消息提供安全性	该设备硬件支持 AES 加密	$O(n)$	$O(\log n)$

续表

贡 献	特 征	优 势	空间复杂性	时间复杂性
Singh 等（2015）	该算法是基于密钥/密文策略属性的加密方法的派生物，研究采用了轻量级椭圆曲线密码体制	发送方使用网桥连接到接收方，以完成网络互连	$O(n^2 \log n)$ m 是使用的属性数	$O(n \log n)$
Al Salami 等（2016）	该方案结合了不同的 Hellman 加密机制，是一种基于身份的方案	该方案采用快速随机加密标准，减少了计算指数	$O(n^3)$	$O(n)$
Muhammad 等（2018）	利用视频摘要方法获取信息框架，提出了一种基于映射和加密系统的图像加密方法，密码来自于嵌入的普通图像的随机位	该系统是一种节能的解决办法	$O(n!)$	$O(n^3)$
Rahulamathavan 等（2017）	簇头负责聚合来自不同传感器的数据，这些数据在传输到各自的数据之前经过加密，所做的加密可以由区块链矿工使用适当的属性进行验证	该系统有助于通过访问控制为数据保障隐私	$O(\log n)$	$O(n \log n)$
Belguith、Kaaniche、Laurent 等（2018）	对手被设置为查询与属性集相关的密钥，权威机构用相应的密钥进行确认。在转换密钥查询阶段，对手被设置为查询密钥。如果挑战者在搜索过程中找到了密钥，它就会用密钥确认；如果不可用，则运行算法来生成一组转换键	系统支持多属性方法，部分解密过程委托给半可信云服务器。该方法支持隐藏的访问策略，系统具有可行性、安全性和保密性。	$O(n^2 \log n)$	$O(2^n \cdot n)$
Talpur、Bhuiyan 和 Wand（2015）	研究中使用了同态加密技术，该方法可用于健康监测，提出了一种基于网络协议的方法来保证系统的安全，系统可以动态方式配置系统。在本书中，我们使用了单用户节点和共享节点这种组合的方法，单个用户节点在系统中充当标识节点，验证用户在网络中的访问。共享节点验证也是单个节点的责任，负责验证离开网络的数据	服务在用户之间共享，降低了成本	$O(n^m)$	$O(n^4)$
Aljawarneh 和 Yassein（2017）	在加密过程中，输入文件在多个大小不同的块中被读取。块分为明文和密钥两个部分，密钥使用 Feistel 加密方法进行加密；明文使用 AES 加密，加密后的文本和密钥使用通用算法进一步聚合	该系统减少了密钥分发和密钥更新过程，密钥是利用系统中的数据生成的	$O(n^3)$	$O(\log n)$

6.3 前提条件

令 T_i 为发射器,R_i 为接收器,D_i 为要发送的数据,K_A 为利用 AES 算法来加密它们的密钥,D 为 D_i 和密钥 K_A 的串联,K_R 为 RSA 算法用于加密密钥 K_A 的密钥。根据式(6.1),发送器 T_i 正在加密数据,D_i 是要发送到请求者 R_i 的数据,K_A 是使用的加密密钥,加密后,将加密的数据和密钥 K_A 连接在一起。

$$T_i \rightarrow K_A(D_i) K_{A_n^*} \tag{6.1}$$

$$K_A(D_i) \| K_R(K_A) \rightarrow R_i \tag{6.2}$$

在式(6.2)中,密钥 K_R 使用 RSA 算法对 K_A 进行加密。通过连接获得的结果数据被发送到接收器 R_i。

6.4 系统原理

物联网有助于将所有设备连接起来,这些设备都提供了一个通信平台。云也是一个平台,它为获取到的数据提供存储位置。研究中介绍了两者在产业平台上的合作。

6.4.1 研究中的假设

研究中做出了以下假设:
(1) 云提供商被认为是最可靠的资源。
(2) 云能够使用位置详细信息生成哈希码。
(3) 设备能够根据云提供的哈希码生成加密密钥。
(4) 系统容易被破坏。

6.4.2 研究中使用的符号

研究中使用的符号见表6.2。

表 6.2 研究中使用的符号

符 号	说 明
U_i	第 i 个用户
C_i	云服务提供商

续表

符号	说明
L_i	用户位置
E_i	第 i 个加密密钥
H_i	哈希密钥
U_N	用户名
U_P	密码
R_i	第 i 个用户的用户请求
Q_i	第 i 个用户发送的查询
N_i	考虑中的网络
S_l	传感器的位置详细信息
O_l	观测对象的位置详细信息
K_A	使用 AES 算法加密数据的加密密钥
D_i	传感器传输的数据
D_N	加密数据
K_H	哈希码加密形式
D_K	解密密钥

6.4.3 系统工作流程

基于云的工业物联网（IIoT）的目的是能随时随地提供数据，这种模式可以帮助实现更好的规划和设计，它们可以在紧急情况下提供解决方案。这项研究旨在提高数据的可靠性，加密密钥由设备位置和目标地址位置组合生存，使用设备的位置提供设备的身份验证，目标寻址的位置确保了发送的信息。AES 算法使用连接密钥加密数据，生成的代码来自加密密钥，并在传输前附加到数据上。

程序分为 3 个阶段，生成加密数据和解密数据的过程如下：

第 1 阶段

（1）用户 U_i 使用密钥凭据进行身份验证，用户名和密码是身份验证的凭据。用户与云共享它的位置信息，在式（6.3）中，用户 U_i 正在传输用户名 U_N、密码 U_P 和位置 L_i。

$$U_i \rightarrow U_N \| U_P \| L_i \tag{6.3}$$

(2) 确认无误后，允许用户输入请求。设备使用位置详细信息生成公钥和私钥，公钥与云共享。在式（6.4）中，用户 U_i 使用位置键 L_i 生成公钥 PUB_i。在式（6.5）中，私钥 PR_i 是使用位置密钥 L_i 生成的。在式（6.6）中，用户 U_i 向云 C_i 传输公钥 PUB_i。

$$U_i : PUB_i \rightarrow algo1(L_i) \qquad (6.4)$$

$$U_i : PR_i \rightarrow algo2(L_i) \qquad (6.5)$$

$$U_i : PUB_i \rightarrow C_i \qquad (6.6)$$

(3) 用户将查询输入云。在式（6.7）中，用户 U_i 正在向云 C_i 发送查询 Q_i，图 6.1 描述了第 1 阶段的步骤。

$$U_i : Q_i \rightarrow C_i \qquad (6.7)$$

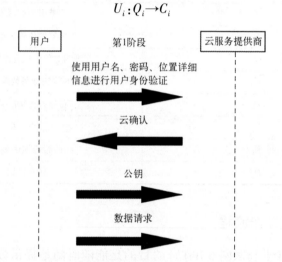

图 6.1 研究中第 1 阶段所采取的步骤

第 2 阶段

(4) 云反过来又将查询转发给传感器网络。在式（6.8）中，云 C_i 将其转发给网络 N_i。

$$U_i : Q_i \rightarrow N_i \qquad (6.8)$$

(5) 传感器对数据进行响应。它传输其位置详细信息和观察对象的位置详细信息。在式（6.9）中，用户 U_i 向云 C_i 发送所请求的数据 D_i、其位置 S_l 以及被观察对象 O_l 的位置。

$$U_i : (D_i \| S_l) O_l \rightarrow C_i \qquad (6.9)$$

(6) 云使用这些信息生成加密密钥。云接收到位置详细信息后，密钥被生成并连接起来。在式（6.10）中，云 C_i 根据收到的位置细节生成关键值

K_A。式中，S_l 为传感器的位置，O_l 为被观察对象的位置。第 2 阶段方法的后续步骤如图 6.2 所示。

$$C_i : K_A \rightarrow \text{algo3}(S_l \| O_l) \qquad (6.10)$$

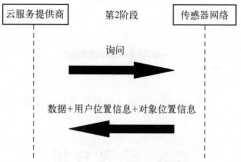

图 6.2 研究中第 2 阶段所采取的步骤

第 3 阶段

（7）云将其用作 AES 算法的加密密钥。使用密钥对数据进行加密，使用级联的加密密钥生成哈希码。在式（6.11）中，使用加密算法 AES 和数据 D_i 上的密钥 K_A 生成加密数据 D_N。在式（6.12）中，哈希码 H_i 由加密密钥得出。

$$C_i : D_N \rightarrow K_A(D_i) \qquad (6.11)$$
$$C_i : H_i \rightarrow \text{algo4}(K_A) \qquad (6.12)$$

（8）云使用公钥通过 RSA 算法对哈希码进行加密。在式（6.13）中，云 C_i 使用哈希码 H_i 上的公钥 PUB_i 生成其加密形式 K_H。在式（6.14）中，加密数据 D_N 与加密哈希码 K_H 连接起来，并由云 C_i 分发给用户 U_i。

$$C_i : K_H \rightarrow \text{PUB}_i(H_i) \qquad (6.13)$$
$$C_i : (D_N \| K_H) \rightarrow U_i \qquad (6.14)$$

在接收到数据后，用户端的设备使用私钥对哈希码进行解密。在式（6.15）中，用户通过使用密钥 K_H 上的私钥 PR_i 解密来获得哈希码 H_i。

$$U_i : H_i \rightarrow \text{PR}_i(K_H) \qquad (6.15)$$

（9）设备使用哈希码创建解密密钥并对数据进行解密。在式（6.16）中，用户 U_i 使用哈希码 H_i 创建解密密钥 D_K。在式（6.17）中，用户可以通过使用加密数据 D_N 上的解密密钥 D_K 来获得数据 D_i。步骤如图 6.3 所示。

$$U_i : D_K \rightarrow \text{algo5}(H_i) \qquad (6.17)$$
$$U_i : D_i \rightarrow D_K(D_N) \qquad (6.18)$$

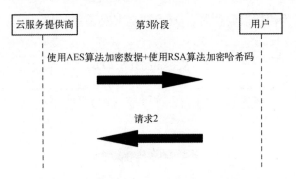

图 6.3　研究中第 3 阶段所采取的步骤

6.5　研究分析

本书所进行的研究是为了提高系统的可靠性。传感器和目标的位置细节增加了可靠性，密钥的组合用于导出公钥和私钥，AES 算法和 RSA 算法被用来为网络带来更好的安全性。

研究中使用位置信息来加密数据，工作分为 3 个阶段：第一阶段，用户使用其用户名和密码登录系统，用户请求所需的数据；第二阶段，云请求查询网络，各个传感器将数据与位置详细信息一起发送，加密密钥是通过串联位置详细信息得出的，云使用此密钥来加密接收到的数据，加密使用 AES 算法完成；第三阶段，它通过加密密钥生成哈希码，使用哈希码上的公钥生成加密形式，加密的哈希码和加密的数据通过云传输给用户，另一端的用户使用其私钥解密哈希码，所获得的哈希码用于重新生成解密密钥并解密接收到的数据。

6.5.1　数据可靠性

利用用户和感兴趣对象的位置信息，可以提高系统的可靠性，这些密钥的组合有助于使系统安全。将本书的研究与 AES 算法和 RSA 算法进行了比较，得出所提出的研究的可靠性提高了 10.05%，如图 6.4 所示。

6.5.2　计算时间

本书采用 AES 算法对数据进行加密，使用了 128bit、192bit 和 256bit。加密数据 AES-128bit 需要 10 轮才能完成计算，AES-192bit 需要 12 轮才能完成计算，AES-256bit 需要 14 轮才能完成计算。本书使用了 32bit、64bit 和

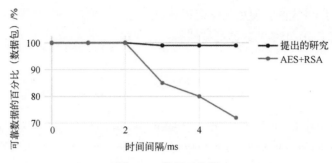

图 6.4　数据可靠性

128bit 大小的数据，考虑了 128bit、192bit 和 256bit 的 AES 算法。执行计算所需的时间如图 6.5 所示。

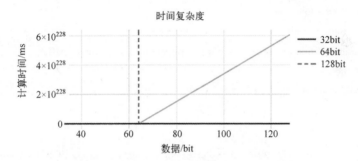

图 6.5　使用 AES 算法加密可变大小的数据

6.6　结　　论

物联网为设备提供了一个交流平台，云被用来存储海量的数据，任何地理位置的用户都可以使用这项技术。考虑的场景是在网络中的适当位置安装传感器，当被查询时，它们会向云提供数据。在本书的研究中，采用了不同的加密标准来提高数据的可靠性。用户登录到他的云账户，提供其用户名和密码。查询由用户发送到云，将请求转发给网络。传感器为查询的数据提供位置详细信息，位置细节包括传感器和观测对象的位置。云使用位置详细信息来获取 AES 算法的密钥，使用 AES 算法对数据进行加密，哈希码是从加密密钥中派生的，用户使用位置详细信息创建公钥和私钥，公钥与云共享。云使用密钥加密哈希码，哈希码使用公钥加密，它连接相同的数据并加密数据，该数据被传输给用户。用户使用从其位置派生的私钥来解密哈希码，密码密钥是由哈希码生成的，使用加密密钥对数据进行解密。与常规加密方法相比，该工作提供了 10.05% 的数据可靠性。

参 考 文 献

Aazam Mohammad, Imran Khan, Aymen Abdullah Alsaffar, et al., 2014. Cloud of things: Integrating Internet of things with cloud computing and the issues involved [C]. Proceedings of 2014 11th International Bhurban Conference on Applied Sciences & Technology (IBCAST). Islamabad, Pakistan.

Agrawal Himani, 2010. Matlab implementation, analysis & comparison of some RSA family cryptosystems [C]. 2010 IEEE International Conference on Computational Intelligence and Computing Research. Coimbatore, India.

Al Salami, J Baek S, Salah K, et al., 2016. Lightweight encryption for smart home [C]. 2016 11th International Conference on Availability, Reliability and Security (ARES), Salzburg, Austria: 382-388.

Alassaf N, Alkazemi B, Gutub A, 2017. Applicable light-weight cryptography to secure medical data in IoT systems [J]. Journal of Research in Engineering and Applied Sciences (JREAS), 2 (2): 50-58.

Aljawarneh S, Yassein M B, 2017. A resource-efficient encryption algorithm for multimedia big data [J]. Multimedia Tools and Applications, 76 (21): 22703-22724.

Ambrosin Moreno, Arman Anzanpour, Mauro Conti, et al., 2016. On the feasibility of attribute-based encryption on Internet of things devices [J]. IEEE Micro, 36 (6): 25-35.

Arabo A. 2014. Privacy-aware IoT cloud survivability for future connected home ecosystem [C]. 2014 IEEE/ACS 11th International Conference on Computer Systems and Applications (AICCSA), Doha, Qatar: 803-809.

Babar Sachin, Antonietta Stango, Neeli Prasad, et al., 2011. Proposed embedded security framework for Internet of Things (IoT). 2011 2nd International Conference on Wireless Communication, Vehicular Technology, Information Theory and Aerospace & Electronic Systems Technology (Wireless VITAE), Chennai, India: 1-5.

Bahrami M, Khan A, Singhal M, 2016. An energy efficient data privacy scheme for IoT devices in mobile cloud computing [C]. 2016 IEEE International Conference on Mobile Services (MS), San Francisco, CA, USA: 190-195.

Bao Q, Hou M, Kwang K, et al., 2016. A one-pass identity-based authentication and key agreement protocol for wireless roaming [C]. Sixth International Conference on Information Science and Technology (ICIST), Dalian, China: 443-447.

Barreto L, Celesti A, Villari M, et al., 2015. An authentication model for IoT clouds [C]. IEEE/ACM International Conference on Advances in Social Networks Analysis and Mining, Paris, France: 1032-1035.

Bauer E, Adams R, 2012. Reliability and Availability of Cloud Computing [J], Piscatway, NJ, John Wiley & Sons.

Belguith S, Kaaniche N, Russello G, 2018. PU-ABE: Lightweight attribute-based encryption supporting access policy update for cloud assisted IoT. 2018 IEEE 11th International Conference on Cloud Computing (CLOUD), San Francisco, CA,, USA: 924-927.

Belguith S, Kaaniche N, Laurent M, et al., 2018. Phoabe: Securely outsourcing multi-authority attribute based encryption with policy hidden for cloud assisted iot [J]. Computer Networks, 133: 141-156.

Bellare M, Hoang V T, Tessaro S, 2016. Message-recovery attacks on Feistelbased format preserving encryption. Proceedings of the 2016 ACM SIGSAC Conference on Computer and Communications Security, Vienna, Austria: 444-455.

Bhatt C, Dey Nilanjan, Ashour Amira S, 2017. Internet of Things and Big Data Technologies for Next Generation Healthcare [M]. Turkey, Springer.

Bokefodea J D, Bhiseb A S, Satarkara P A, et al., 2016. Developing a secure cloud storage system for storing IoT data by applying role based encryption [J]. Procedia Computer Science, 89: 43-50.

Boneh D, Franklin M, 2001. Identity-based encryption from the Weil pairing [C]. Annual International Cryptology Conference, Berlin, Heidelberg: 213-229.

Butun I, Erol-Kantarci M, Kantarci B, et al., 2016. Cloud-centric multi-level authentication as a service for secure public safety device networks [J]. IEEE Communications Magazine: 54 (4), 47-53.

Butun I, Wang Y, Lee Y S, et al., 2012. Intrusion prevention with two-level user authentication [J]. International Journal of Security and Networks, 7 (2): 107-121.

Carcelle X, Dang T, Devic C, 2006. Wireless Networks in Industrial Environments: State of the Art and Issues [M]. In Ad-Hoc Networking. Boston, MA: Springer.

Chandu Y, Kumar K R, Prabhukhanolkar N V, et al., 2017. Design and implementation of hybrid encryption for security of IOT data [C]. 2017 International Conference On Smart Technologies For Smart Nation (SmartTechCon), Bangalore, India: 1-4.

Chowdhury A, Panda R, 2017. Multi-view surveillance video summarization via joint embedding and sparse optimization [J]. IEEE Transactions on Multimedia, 19 (9): 2010-2021.

David Dagon, Wenke Lee, Richard Lipton, 2005. Protecting secret data from insider attacks [C]. International Conference on Financial Cryptography and Data Security, Berlin, Heidelberg: 16-30.

Di Rienzo M, Rizzo F, Parati G, et al., 2006. MagIC system: A new textile-based wearable device for biological signal monitoring Applicability in daily life and clinical setting [C]. 2005 IEEE Engineering in Medicine and Biology 27th Annual Conference, Shanghai, China: 7167-7169.

Diksha Neel, Agarwal Shubham, 2006. Backdoor Intrusion in Wireless Networks-problems and solutions [C]. 2006 International Conference on Communication Technology, Guilin, China: 1-4.

Doukas C, Maglogiannis I, 2012. Bringing IoT and cloud computing towards pervasive healthcare [C]. 2012 Sixth International Conference on Innovative Mobile and Internet Services in Ubiquitous Computing (IMIS), Palermo, Italy: 922-926.

Doukas Charalampos, Ilias Maglogiannis, Vassiliki Koufi, et al., 2012. Enabling data protection through PKI encryption in IoT m-Health devices [C]. 12th International Conference on Bioinformatics & Bioengineering (BIBE), Larnaca, Cyprus: 25-29.

Feldhofer Martin, Sandra Dominikus, Johannes Wolkerstorfer, 2004. Strong authentication for RFID systems using the AES algorithm [J]. International Workshop on Cryptographic Hardware and Embedded Systems, 3156: 357-370.

Gehrmann Christian, Mohamed Ahmed Abdelraheem, 2016. IoT protection through device to cloud synchronization [C]. 2016 IEEE International Conference on Cloud Computing Technology and Science (CloudCom), Luxembourg City, Luxembourg: 527-532.

Harper R, 2006. Inside the Smart Home [M]. Springer Science & Business Media, Berlin, Heidelberg.

Hasan Ragib, Md Mahmud Hossain, Rasib Khan, 2015. Aura: An IoT based cloud infrastructure for localized mobile computation outsourcing [C]. 2015 3rd IEEE International Conference on Mobile Cloud Computing, Services, and Engineering, San Francisco, CA.

Hossain M S, Muhammad G, 2016. Cloud-assisted Industrial Internet of Things (IIOT) -enabled framework for health monitoring [J]. Computer Networks, 101: 192-202.

Huang Yu-Lun, Sun Wen-Lin, 2018. An AHP-based risk assessment for an industrial IoT cloud [C]. 2018 IEEE International Conference on Software Quality, Reliability and Security Companion (QRS-C), Lisbon, Portugal: 637-638.

Huitema C, 1998. IPv6: The New Internet Protocol [M]. NJ, Prentice Hall PTR.

Jiang Lihong, Xu Lida, Cai Hongming, et al., 2014. An IoT-oriented data storage framework in cloud computing platform [J]. IEEE Transactions on Industrial Informatics, 10 (2): 1443-1451.

Koblitz Neal, Alfred Menezes, 2005. Pairing-based cryptography at high security levels [C]. IMA International Conference on Cryptography and Coding, Berlin, Heidelberg: 13-36.

Kocher Paul C, 1996. Timing attacks on implementations of Diffe-Hellman, RSA, DSS, and other systems [C]. Annual International Cryptology Conference, Berlin, Heidelberg: 104-113.

Krutz Ronald L, Russell Dean Vines, 2010. Cloud Security: A Comprehensive Guide to Secure

Cloud Computing [M]. Tokyo, Wiley Publishing.

Lee C C, Hwang M S, Liao I E, 2006. Security enhancement on a new authentication scheme with anonymity for wireless environments [J]. IEEE Transactions on Industrial Electronics, 53 (5): 1683-1687.

Leonardo B Oliveira, Diego F Aranha, Eduardo Morais, 2017. Tinytate: Computing the tate pairing in resource-constrained sensor nodes [C]. Sixth IEEE International Symposium on Network Computing and Applications (NCA 2007), Cambridge, MA, USA: 318-323.

Lewko Allison, Waters Brent, 2011. Decentralizing attribute-based encryption [C]. Annual International Conference on the Theory and Applications of Cryptographic Techniques, Berlin, Heidelberg: 568-588.

Liu Chang, Yang Chi, Zhang Xuyun, et al., 2015. External integrity verifcation for outsourced big data in cloud and IoT: A big picture [J]. Future Generation Computer Systems, 49: 58-67.

Mao Yijun, Li Jin, Chen Min-Rong, et al., 2016. Fully secure fuzzy identity-based encryption for secure IoT communications [J]. Computer Standards & Interfaces, 44: 117-121.

Masood S H, Rattanawong W, Iovenitti P, 2003. A generic algorithm for a best part orientation system for complex parts in rapid prototyping [J]. Journal of materials processing technology, 139 (1-3): 110-116.

Maurer W D, 1968. Programming technique: An improved hash code for scatter storage [J]. Communications of the ACM, 11 (1): 35-38.

Morris Thomas, 2011. Trusted platform module. Encyclopedia of Cryptography and Security (2nd Ed.): 1332-1335.

Muhammad Khan, Rafik Hamza, Jamil Ahmad, et al., 2018. Secure surveillance framework for IoT systems using probabilistic image encryption [J]. IEEE Transactions on Industrial Informatics, 14 (8): 3679-3689.

Mukhopadhyay Subhas C, 2012. Smart Sensing Technology for Agriculture and Environmental Monitoring [M]. Berlin Heidelberg: Springer.

Narayanan A, Shmatikov V, 2010. Myths and fallacies of personally identifable information [J]. Communications of the ACM, 53 (6): 24-26.

Prentice S, 2014. The Five SMART Technologies to Watch. Gartner.

Rahman A F A, Daud M, Mohamad M Z, 2016. Securing sensor to cloud ecosystem using Internet of Things (IoT) security framework [C]. International Conference on Internet of Things and Cloud Computing, Cambridge, UK: 779.

Rahulamathavan Y, Phan R C W, Rajarajan S Misra, et al., 2017. Privacypreserving blockchain based IoT ecosystem using attribute-based encryption [C]. IEEE International Conference on Advanced Networks and Telecommunications Systems (ANTS), Bhubaneswar, India: 1-6.

Rijmen V, Daemen J, 2001. Advanced encryption standard [C]. Proceedings of Federal Information Processing Standards Publications, National Institute of Standards and Technology, San Mateo, CA: 19-22.

Rojviboonchai K, Aida H, 2004. An evaluation of multi-path transmission control protocol (M/TCP) with robust acknowledgement schemes [J]. IEICE Transactions on Communications, 87 (9): 2699-2707.

Roman R, Zhou J, Lopez J, 2013. On the features and challenges of security and privacy in distributed Internet of things [J]. Computer Networks, 57 (10): 1389-1286.

Singh Jat, Pasquier Thomas, Jean Bacon, et al., 2016. Twenty security considerations for cloud-supported Internet of things [J]. Internet of Thing, 3 (3): 269-284.

Singh M, Rajan M A, Shivraj V L, et al., 2015. Secure mqtt for Internet of Things (IoT) [C]. Fifth International Conference on Communication Systems and Network Technologies, Gwalior, India: 746-751.

Stergiou Christos, Kostas E Psannisa, Byung-Gyu Kim, et al., 2018. Secure integration of IoT and Cloud Computing [J]. Future Generation Computer Systems, 78 (3): 964-975.

Talpur M S H, Bhuiyan M Z A, Wang G, 2015. Shared-node IoT network architecture with ubiquitous homomorphic encryption for healthcare monitoring [J]. International Journal of Embedded Systems, 7 (1): 43-54.

Tong K F, 2013. Smart agriculture based on cloud computing and IOT [J]. Journal of Convergence Information Technology, 8 (2), 1-7.

Wang H, Cardo J, Guan Y, 2005. Shepherd: A lightweight statistical authentication protocol for access control in wireless LANs [J]. Computer Communications, 28 (14): 1618-1630.

Zhao Dong-Mei, Wang Jing-Hong, Wu Jing, et al., 2005. Using fuzzy logic and entropy theory to risk assessment of the information security [C]. 4th International Conference on Machine Learning and Cybernetics, Guangzhou, China: 2248-2253.

Zhu Quanyan, Saad Walid, Han Zhu, et al., 2011. Eavesdropping and jamming in next-generation wireless networks: A game-theoretic approach [C]. Military Communications Conference, Baltimore, MD: 119-124.

第 7 章 物联网技术中的网络攻击分析和攻击模式

Siddhant Banyal, Kartik Krishna Bhardwaj, Deepak Kumar Sharma

7.1 简　　介

安全问题是全球和平与安全范围内的一个关键问题，涉及从情报和技术到私人通信和元数据等关键基础设施的保护。随着技术的发展，国家和非国家行为体为实现和保持战略收益，继续在非对称的网络战进行大量投资的发展方向，这是一个令人烦恼的困境，已成为一个关键的、亟须考虑的重要领域。因此，社会面临着一个纷争和分裂不断的挑战，因为这一问题带来了一连串的社会政治和技术方面的后果，例如，建立一个整体性的、理解网络攻击发展的合理标准、停止增长的交战行动、建立一个更安全世界的所有关键组成部分。

7.1.1 基于物联网的网络及相关安全问题

物联网行业宣称自己是公共和私人领域范围内运行现代技术的发动机。工业和商业机构为了提高生产力，已经越来越依赖物联网来执行基本任务和功能。

一方面，技术给我们的环境带来了灵活性，但也带来了脆弱性，这有可能对我们的社会和经济构成造成很大程度的考验。到目前为止，全球有超过230亿件物联网设备，而这一数字预计将会持续快速增加，并在短短5年内达到惊人的600亿件。生产力的提高，使经济快速增长（Ezez，2019）。这体现了物联网和相关技术的关键作用，但就像一把双刃剑，它也带来了无数的挑战和安全相关问题。数据加密、身份验证、隐私、侧向通道攻击、针对加密货币的僵尸网络、远程访问和不可靠的通信，这些都是社会同时面临的挑战（Razzaq 等，2017）。

很多设备的处理能力和内存都非常有限，并且只能使用电池之类的低功耗设备。当前的安全性依赖于强加密，这对这些设备是不公平的，因为这些限制使它们无法执行复杂的加密-解密来传输数据。从安全的角度来看，物联网系统存在大量的漏洞和潜在的故障，这使得授权和验证至关重要。在访问网关之前，设备必须建立访问者的身份。为了整合和管理整个分布式环境中可用的设备更新，不同的设备通过无数独特的协议进行通信，因此必须保持对设备更新的跟踪。许多设备不便于"无线"更新，因此必须将设备从生产环境中拆除以进行更新。此外，数据隐私和完整性是当前关于物联网挑战的论述的重要组成部分。数据隐私的实现包括修订敏感数据、分离个人信息和安全处理过时数据。除此之外，确保高度的可用性也对日常功能至关重要。由于设备故障、连接中断或拒绝服务攻击而导致的潜在中断可能导致经济损失、设备损坏，在严重情况下还可能导致人员伤亡。

7.1.2 网络威胁检测安全系统的需求

我们已经见证了历史发展过程中的技术进步，随着新机遇的出现，总有一种威胁来自于那些利用这些机会牟取私利的人。网络参与者和网络团体正在建立网络，研究破坏行动的模式，并测试新的战术、技术和程序。网络安全包括为确保网络基础设施和相关信息的有效性、可靠性和安全性而部署的活动，这需要面对大量的威胁，并需要阻止它们渗透到网络中。

历史上，最初的安全威胁事件可以追溯到电话时代。电信号可以通过铜线发送，但是这些铜线有可能被利用，这样电话交谈就有可能被偷听到。涉及风险管控和合规性的网络安全的实施与计算机安全软件的发展历史是分别进行的。网络入侵和恶意软件等网络上的威胁在早期就已经存在。

1986 年，第一种名为 Morris 的蠕虫病毒被发现，这是第一种利用全球互联网网络并主要在美国计算机上传播的蠕虫。在网络安全发展史上的这一时期，病毒从一个学术恶作剧演变成了严重的威胁。Morris 蠕虫利用了 UNIX 系统中存在的漏洞，并逐步复制自己，从而恶意地减慢操作系统中的运行速度，从而使它们变得毫无用处。这个蠕虫是由罗伯特·塔潘（Robert Tapan）设计的，他声称他的行为是为了识别互联网规模的大小。后来，他成了根据美国《计算机欺诈和滥用法》（CFAA）被宣布有罪的第一个人，目前他是麻省理工学院的教授。自从发明了为科学界交换信息和访问远程系统而设计的高级研究项目代理网络（advanced research projects agency network）之后，一种新的系统入侵网络的形式开始出现。电子邮件应用程序使研究工作和网络开发的协作成为可能，这成了黑客利用和访问机密信息（但不限于信用卡信息、密码和商业秘密）的主要途径。

互联网的出现丰富了我们与30亿活跃互联网用户的生活方式。电子邮件通信主要是一种通信手段，但现在已成为被用于购买、销售、营销、广告、企业间的电子商务（B2B）和企业对消费者之间的电子商务（B2C）的渠道等。本质上，它创建了一个平台，入侵者可以在该平台上利用以下方式（但不限于）进行攻击：探测（使用工具与用户一起观察网络）、扫描（分析网络以及与之相关的设备的漏洞）、恶意代码、分布式拒绝服务，并在未经授权的情况下对网络及其资源进行访问。

7.1.3 网络威胁管理

正如前面所讨论的，万维网的出现导致了对控制数据、信息和知识的巨大需求。随着当前信息系统技术的突破，各行各业的许多应用已经实现了计算机化。数据已经成为大多数商业组织的重要资源，因此人们努力使用物联网来整合分散在不同站点的数据源。此外，已经开发了通过评估模式和趋势从所收集的数据中寻找资料的研究，这方面取得了进展。数据源可以是由DBMS操作的数据库，并且可以存储在存储库中。

随着对数据和信息的需求的不断增加，对管理这些数据的来源、系统和数据管理实用程序的安全性的需求也在增加，重要的是要保护数据不受未经批准的访问和恶意篡改。随着互联网和网络基础设施的兴起，保护数据和信息变得愈加关键，因为现在许多人都有能力或手段获得受保护的保密信息。因此，网络空间需要适当的安全手段和基础设施。

本章回顾了网络空间中的各种威胁，特别关注了物联网设备对网络安全的威胁。此外，我们还针对这些威胁和相关技术提出了一些补救措施。这些威胁包括完整性破坏、访问控制破坏、未经批准的干预和破坏/间谍活动。上述解决方案包括加密方法、数据挖掘方法和容错处理方法等。在7.2中，我们将从技术和法律的角度对本书中使用的术语进行分类评估。7.3节重点介绍了网络入侵的各种建模技术和范例，并对基于IOT的网络攻击进行了影响评估。7.4节和7.5节重点介绍针对网络威胁的现有网络攻击软件检测对策，并评估不同部门存在的网络漏洞。此外，我们还分析了一些与上述内容相关的案例研究。在7.6节中，我们的目的是讨论监管问题的潜在解决方案和进一步发展的方向。

7.2 网络攻击的分类和分类学

后工业革命时代出现了各种技术上的突破,这极大地改善了我们的生活方式。计算机和互联网所扮演的角色在社会中得到了广泛认可,这就创造了一个虚拟的信息交换领域,即网络空间,它的规模一直在稳步增长。网络空间已经渗透到人类生活的各个方面,包括但不限于医院、银行、教育、应急服务和军队。从那以后,威胁一直在增加,攻击被用来传播虚假信息、阻碍战术服务、访问敏感数据、间谍活动、数据盗窃和财务损失。随着时间的推移,这些入侵攻击的性质、严重性和复杂性不断聚集,对这些攻击的操作方式存在理解上的差距。图 7.1 给出了网络攻击分类的所有类别和子类别。

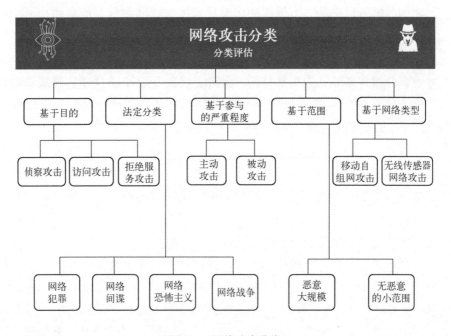

图 7.1 网络攻击分类

7.2.1 基于目的

基于目的的攻击分类如下:

1. 侦察攻击

侦察攻击需要未经批准的侦查和系统跟踪，与邻近地区的盗窃事件相同，包括以下类型：

（1）数据包分析器：一种用于拦截网络中数据丢失的工具，可以用于监视连接的计算机系统之间的流量，它命令网络接口卡分析计算机网络特定部分之间的通信，数据包嗅探器本质上既可以是硬件，也可以是软件。

（2）端口扫描：执行端口扫描是为了探测服务器或主机是否有打开的端口，攻击者使用它来识别正在使用的网络服务并利用漏洞进行攻击。

（3）Ping 扫描：Ping 扫描用于映射连接到活动主机的 IP 地址范围。协议记录器（例如但不限于 ippl）可以检测到 Ping。

（4）关于互联网信息的查询：犯罪者可以使用分布式网络服务查询来了解谁拥有域以及已委派给该域的地址。

2. 基于访问的攻击

在访问攻击中，入侵者在设备中建立了入口，在该设备中，攻击者没有针对系统凭据或授权的授权。没有权限合法访问数据的实体将尝试使用恶意手段（例如黑客攻击）或创建利用系统固有脆弱性的工具。

通过利用系统弱点或漏洞来使用文件传输协议、身份验证工具和互联网应用程序，以获取对在线账户、机密存储库和其他特权信息的未授权访问。这类攻击包括：

（1）对密码的攻击：包括尝试使用所有可能的组合来破解密码。一般来说，它被称为字典攻击，有两种类型：猜测和重置。

（2）信任端口的利用：此处，攻击者利用网络的信任端口将其伪装成受信任的主机，然后再利用它来攻击主机。

（3）端口重定向：在这种类型的访问攻击中，由于攻击者使用了受信任的主机，因此绕过了网络防火墙并攻击了受保护的主机。

（4）中间人攻击：在这种情况下，犯罪者与主机建立独立的链接，并以欺骗性的方式在主机之间传递消息，以建立信任并使他们相信对话是私密的。

（5）社会工程：此处使用了基于 SQL 的恶意代码，这些代码会更改这些网站上的内容或感染进入网站的用户。

（6）网络钓鱼：网络钓鱼是一种发送欺骗性邮件的活动，目的是在伪装成合法实体时误导用户。这使作案者可以获得可用于身份盗用的机密信息。

（7）DoS 攻击：这种攻击旨在使系统或网络在过渡或不确定时间内无法用于指定用途，从而使系统功能失效（Mishra 等，2009）。

7.2.2 根据介入的严重程度

在网络攻击的情况下,它使犯罪者能够向所有各方转发信息,或阻止数据在一个或多个方向上的传输,并且当攻击者位于通信节点之间时,他们可以终止网络中各方发送的数据。

1. 被动攻击

被动网络攻击采用一种非破坏性手段来秘密访问系统或网络,在这些系统或网络中,犯罪者旨在收集信息而不进行检测。首先,被动攻击是指数据收集操作,其中,犯罪者使用恶意软件或黑客系统信息,这包括身份盗用、窃取信用卡信息以及其他形式的隐私/数据泄露。

2. 主动攻击

这种类型的网络攻击旨在更改系统资源并影响系统的运行能力。在这种类型的攻击中,入侵者会更改数据流或可能在系统中引入新数据。

7.2.3 法律上分类

法律上分类包含以下关键术语:

(1) 网络行动:指国家、非国家行为者和(或)个人在特定的支持和相关能力下,通过网络空间采取的行动,分为网络间谍活动和网络犯罪。

(2) 网络间谍活动:一种由以下行为构成的网络行动。

① 获取与目标"对象"有关的信息和数据的意图。

② 国家或非国家行为者从政府、集体实体(即跨国公司或金融机构)或个人实体非法收集敏感信息。

③ 通过对间谍活动作为一种手段的分类,区分以下通过在网络空间收集情报的方式进行间谍活动的分类,以确定遵守法规的程度:

a. 维护国家安全,作为国家安全组织的一项职能,而不是战争或使用武力。

b. 推进与国家安全无直接关系的经济或战略利益,违反国际准则,但不应被视为战争行为。

(3) 网络犯罪:在网络空间中的任何行为,其改变、腐蚀、欺骗、降级、破坏、扰乱或影响计算机网络的功能,从而破坏相关/依赖的关键基础设施、经济、政治和/或安全。

可以理解为：

① "网络空间内的任何行动……"指网络犯罪包括在网络空间内进行的任何行动，指通过电缆、光学，或无线连接，或控制的所有公共或私人计算机网络。

② "……改变、破坏、欺骗、退化、破坏或影响计算机网络的运行/或进入计算机网络……"都是网络犯罪的潜在因素。

③ 通过改变、贪污、欺骗、降级、破坏、扰乱、影响、干扰计算机网络而破坏计算机网络的行为。

④ "……关键基础设施、经济、政治和/或安全……"的防御措施是：

a. 关键基础设施指任何依赖于网络或电子结构的系统，对于社会维持其功能现状至关重要，如：电信基础设施、电网、能源、供水系统、金融组织、公共交通、信息数据库、卫生设施或系统。

b. 经济：指国家的经济机构和服务机构。

c. 政体：指国家的政治活动、团体、实体和机构。

d. 安全："安全"一词指内部和外部安全。

⑤ "……可被称为网络犯罪"表示任何行为只要符合上述所有或部分标准，毫无疑问，就构成网络犯罪。

(4) 网络武器：为通过软件操作机器（包括但不限于计算机、服务器、路由器、移动电话或工业设备）实现网络操作目标而设计的二进制计算机代码包，并可以理解为：

① "二进制计算机代码包"意味着代码是网络武器或用于完成攻击的工具的基本组成部分。二进制代码表示文本、计算机处理器指令或在大多数计算机网络中用于操作计算机系统的任何其他数据，以及设计用于查找目标计算机网络中漏洞的更复杂算法，例如随机树模型和其他分类，实际上，是自我改变的代码包，随着时间的推移，通过处理数据变得更有效。

② "……目的……"是指发起特定网络行动的目的和意图，该行动包括可能意图进行网络间谍活动所指的侦察，或者可能意图改变、扰乱、欺骗、降级、破坏或影响网络犯罪所定义的功能。

③ "为完成而设计"是指通过手工或使用自动化工具"设计"或有意识地生成的代码，这些代码受攻击实体的复杂程度、技能和资源的主观影响。

④ "通过软件操作的机器，包括但不限于计算机、服务器、路由器、移动电话或工业设备"是指软件操作的机器和在计算机软件上运行的机器，这

些机器可以通过使用计算机代码来改变其操作。

7.2.4 基于范围

1. 大规模或恶意

"恶意"一词是指任何以恶意或意图造成伤害或导致某些损害的行为。这类攻击使用多个计算机系统，规模巨大，导致全球系统崩溃，并造成大量数据丢失。

2. 小规模或非恶意

非恶意或小规模的攻击本质上是偶然的攻击，或由于缺乏训练的人员的错误或操作失误造成的损害，从而导致数据丢失或系统崩溃。在这一类中，只有有限数量的系统被破坏，并且信息通常是可恢复的，并且恢复所需的成本很小。

7.2.5 基于网络类型

网络空间中的攻击可能基于不同网络类型而发生攻击。这包括对移动自组织网络（MANET）和无线传感器网络（WSN）（Lupu, 2009）的攻击。

1. 对 MANET 的攻击

1) 拜占庭式攻击

拜占庭式攻击主要发生在 MANET 上。在此，发布授权/安全性的设备或一组设备由于数据泄露而受到威胁，从而导致网络崩溃。这使得主机无法区分敌对用户和已认证用户。

2) 黑洞攻击

在计算机网络中，一个节点使用网格路由协议基于诸如最短距离（基于该协议）等多种因素来声明自己是数据传输的理想候选者。在黑洞攻击中，节点会广播其路由的可用性，而不考虑路由表上的信息。在后台攻击中，节点总是能够响应路由请求，并将其伪装成所需的节点，并在稍后丢弃数据包。在这种类型的攻击中，使用路由请求（RREQ）和路由应答（RREP）协议。

3) 洪水冲袭攻击

此类攻击实质上是在更改网络的路由方案，其中一个节点或多个节点更改、捕获或构造数据包。它们可能会形成循环环路，在其中它们有选择地丢弃、延迟或路由数据包。这会导致数据包在非最佳路径中出现不自然的延迟或路由，并会伪造路由信息。

4）拜占庭式蠕虫攻击

在拜占庭式蠕虫攻击中，犯罪者节点具有在它们之间传输数据包的能力，从而可以在网络中创建绕过所需路由的快捷方式。这类攻击非常严重，但至少需要两个受损的节点才能发生。

2. 对无线传感器网络（WSN）的攻击

无线传感器网络容易受到两种类型的攻击：加密和非加密，这两种攻击依赖于网络层。对无线传感器网络的攻击可以根据攻击的层次、方法和区域进行分类。图7.2以分类方式举例说明了网络攻击。

网络攻击名称	例子
侦察攻击	数据包分析器、端口扫描、Ping扫描、DNS（分布式网络服务）查询
访问攻击	端口信任利用、端口重定向、字典攻击、中间人攻击、社会工程攻击和钓鱼
拒绝服务	蓝精灵、SYN洪水、DNS攻击、DDOS（分布式拒绝服务）
网络犯罪	身份盗窃、信用卡欺诈
网络间谍	跟踪cookie、RAT可控
网络恐怖主义	基地组织通过网络破坏了电网，导致供水中毒
主动攻击	伪装、回复、修改信息
被动攻击	流量分析、消息内容发布
恶意攻击	震荡波病毒攻击
非恶意攻击	注册表损坏，意外删除硬盘
对MANET的攻击	拜占庭式攻击、黑洞攻击、泛滥攻击、拜占庭虫洞攻击
对WSN的攻击	应用层攻击、传输层攻击、网络层攻击、多层攻击

图 7.2 网络攻击示例

7.3 网络入侵的建模技术和范例

当联合国秘书长安托·尼奥·古特雷斯在2018年2月19日回答有关现代战争的性质和未来的问题时，他说未来的战争将在数字领域出现，网络攻击将使军事能力瘫痪并阻碍关键基础设施作用的发挥（Khalip Andrei，2018）。

对在线 Web 服务，包含高度敏感的金融和个人信息的金融交易的需求正在增加。此外，我们的网络基础设施现在已连接到更多的物联网设备，其中包括用于保护关键基础设施的大量小型硬件。这使他们更容易受到网络攻击，因此，有足够的证据证明当前存在对亚马逊、eBay、索尼和雅虎等在线服务提供商的攻击。据估计，这些攻击每年使全球经济损失约 1 万亿美元。有大量的研究人员和专家从事威胁模型分析，以估计任何计算机网络的网络入侵/攻击模型，并为未来的网络空间防御系统提供基础。防御系统实质上取决于对自身网络的了解、攻击背后的原理、攻击方法和安全漏洞。

分析师使用多种建模技术来评估网络攻击，包括但不限于以下技术：树/攻击图（Phillips 等，1998）、杀伤链（Barik 等，2016）、攻击面（Caltagirone 等，2013）、钻石模型（Lin 等，2009）、攻击向量法（Mulazzani 等，2011）和开放式 Web 应用程序安全项目（OWASP）威胁模型（Staff，2000）。

本章对其中的 3 种用于网络攻击建模的技术进行研究。

7.3.1 钻石建模

钻石建模技术是一种独特的网络攻击分析模型，犯罪者基于两个关键目标攻击系统，而不是采用指定的一系列步骤，如攻击图技术或致死链建模。钻石模型由 4 个基本部分组成，分别是"对手"（犯罪者）、"能力""基础设施"和"受害者"。对手被定义为在评估他们对抗"受害者"的"能力"后攻击受害者的单个参与者或一组参与者。

首先，犯罪者在不知道受害者的潜力的情况下发动。在评估了受害者的潜力后，犯罪者可以得出结论，他/她比受害者更有能力进行攻击或不进行攻击。钻石模型在与高级攻击者（如目前通过网络获得一定程度的指挥或管理的攻击者）对抗时至关重要。此外，犯罪者还对其指导和管理任何主机网络的技术和逻辑能力的网络基础设施进行了评估。

此外，像"阶段""时间戳""方向""方法""资源"这样的特性被赋予给定的模型以提供额外的细节。在中断期间，钻石模型在时间戳期间识别阶段，模型的元素可以在图 7.3 中找到，它显示了犯罪者根据"能力"或"基础设施"搜索攻击主机的机会。

7.3.2 杀伤链建模

图 7.4 中给出的模型采用了一种常见的入侵攻击建模技术，它将攻击解

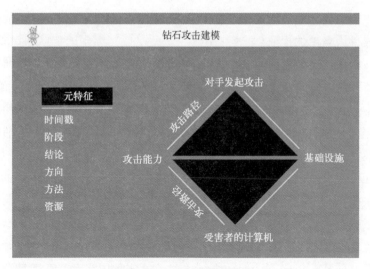

图 7.3　钻石攻击模型

释为一系列或有序的行动链。这是一种有秩序的攻击，也就是说，攻击者会跟进一系列事件，按照计划进行。美国国防部对攻击目标的杀伤链技术进行了细化，将杀伤链概括为"发现、修复、跟踪、瞄准和评估"几个阶段。"杀伤链"已被应用于包括网络安全在内的替代领域，它被用来描述对抗系统内的攻击级别。由上述分析可将"杀伤链"描述为以下七步：

图 7.4　杀伤链攻击建模

第 1 阶段探测——"侦察"：犯罪者在违规行为发生之前收集数据。数据可以从公众可访问的网络中积累。这一阶段包括目标的选择、组织细节的识别、对主机纵向立法需求的理解、信息对技术的替代、社会网络活动的评估、或邮件收件人名单的提取。

第 2 阶段武器装备——"武器化"：犯罪者创建恶意有效载荷，将其发送到受害者系统。这将有无数种配置：利用互联网服务、定制设计的恶意软件、在文档中嵌入漏洞（例如，通过 PDF 或其他格式），或水坑攻击（一种攻击范式，包括分析目标使用的网站并将其用作感染目标的辅助手段）。首先，武器化是在认识到主机情报的同时，以一种机会主义的方式进行的。

第 3 阶段分发——"传递"：攻击者使用某种通信手段将受感染的数据包传递到主机。有效载荷可能由犯罪者通过电子邮件以附件或链接的形式发送，目的是下载有效载荷。

第 4 阶段滥用——"剥削"：这一特定阶段包括剥削/滥用发生的时期。当主机将有效载荷传输到他们的系统中时，第 4 阶段启动。有效载荷将损害资产并在环境中建立立足点。在这个阶段，入侵者需要受害者的帮助，这可能是唯一可以终止进程链的阶段之一，方法是禁止下载发送的恶意数据包。

第 5 阶段建立——"安装"：这一步包括在受害者的系统上安装有效载荷。为了利用主机系统，程序包可能会自动运行，或者要求受害者来运行。

通常，恶意软件在执行过程中是分散的，从而在其能够访问的点上积累了韧性。然后，攻击者能够在不通知组织的情况下控制此应用程序。

第 6 阶段指令——"命令和控制"：在这一阶段，犯罪者通过不同的控制方法获得对受害者资源的控制权或利用目标，例如 DNS、ICMP、各种网络和网站。通过安装有效载荷，犯罪者建立一个控制和指挥通道，以便访问受害者的内部资产。在这一阶段中，犯罪者成功地控制了受害者的系统。在犯罪者的命令下使用的数据收集工具包括击键记录、密码解码、屏幕截图、登录凭证的网络检查、特权信息和文档的收集。

第 7 阶段"目标行动"：目标行动阶段包括攻击者在目标系统中同步驻留时间时用于分析数据和/或损坏 IT 资产的方法，犯罪者通过被恶意有效载荷感染的主机系统完成他们的目标，犯罪者可能通过使用在线服务器的方式从数据库中获取有价值的信息。

7.3.3 攻击图技术

攻击图是一种抽象的流程图，用于评估和绘制目标受到攻击时的攻击过程。这对于调查系统或网络上的网络威胁通常至关重要。这种建模范式源于树状结构图，它通过一个根在多个层次上产生子代。攻击图技术是发现系统漏洞（系统安全漏洞评估）的传统方法之一，它被许多人继承，并通过检查网络来开发有效的安全工具。给定的图主要由节点组成，当与特定的攻击案例交互时，其结构可能很复杂。复杂的攻击图很难建模和实现，它们可能包含数千个节点和无数条路径。这种计算上的障碍使得分析员使用攻击图来模拟本质上复杂的攻击变得非常乏味。

生成攻击图的工具和范例很多，其中包括网络攻击漏洞的拓扑分析（TVA）、网络安全规划体系结构（NETSPA）和多主机多阶段漏洞分析（MULVAL）等技术（Ezez，2019）。上面给出的技术有助于我们绘制连贯的攻击图，以确定攻击背后的原理，而不是确定攻击如何发生。攻击图的中心思想是了解攻击者进入主机网络的路径。攻击图技术有助于识别入侵以及发现系统的漏洞。为了描述攻击图的示例案例，图 7.5 展示了攻击图的一个示例，它们通常在计算机网络安全、入侵检测、法医分析、风险分析和网络防御的多个领域中很有作用。网络管理员使用攻击图来识别：

- 系统或网络的漏洞
- 行动过程和理由
- 一组可能损害行为人实现其目标的既定行动或步骤

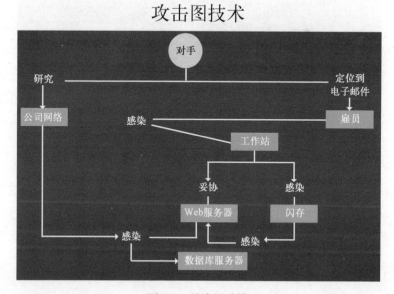

图 7.5　攻击图建模

7.4 评估支持物联网的网络攻击

7.4.1 分类评估和入侵检测

随着时间的推移，入侵检测（ID）技术和范例已得到极大改善，并且在过去几年中得到了重大发展。入侵检测系统（IDS）最初主要是为了使复杂且耗时的日志文件解析自动化而发明的，现已演变为复合的"实时应用程序"，具有监视和分析网络流量以及识别任何敌对活动的作用。IDS 能够处理高速和复合流量的网络，并提供全面的信息，而这些信息以前是不可用的，这与对基于 Web 的信息服务的关键网络威胁有关。事实证明，IDS 是所有整体计算机安全计划的重要组成部分，因为它们补充了传统的安全机制。Dennings 基于入侵检测范式（Falliere 等，2011）开发了第一个已知模型，通过该模型，在研究文献和商业领域中提出了许多 IDS。尽管在与这些系统的数据收集和检查相关的功能上有区别，但是许多功能还是取决于图 7.6 中给出的通用体系结构，该体系结构通常包含以下给定元素：

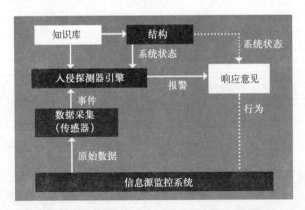

图 7.6 入侵检测系统（IDS）的基本体系结构

（1）数据采集设备的任务是从被监控的系统中收集信息。

（2）探测器（入侵检测引擎）处理从数据采集设备（传感器）获取的信息，以检测入侵活动。

（3）知识库（数据库）包含通过数据收集设备收集的，经过格式处理的数据（例如，入侵数据库以及签名、数据配置文件、已处理的信息等）。网络/网络安全专家通常可以访问这些数据库的信息。

（4）配置设备提供与 IDS 现有状态相关的数据。

（5）响应组件在检测到"入侵"时启动响应，这些响应可以是自动的，也可以是通过手动交互的。

有两种基本的方法可以用来评估发现攻击的活动，这两种方法是误用检测（MD）和异常检测（AD）。误用检测依赖于由专家以类似于知识系统的方式提供的关于检测到的攻击和系统弱点的深入信息。同时，MD 会搜索决定执行这些攻击或利用系统漏洞的攻击者。虽然 MD 在侦查已知攻击时通常非常正确，但这些技术无法识别系统知识库不知道的网络威胁。异常检测取决于对网络、系统用户和主机中显示常规连接行为的配置文件的评估。AD 通过使用大量的方法来识别常规授权的网络活动，然后使用一系列定量和定性指标将概述的常规活动的异常识别为预期异常。这里的优点是，广告可以检测未知的攻击，缺点是错误通知率很高。可以注意到，由 AD 算法识别的异常可能不是异常的实例，并且实际上是合法的但非常规的系统行为。基于 MD 的方法可分为：数据挖掘技术、基于规则的方法、基于状态转换分析的算法和签名方法；AD 算法可分为：基于统计的技术、基于规则的方法、基于距离的技术、分析方法和支持模型的方法。

入侵检测系统对检测到的攻击的反应本质上可以是主动的也可以是被动的。按照惯例，这些系统具有被动响应特性，并且实质上将事件通知组织中的首席安全官或网络管理员，而无须采取任何措施来应对攻击。这些警报的标准通知方法是通过弹出消息、显示警报或在单个位置/存储库中对结果进行分类以供仔细阅读。所涉及的警报样式可能也非常多样：某些警报可能仅包含基本详细信息，而某些警报可能包含与源 IP 地址、目标详细信息、目标端口、使用的工具以及所造成的损害有关的详细信息。很少有 ID 系统旨在通过警报触发蜂窝设备的远程通知，这些设备包括电话和寻呼机，这些设备通常由网络安全团队携带。通过电子邮件发送的警报可能不可靠，因为它们容易受到犯罪者的辅助攻击。特定的入侵检测系统（例如思科（Cisco）公司所使用的入侵检测系统）采用简单网络管理协议（SNMP）来捕获和警报消息，以将生成的警报报告给网络管理系统，网络运营人员将对其进行调查。本质上是被动的系统响应用于脱机分析。检测系统可能会针对重大事件提供本质上活跃的响应，其中包括系统的"修补"漏洞、强制用户注销、重置路由器和防火墙重新配置以及端口断开连接等各种响应。意识到攻击的速度和频率后，一个完美的系统会自动以机器速度对这些攻击做出反应，而无需任何外部帮助,例如操作员的干预。但是,这种期望实际上是不切实际的,主要是因为难以消除误报。尽管如此,IDS 仍可能提供大量活跃的响应方法,这些响应方法可以由指定人员自行决定采用,以确保网络安全。

7.4.2 基于数据挖掘技术的计算机网络攻击分析

数据挖掘范式由工具和算法组成,这些工具和算法用于将断开连接的数据源中的数据整合到一个存储库中,该存储库在数据仓库的范围内对分析非常有用。科学和工程的发展在最近的阶段已经催化并导致了大量信息的积累。我们现在遇到的数据积累迅速,数量巨大,超出了人类不使用适当工具就能理解的能力。对于像谷歌这样的科技巨头来说,目前对数据库大小的估计是 10EB,也就是 1000 万 TB。因此,近年来,数字地理信息集和多维信息的范围都在迅速扩大。所涉信息集包括各国政府和个人机构开发和传播的所有类型的数字信息,涉及气候数据、土地利用以及不可通过遥感设备和其他监测系统继承的大量数据。目前,数据挖掘技术在智能决策支持系统中的应用受到了广泛的关注。一个基于 ID 的问题可以简化为一个特定的数据挖掘案例,目的是对数据进行分类。一个例子是一种算法,其中一组数据点属于单独的类别(正常活动,对比入侵),要通过建模分离。

基于数据挖掘的网络攻击检测涉及 5 个阶段,如图 7.7 所示:①通过传感器、网络和嗅探代理以及安全设备进行系统监控和数据采集;②在本地信息存储中进行信息预处理(如清洗、过滤、规范化等);③事件关联和特征提取(例如,通过 Hadoop 分布式文件系统[HDFS]和处理大数据);④数据挖掘(降维、分类、聚类),以观察误用或异常;⑤挖掘结果的可视化和说明。

综上所述,以上步骤可以分为 3 个阶段,即处理、分析和可视化,其中处理包括前两个阶段,分析包括中间两个阶段。数据挖掘的技术和方法一直在不断变化。各种独特和本能的方法已经浮出水面,它们对数据处理理念进行了微调,从而启发公司对自己的数据和未来的技术趋势有了详细的了解。数据挖掘专家采用了大量的步骤,其中包括:

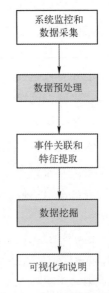

图 7.7 基于数据挖掘的网络攻击检测技术的一般步骤

(1) 识别碎片数据：此步骤取决于已经存在的数据，如果数据结果不正确，在这种情况下将达不到标准。因此，拥有检测碎片或不完整数据的能力就变得至关重要。其中一种方法是自组织地图，即 SOM，它有助于通过多维建模和复杂数据的可视化来识别丢失的数据。"多任务学习"用于省略的输入，在该输入中，使用其过程分析存在的单个有效信息与不完全的相似数据集（兼容）并行。本质上是采用智能算法来构造插补工具的多维接收器，可以用来解决信息不完整的问题。

(2) 数据库分析：数据库具有结构化组成的关键信息，因此使用 SQL 宏（归因于数据库的语言）设计的算法在有序信息中搜索隐式模式非常有优势。这种类型的算法嵌入在数据流中，例如用户定义的函数和准备引用的报告结果以及相关的分析。在高速缓存文件中拥有来自大型存储库的数据快照是一项有效的技术，因为它可以在以后进行检查。相应地，这些算法必须具有从多个不同来源获取数据并计算趋势的能力。

(3) 有效地处理关系数据和复杂数据：基于查询的交互式算法，支持所有功能类的数据仓库，包括但不限于分类、关联、聚类和估计趋势。另一种促进数据处理（本质上是交互的）的研究思路有：检查图形、基于元规则的挖掘、聚合查询、数字图像处理、交换随机化和应用数学分析。

数据挖掘工具包括 Orange、快速的矿工、Sisense、SSDT 和 Apache Mahout。

7.5 针对网络攻击的映射

在过去几年里，针对资源受限的物联网设备的攻击显著增加。物联网技术安全领域的漏洞正在不断被发现，这些技术应用于工业和家庭环境，如传感器、工业执行器、家用电器、医疗设备等。应用程序的缺陷、出现故障的硬件芯片和可篡改的设备以及错误配置，加剧了当前的状况。

本节旨在使用类似风险的方法来检查针对启用物联网设备的网络攻击，以突出显示现有的威胁状况，并隔离针对关键基础设施采取的隐藏和隐蔽攻击路径。图 7.8 显示了物联网设备启用的关键攻击向量，攻击者可以利用任何漏洞及其技能来损害设备。在利用了所有连接之后，攻击者最终将攻击关键系统的实际目标。

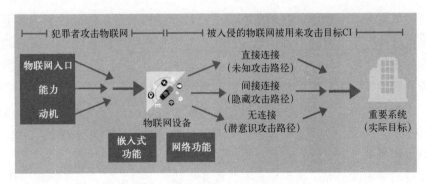

图 7.8　支持物联网的关键攻击向量

在启用物联网的网络攻击中，设备是攻击的放大器或促成器，犯罪者识别并利用与设备的一层或多层相关的固有漏洞来实现其目标。我们将物联网漏洞分为两大类：嵌入式漏洞和网络漏洞。

通过利用网络的能力，物联网设备通过不易被感知的方式获得了与不同系统连接的能力，从而促进了远程控制系统的管理。攻击者可能利用这些连接来攻击关键基础结构和相关系统。表 7.1 将目标类别与攻击者可能使用的漏洞类型进行了对比介绍。

表 7.1　物联网设备的可攻击性

物联网设备的可攻击性	漏洞类型
硬件层	• 缺乏抗篡改能力 • 弱嵌入式加密算法 • 弱化的硬件实现
软件层	• 固件层 • 操作系统 • 应用层
通信协议	• 链接和网络层协议威胁 • 应用层协议的威胁 • 网络设计缺陷
密钥管理	• 缺乏对公钥交换的支持 • 易于提取的通信密钥 • 使用通用密钥或不使用密钥

（1）直接连接［与持续集成（CI）］：在这里，物联网设备与 CI 系统之间存在直接连接。连接可以是物理的，也可以通过逻辑门连接。从本质上讲，这种直接连接产生的攻击向量很容易被发现，并且可以评估潜在影响。

（2）间接连接（与 CI）：在大多数情况下，设备没有直接连接到 CI 系统，而是以隐式/间接的方式连接，攻击是精心策划的。这种性质的攻击主要是滥用设备的通信协议，并且可能与基于直接连接的攻击具有同等影响，这主要是因为它们没有被注意，并且进一步被低估，从而阻碍了系统对它们的准备工作。

（3）没有连接（与CI）：智能物联网设备似乎没有连接，即使是间接地与CI系统连接，也很容易受到网络攻击。即使是物理意义上的接近也可能使攻击这些系统成为可能。此外，在其他场景中，主要问题是易受攻击的物联网设备的可用性和容量，这些设备可以访问Web，因此可以被攻击者利用。

7.5.1 工业系统和SCADA系统

在制造过程和工业中使用的控制系统本质上在整个过程中具有极其关键的作用，并且它们要求高可用性，这些系统可以部分或全部自动化。这些工业控制系统（ICS）通过无数的设备收集有关进程状态的数据，如今，物联网正在使这些设备变得更加高效。

监控与数据采集系统（SCADA），用于满足分布在自然界中的巨大地理区域的监控操作系统，其中包括电网的电力分配、制造过程、用于监测和控制管道的石油和天然气部门、水源供应等。增强应对这些系统的安全性的挑战是令人畏惧的，尤其是参照传统的IT基础设施时，有无数的瓶颈和漏洞存在于这些系统中。这些情况下的攻击已根据攻击表面和攻击将要影响的SCADA现场仪表进行分类。直接目标可以是连接到互联网的控制仪器，如可编程逻辑控制器（PLC）、简易爆炸装置（IED）和远程终端装置（RTU）。此外，这可以通过破坏更高级别的SCADA（如控制中心和信息技术网络）的工作空间来实现，以便将它们用作进入SCADA网络的辅助手段。考虑到使用物联网工具的IC的替代方案，犯罪者可能试图直接破坏终端设备。图7.9说明了这种类型的各种攻击向量。

因此，对SCADA系统的攻击可分为3类：

（1）对公司/IT网络、控制中心的攻击；

（2）对物联网的攻击启用了PLC、RTU、IED；

（3）对物联网设备的攻击。

2010年6月的STUXNET（Wilhoit和Kyle，2017）是工业系统遭受网络攻击的最显著例子之一。2013年，网络安全公司Trend Micro采用了基于Honeypots网络的控制系统，这些系统被部署在8个州，以收集有关对集成电路的网

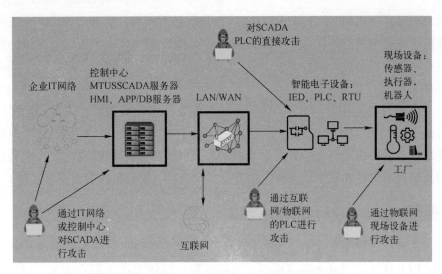

图 7.9 工业 SCADA 系统和物联网攻击的架构

络攻击信息（Skorput 等，2017）。该系统在 3 个月内监测到 74 起入侵事件，来源于 16 个州，其中 11 起被定义为严重事件。

7.5.2 运输系统

智能交通系统（ITS）（Koscher 等，2010）旨在为交通服务提供创新和先进的应用，这包括智能汽车和基础设施、铁路管理系统、智能海军舰艇以及飞机和空中交通控制管理系统。它在该领域的初期促进了发展，并提高了运输、安全、交通管理等方面的效率。但是，伴随着技术的进一步发展，运输部门对网络攻击的敏感性增加，网络攻击可能对人员和基础设施造成严重后果。欧盟网络安全局在其报告中强调，在保障智能交通网络安全方面，严重缺乏政策和监管手段。此外，在预算分配和某些运营商的意识方面缺乏兴趣加剧了该部门的受威胁指数。

在本节中，我们将在交通运输的 3 个子领域研究物联网技术引起的攻击：

（1）对智能汽车和交通控制基础设施的攻击：研究的基本论述（Miller 等，2014）强调了以破坏控制区域网络（CAN）总线为目的的过度入侵。特殊设计的指令可以传输到总线上，并且可以轻松操纵系统来控制车速表的显示、关闭发动机、触发紧急制动等。Valasek 广泛强调了 CAN 总线的这些敏感性（Leyden，2008）。因此，这种性质的入侵需要通过物理篡改来利用目标车辆，从而使其与其他支持物联网的攻击不同。

物联网对智能车辆的攻击分为 3 个部分：
① 使用通信协议；
② 使用车辆内置信息/娱乐系统；
③ 基于增强车辆物联网传感器的入侵。

（2）对铁路控制系统的攻击：在最接近的层面上，对铁路基础设施的攻击似乎不太可能，但是，存在大量的案例（Zetter 等，2019；Ezez，2019），突出显示了网络攻击在这种性质上对基础设施的破坏能力，这个子部门的攻击就使用了与智能汽车类似的攻击机制（如前所述）。

这个类别中的类型包括：
① 对铁路和相关基础设施集成电路的显式/主动攻击；
② 利用乘客数据发起的隐式/被动攻击。

（3）基于物联网的飞机攻击：飞机和交通管理系统是先进的、完善的、高度关联的系统，容易受到许多安全问题的影响。这一领域的攻击实例还包括破坏和阻碍护照管理网络的运行、对用于指导作战计划的系统实施拒绝服务攻击等。但是，这些攻击与我们在其他案例中看到的通常的物联网启用实例不符。飞机上的物联网应用被委托给通信和导航等系统，这可能能够对攻击者造成严重损害，因为他们可以通过这些系统远程访问更重要的仪器，并进一步加剧攻击的严重性。

这一部门的攻击实例包括：
① 利用无线监控网络的弱点；
② 在战斗娱乐系统中创造弱点。

7.5.3 医疗系统和物联网健康设备

物联网在生物医学和健康领域起着至关重要的作用，并已在该领域中用于各种领域行业，例如精确监控临床活动、优化患者随访过程等，这些都提高了手术的效率并改善了患者的服务质量。物联网对医疗仪器的攻击实例包括：更改或拒绝治疗、滥用仪器的功能（例如，增加 CAT 扫描中的电量、更改除颤器中的设置）、篡改手术时间表或更改库存清单。

对医疗系统的攻击可分为以下两个部分，如图 7.10 所示：
（1）对快速诊断物联网设备的攻击：利用内部医疗设备和无线医疗设备的敏感性，入侵家庭监控网络，窃取个人医疗设备的健康数据。
（2）对医院内物联网设备的攻击：利用医疗器械的漏洞，更改系统设置以造成破坏，并窃取医疗记录。

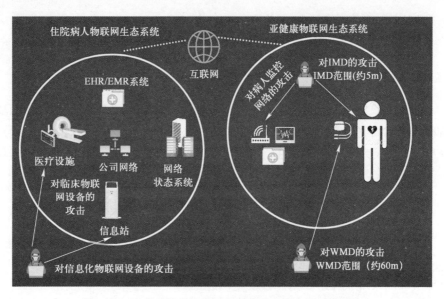

图 7.10 医疗系统和物联网健康设备中攻击向量的结构

7.6 下一步的发展和结论

当代世界对系统的依赖性越来越强，基本的公用事业现在都依赖于互联网。每一项新技术都会带来新武器研发的可能性，因此，士兵们也会为了自己的利益而使用它，这场数字革命已经在民用和军事领域蔓延开来。现在，这些武器由卫星引导，无人机由指挥中心遥控，现代战舰被改造成海量数据处理中心。在当今时代，比特和字节比炸弹和子弹更加具有破坏性。

在网络攻击上，法律和技术方面还存在并且面临着一系列挑战。对网络攻击和其他术语缺乏一个普遍认同的定义。有人积极呼吁建立一个保护体系，防止知识产权受到威胁，因为这已经给全球经济造成了数万亿美元的损失，各国之间需要采取适当的步骤，以便启动计划和政策，从而使网络攻击的犯罪者无法隐藏其行动基础和攻击来源，使他们没有藏身之处。自网络空间出现以来，参与网络空间的人数急剧增加，这也带来了新的威胁，同时更加剧了现有的威胁。这同样改变了犯罪者的能力，从而不对称地改变了制造恐怖事件的能力。现在已经采取大量以行业为导向的标准化步骤，例如工业 4.0，目的是将这种不断变化的格局纳入其中。我们相信，有了国际社会的集体决心和实现和平的愿望,我们就一定能够在现代战争中找到解决这一困境的办法。

参 考 文 献

Abdullah Saad Al Shahrani, 2011. Rushing attack in mobile ad hoc networks[C]. 2011 Third International Conference on Intelligent Networking and Collaborative Systems, Fukuoka, Japan: 752-758.

Barik Mridul, Anirban Sengupta, Chandan Mazumdar, 2016. Attack graph generation and analysis techniques[J]. Defence Science Journal, 66(6): 559.

Caltagirone Sergio, 2013. The diamond model of intrusion analysis. DTIC Document, Tech. Rep.

Ezez, 2019. Cisco. com. https://www.cisco.com/c/dam/global/tr_tr/assets/docs/SAFE_Code-Red.pdf.

Ezez, 2019. Hackers are holding San Francisco's light-rail system for ransom. The Verge. https://www.theverge.com/2016/11/27/13758412/hackers-san-francisco-light-rail-system-ransomware-cybersecurity-muni.

Ezez, 2019. Medical devices hit by ransomware for the frst time in US hospitals. Forbes. com. https://www.forbes.com/sites/thomasbrewster/2017/05/17/wannacry-ransomware-hit-real-medical-devices/.

Ezez, 2019. Blog: 10 mind-boggling fgures that describe the Internet of Things (IoT), Cleo. https://www.cleo.com/blog/Internet-of-things-by-the-numbers.

Falliere N L, Murchu O, Chien E, 2011. W32. stuxnetdossier[J]. White Paper, Symantec Corp., Security Response, vol. 5.

International Law Commission, 2001. Draft articles on responsibility of states for internationally wrongful acts. Supplement No. 10 (A/56/10), chp. IV. E. 1. https://www.refworld.org/docid/3ddb8f804.html[2019.07.04 收].

Karl Koscher, Alexei Czeskis, Franziska Roesner, et al., 2010. Experimental security analysis of a modern automobile[C]. 2010 IEEE Symposium on Security and Privacy, The Claremont Resort, Oakland, California, USA: 447-462.

Khalip Andrei, 2018. U.N. chief urges global rules for cyber warfare. https://www.reuters.com/article/us-un-guterres-cyber/u-n-chief-urges-global-rules-for-cyber-warfare-idUSKCN1G31Q4.

Leyden J, 2008. Polish teen derails tram after hacking train network. The Register: 11.

Lin Xiaoli, Zavarsky P, Ron Ruhl, et al., 2009. Threat modeling for CSRF attacks[C]. 2009 International Conference on Computational Science and Engineering, Vancouver, BC, Canada:

79-86.

Lupu Teodor-Grigore, 2009. Main types of attacks in wireless sensor networks [J]. Recent Advances in Signals and Systems, pp. 180-185.

Manadhata Pratyusa K, Jeannette M Wing, 2011. An attack surface metric [J]. IEEE Transactions on Software Engineering, 37 (3), pp. 371-386.

Miller Charlie, Chris Valasek, 2014. A survey of remote automotive attack surfaces. Comprehensive Information, Technical White Paper, Black Hat USA.

Mishra Bimal Kumar, Hemraj Saini, 2009. Cyber attack classifcation using game theoretic weighted metrics approach [J]. World Applied Sciences Journal, 7: 206-215.

Mohammad M Shurman, Seong-Moo Yoo, Seungjin Park. 2004. Black hole attack in mobile ad hoc networks [C]. Proceedings of the 42nd Annual Southeast Regional Conference, Huntsville, Alabama, USA: 96-97.

Mulazzani Martin, Sebastian Schrittwieser, Manuel Leithner, et al., 2011. Dark clouds on the horizon: Using cloud storage as attack vector and online slack space [C]. USENIX Security Symposium, San Francisco, CA.

Phillips Cynthia, Laura Painton Swiler, 1998. A graph-based system for network-vulnerability analysis [C]. Proceedings of the Workshop on New Security Paradigms, Charlottesville, New York, USA: 71-79.

Publication J, 2000. Joint tactics, techniques, and procedures for joint intelligence preparation of the battlespace [M]. Joint Publication 2-01.1. USA.

Razzaq, Mirza Abdur, Muhammad Asif Qureshi, Gill Sajid Habib, et al., 2017. Security issues in the Internet of Things (IoT): A comprehensive study [J]. International Journal Of Advanced Computer Science And Applications, 8 (6): 359-369.

Schmitt Michael N, 2013. Tallinn manual on the international law applicable to cyber warfare [M]. 1st edition, Cambridge, UK: Cambridge University Press.

Skorput Pero, Hrvoje Vojvodic, Sadko Mandzuka, 2017. Cyber security in cooperative intelligent transportation systems [C]. 2017 International Symposium ELMAR. Zadar, Croatia.

Wilhoit Kyle, 2017. The SCADA that didn't cry wolf. A Trend Micro Research Paper. https://www.trendmicro.de/cloud-content/us/pdfs/security-intelligence/white-papers/wp-thescada-that-didnt-cry-wolf.pdf.

Zetter Kim, 2019. Hackers breached railway network, disrupted service. WIRED. https://www.wired.com/2012/01/railyway-hack/.

第8章 物联网技术的网络攻击分析和安全性特性综述

Joy Chatterjee, Atanu Das, Sayon Ghosh, Manab Kumar Das, Rajib Bag

8.1 简介

如今，几乎在任何地方，不同的设备、传感器、嵌入式软件等要素要么连接起来互相通信，要么负责通过某个网关互相访问，并提供通过智能手机或计算机访问这些设备的设施。这个被称为"物联网"的新事物是一个重要的研究课题。物联网提供智能服务，为人类创造一个新的先进世界（Yan 等，2014），物联网术语中的"物"集成了不同类型的设备，即传感器，它监控和收集来自人类活动系统上的异构数据（Alaba 等，2017）。物联网的主要目标是通过维护一些通信协议和一些嵌入式软件来为设施提供服务，以创建网络基础设施，从而允许物理传感器、个人计算机或智能设备（如平板电脑和智能手机）等的使用。物联网的重要性在于将各种传感器（即物联网设备）和小工具连接起来，以便在各种各样的网络中，在没有人为干预的情况下进行相互作用。这些设备不仅相互连接，还可以相互通信以交换信息和关联决策（Al-Fuqaha 等，2015）。在物联网的概念中，这些设备是从远处访问的，这就是为什么概念中，不同类型的物联网设备将来自不同来源的数据作为输入，然后完成感知并通过网络传输这些输入数据而无须任何人工干预完成决策的原因。物联网定义了嵌入式系统，它能够与不同类型的物联网设备在不同的智能自动化系统中与用户进行交互（Mendez Mena 等，2018）。随着物联网的快速发展，我们传统的、经常使用的设备变成了普通的家居用品（Jing 等，2014）。物联网的概念可应用于智能自动化系统的不同领域，如家庭自动化系统、健康监测、智能交通系统、监控和天气预报。对安全问题、威胁和不同类型的攻击进行分类是物联网面临的几个主要挑战（图 8.1）。

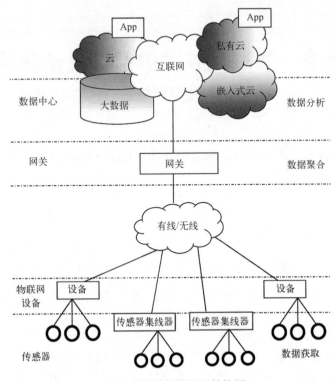

图 8.1 物联网数据流结构图

8.1.1 物联网设备

不同类型的硬件组件允许创建支持物联网系统的数字世界。家用电器、智能车辆和建筑物、医疗器械等都可以称为智能物品（Abomhara 等，2015）。各种传感器（例如湿度、温度、水分、重量、压力、射频识别（RFID）等）通过从物理环境收集信息，在物联网系统中发挥重要作用。这些传感器不是单独工作的，它们通过一些网关（如 Arduino、Raspberry Pi 等）创建网络进行通信。一个物联网设备通过维护某些协议，在其他组件的帮助下与另一个物联网设备通信（图 8.2）。物联网设备的分类取决于其大小和是否连接。安全机制、内存和电源管理以及计算性能是物联网实现概念中的主要挑战。

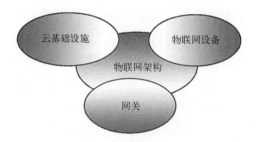

图 8.2 物联网架构组成

8.1.2 云基础设施

云计算的基础设施对物联网革命起着重要作用。物联网产生大数据,这些数据被任何物联网传感器(设备)作为物理环境的感知输入,并存储在云服务器中进行进一步处理,通过智能手机或个人计算机(PC)输出。良好的云基础设施有助于通过专用连接或互联网进行数据传输。

8.1.3 网关

物联网网关的重要作用是将信息从物联网设备转移到云端,或者从云端转移到物联网设备(图 8.3)。它是控制器和云之间连接点的硬件或软件,它集成了物联网协议,并为边缘设备和云之间的数据流提供安全设施,为物联网网络和双向数据传输提供额外的安全性。不同类型攻击的概念与网关的概念相关联,因此这里介绍了不同攻击类型的安全应对。

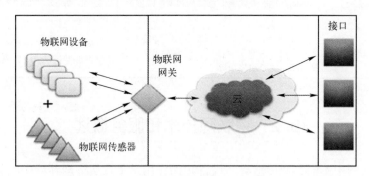

图 8.3 构建物联网架构的组件关联图

8.1.4 物联网架构

物联网体系结构支持异构设备之间通过互联网进行连接(Vithya Vijayalakshmi 等，2016），该体系结构基于 3 层概念：应用层、网络层和感知层。

1. 应用层

指定体系结构中的应用程序层在各个领域提供了不同类型的解决方案。但是物联网层存在一些安全问题，这在物联网架构中导致了重大问题。该层负责解决安全性问题或隐私保护以及身份验证。对于物联网研究领域而言，数据安全防护研究是一项非常具有挑战性的任务。

2. 网络层

网络层负责在物联网网络上传输数据期间提供安全保证。在这一层中，数据可以通过任何非导向介质路由进行传输，当传感数据通过网络传输时，这一层会涉及一个重要的安全问题。各种类型的攻击，如中间人攻击和拒绝服务（DoS）攻击，当它们通过网络传输/路由时，会阻碍真正的数据。

3. 感知层

感知层在从不同的传感设备收集信息方面起着重要的作用。这些传感设备与微型芯片相连，用于无线数据传输。此外，一些常见的攻击也与此层物联网架构相关，如拒绝服务攻击和节点攻击（表 8.1）。

表 8.1 物联网体系结构不同层次的安全描述和协议

物联网层级名称	安全描述	使用的协议
应用层	Web 浏览（如 TLS/SSL）的安全性，以及为通信设备提供用户身份验证的安全性	约束应用协议（CoAP）、XMPP、MQTT、AMQP 等
网络层	不同类型的互联网信息安全和 Wi-Fi 安全	不同类型的路由协议，如信道感知路由协议（CARP）、RPL、CORPL 等
感知层	RFID 和 GPS 的安全性以及无线传感器网络对不同应用的安全性，如智慧城市、智慧家居和工厂自动化系统	主要负责通过不同类型的传感器从物理世界获取或收集数据

8.2 物联网技术和服务概述

物联网中不同类型传感器（设备）的作用是负责从物理环境中收集信息。工业应用、智慧家居应用系统、医疗保健等都是通过使用各种传感器来实现的。有些传感器不能单独工作，而是借助于继电器和伺服电机等其他物联网设备（例如执行器）工作。

8.2.1 各种物联网应用中使用的传感器

不同传感器及其在物联网中的应用见表 8.2。

表 8.2 不同传感器及其在物联网中的应用

传感器名称	描述	应用
温度传感器	用于检测任何来源的温度变化,并测量能量变化以转换为数字数据	工业制造过程、环境控制等
距离传感器	用于检测附近是否存在任何元素,并产生一个易于理解的信号	智能停车场、零售业
压力传感器	用于检测压力变化并产生电信号	制造工艺、水管理系统
水质量传感器	用于检测供水分配系统中不同类型的颗粒,以测量水的质量	检查住宅或工业用水的水质
化学传感器	指示液体或化学物质组成相对于空气的变化	涂料、塑料、橡胶工业的工业环境监测和有害化学检测
气体传感器	用于检查空气质量和识别不同类型气体的存在	石油和天然气工业,实验室研究,制药和石化工业
烟雾传感器	用于感应烟雾,例如空气中的悬浮粒子及其水平	制造业和多仓储建筑
红外传感器	通过红外辐射探测附近物体的某些特征	不同类型的物联网项目,也用于医疗监测系统项目
图像传感器	用于将图像转换为数字信号进行进一步处理	图像传感器与广泛的物联网设备连接,如智能汽车制造业
运动检测传感器	用于观察特定区域内任何物体的所有物理运动,并将其转换为电信号	家居自动化自动门控制、收费广场,自动停车系统,能源管理系统等
湿度传感器	用于感知大气中水蒸气的数量并将其转换为电信号	天气预报或工农业领域的不同物联网项目
光学传感器	测量光线的各项物理量	航空航天和其他工业环境监测

8.2.2 物联网的应用

物联网对人们生活和工作的智能化起着重要的作用。物联网为企业实施自动化系统提供了一场新的革命,它减少了人类的努力和危险。作为各种物联网设备的基础,从不同来源收集了大量数据,这些数据经过处理后,可以在没有人为干预的情况下做出准确的决定。物联网已经成为各行各业中最重要的技术,包括制造业、零售业、金融业、医疗保健业和库存管理。物联网甚至被引入到我们的日常生活中,监控我们的住所、城市、车辆等(图 8.4)。它也减少了浪费和能源消耗,这项技术也被用于农业,以提高农业化生产水平。

图 8.4 物联网应用和设备

1. 智慧家居自动化系统

有了智慧家居自动化，人们可以在到家前打开空调或电灯，或者在离开家后关闭电灯；有时，物联网的概念也适用于锁定和解锁家门。智慧家居自动化系统的概念可以使人类的生活方式像智能手机一样更轻松。

2. 智能汽车

物联网也适用于优化汽车内部功能。它能够利用不同类型的传感器优化汽车的内部操作，并负责维护车辆以及使乘客感到舒适。一些主要的汽车品牌，如宝马和特斯拉，正在利用这项技术在汽车领域进行新的革命。

3. 物联网在工业领域的应用

在工业领域，物联网通过提供传感器、软件、数据分析等，在工业工程中创造了一种智能机器。通过人工监控一个大工业的所有事情是不可能的，因此物联网解决这个问题对工业工程是非常有帮助的。

4. 智慧城市中的物联网

监控、交通拥堵控制、供水等都是智慧城市的热门应用。物联网的概念可以应用于不同的领域，使城市智能化，从而为居民提供更好的生活。作为这类应用的一个例子，传感器可以安装在城市的不同地方，用来收集停车位可用性的数据。

5. 农业物联网

随着人口的不断增长，对粮食供应方面的需求增加，使得物联网在农业领域变得越来越受欢迎。政府试图通过提供先进技术设施来帮助农民，其中大部分都是通过物联网的概念实现的。物联网领域最受欢迎的增长领域是智慧农业。通过这项技术，农民可以很容易地获得土壤湿度、天气预报等报告，从而获得更好的投资回报。

6. 健康监控中的物联网

物联网的概念也适用于健康监控和智慧医疗设备。在这个概念中，各种传感器设备与人体感觉/读取数据连接，如脉搏率、代谢率等。收集和分析从医疗设备生成的个人信息在监控健康状况方面发挥着重要作用。

7. 智能零售中的物联网

物联网在零售商店也很受欢迎。零售商能够从顾客那里得到有价值的反馈，并与他们以及批发商建立联系。智能手机结合物联网方法是零售商和消费者之间的沟通方式。零售商也可以跟踪消费者的行为，提供更好的服务和优惠的产品。

8.3 物联网设备的漏洞、攻击和安全威胁

威胁和不同类型的攻击对于任何类型的物联网来说都不是什么新鲜事。当敏感信息通过网络传输时，威胁和攻击是物联网安全的主要问题。有时，由于这些类型的威胁和攻击，入侵者可能拦截某人的个人信息，个人的隐私和秘密可能会因此而丢失。

8.3.1 物联网的安全威胁

大多数威胁利用了系统的漏洞（Brauch，2011）。这些威胁可以分为两类：一类是自然威胁，如地震、飓风、食品等。针对自然威胁，可以采取一些预防措施（后备和应急计划），但没有人能阻止它们的发生。另一类是来自人类的威胁，我们可以尝试预防（Abomhara 等，2015）。在物联网体系结构中，不同类型的协议被引入不同的层来防止这些威胁，这些威胁会直接影响物联网的安全。

8.3.2 网络安全挑战

网络空间包括信息技术（IT）网络、计算机移动设备和各种智能设备。由于网络是无限的，它不受地理边界的限制。安全问题的出现也与网络的增加成正比。互联网的广泛使用使网络空间变得脆弱，保护信息通信技术基础设施和网络基础设施是一项重大挑战。由于数字化，人们接触越来越多的电子服务，如电子商务和电子政务，这引发了对伪造个人数据的担忧。

1. 智能设备的快速变化

各种新产品日益推出，各项新业务迅速发展，创造了广阔的市场空间。这些产品采用新技术进行市场拓展和业务拓展。有时，这些变化会导致一个组织的网络安全变得非常复杂，而这可能会是非常有害的。

1）网络

在物联网体系结构中，不同的设备通过小型网络与大型网络相关联。移动计算与大型网络的融合增加了数据遭受黑客攻击的可能性。在物联网系统中，一个易受攻击的设备可以控制或引导任何时候从任何地方连接到单个网络中的其他设备，这可能是一个重大的网络攻击问题。物联网设备有望为用户提供更好的服务，但攻击会中断和降低性能，数据将不安全。网络为犯罪分子提供了一个机会，当数据通过数十亿个设备路由时，他们就可以获取有价值的信息。

2）恶意移动应用程序

如今，不同类型的应用程序是智能移动设备的亮点，这些都是智能手机革命的组成部分。当用户访问他们的智能设备时，个人数据可能会被恶意应用程序或恶意软件窃取。因此，保护设备不受未经授权的访问是非常具有必要和具有挑战性的。

2. 数据隐私问题

大多数智能设备（如笔记本电脑、智能手机、平板电脑）都包含用户的个人信息，这些设备还保存着不同类型的敏感信息，如银行信息和用户日常生活细节。为了保护数据隐私，大多数用户不愿意使用第三方应用程序共享这些信息，这个情况也适用于物联网系统。物联网设备从物理环境中收集各种信息，为用户提供具有价值且敏感的服务。在物联网中，引入了不同类型的数据隐私技术（例如数据加密、速记）来保护这些信息。

3. 带宽的利用

数以百万计的传感设备通过一个服务器相互通信以进行数据传输。在单台服务器上，由于业务拥塞，数据会被加载，因此丢失数据的可能性会增加，这也是数据安全的一个主要问题。为了克服这一问题，大多数设备（如传感器、执行器）采用未加密的专用链路进行数据通信。

4. 云安全问题

物联网概念基于云计算，为各种不同的设备提供了相互通信的平台，因此云安全可能会出现不同类型的挑战。云安全在物联网中至关重要，因为所有敏感信息的安全都与之相关。在这里,云服务器的垃圾邮件会增加风险。

8.3.3 物联网攻击

在物联网中,数以百万计的物理设备通过网络与其他设备(如软件、传感器和执行器)进行通信。安全性是通信的主要问题之一,各种类型攻击的可能性与日俱增。物联网系统中引入了不同类型的攻击。其中一些攻击对每个人都很常见,比如中间人攻击、嗅探器、IP 欺骗、DoS 攻击、恶意软件等。网络拓扑中还存在一些其他的攻击,如天坑攻击、虫洞攻击和黑洞攻击(Sharma 等,2017),其中大多数攻击会导致用户失去隐私和精神痛苦(Abdul-Ghani 等,2018)。

1. 不同物联网攻击的影响

物联网中的各种攻击及其描述见表 8.3。

表 8.3 物联网中的各种攻击及其描述

攻击名称	说明
中间人	在此攻击中,任何恶意或不知名的人都会在发送方和接收方的对话之间插入自己的位置,并尝试访问有价值的信息
嗅探器攻击	这是一个在网络移动过程中捕获数据包的应用程序。它可以被用来入侵任何特定的网络,以获取敏感信息,如账户细节和密码。如果数据包没有以适当的方式加密,攻击者首先捕获数据包,然后很容易地破解数据包
IP 欺骗	这种技术基于互联网协议(IP),其中设备通过唯一的数字进行互联和识别。它被用来劫持用户浏览器,通过使用伪造的源 IP 地址修改数据包
DoS 攻击	在这种攻击中,未经授权的人阻止合法用户访问任何特定的设备。这种攻击的概念是基于从不同来源接收大量数据包时的传入流量
恶意软件攻击	恶意软件就是在用户(受害者)的系统上执行不同的活动,而用户对此一无所知。这种类型的攻击非常有害,可以损坏任何系统。一些流行的恶意软件是勒索软件和间谍软件
天坑攻击	在天坑攻击中,任何恶意节点(系统)在数据传输过程中都可能攻击任何邻居节点,因此被攻击节点的吞吐量会逐渐下降。这种攻击与另一种攻击结合起来会造成更大的伤害
虫洞攻击	当至少两个系统以不同的频率直接通信时,就会发生这种攻击。在这个概念中,节点没有按照正确的路径进行数据路由
黑洞攻击	在这里,一个恶意节点从另一个节点接收数据包进行路由,但它会丢弃该数据包本身。它与任何其他攻击结合在一起是非常有害的

2. 物联网架构中不同层的不同攻击

与物联网架构相关的不同攻击的图示,见图 8.5。

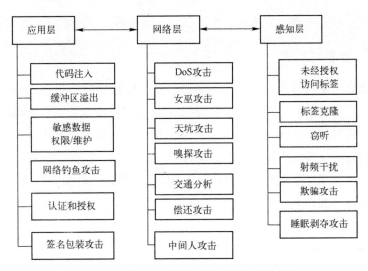

图 8.5 与物联网架构相关的不同攻击的图示

8.4 各种解决网络安全和物联网攻击技术的比较研究

许多物联网框架上的算法和技术被开发出来,以使安全问题最小化。物联网设备的重大安全问题已成为一个重要的研究课题。在数据传输和通信中,隐私和安全问题被结合在一起进行研究和考虑。下面,我们举例说明过去几年研究者们所做的一些主要研究工作(表 8.4)。

表 8.4 物联网面临的问题和挑战

参考文献	重点或讨论领域	问题和挑战
Xu Xiaohui,2013	无线传感器网络的安全问题和数据感知与处理过程中的安全问题	(1) 伪造攻击; (2) 恶意程序攻击
Arbia Riahi Sfar 等,2018	讨论了物联网安全挑战的分类和最佳解决方案,还讨论了物联网的认知和系统方法	(1) 敌对地区中的智能物体可能面临物理攻击的风险; (2) 在大量的协议和算法中提供了足够的努力
Subho Shankar Basu 等,2015	安全挑战包括网络连接、设备的移动性、对象的寻址和授权、异构性、时空服务以及资源和信息交换的规则	(1) DoS; (2) 欺骗; (3) 篡改; (4) 否定; (5) 隐私的用户; (6) 偿还攻击等

续表

参考文献	重点或讨论领域	问题和挑战
Qiang Chen 等，2013	无线安全、传输安全、RFID 标签安全、隐私保护、信息安全	（1）射频识别； （2）RFID 安全问题； （3）无线电信号攻击； （4）信息安全与隐私
Jorge Granjal 等，2015	讨论了物理、网络、应用程序和 MAC 层安全通信	（1）IEEE 通信标准； （2）RPL、6LoWPAN 和 CoAP 中的安全性
Surapon Kraijak 等，2015	关注物联网协议、架构和安全问题	（1）窃听和 DDoS 攻击； （2）物联网和存储设备的隐私
Raja Benabdessalem 等，2014	物联网的各种隐私和地址	（1）包括个人数据的真实性、授权、完整性和隐私性； （2）攻击者发送恶意程序来篡改其资源
Mahmud Hossain 等，2015	讨论了与硬件、软件和网络相关的安全约束	（1）计算和节能，内存和嵌入式软件约束； （2）移动性和可伸缩性（如果设备数量增加）
Glenn A. Fink 等，2015	物联网在维护标准、安全和隐私以及不同类型的漏洞方面的社会影响	（1）犯罪； （2）数据隐私； （3）协议； （4）网络战争
Qi Jing 等，2014	讨论安全问题和跨层异构集成	（1）统一编码、信任管理和冲突； （2）低存储空间和低处理能力
Ahmad W. Atamli 等，2014	解释了有关信息收集和数据传输问题的安全和隐私问题	（1）RFID 收集的数据； （2）无线传输中的数据异常； （3）物联网中的设备寻址以及 RFID 读取，写入和传输数据中的问题
Jiang Du 和 ShiWei Chao，2010	讨论了机器对机器的信息安全	（1）前端执行器和传感器； （2）网络支持； （3）IT 系统支持
Vaishnavi J. Deshpande 和 Dr. Rajeshkumar Sambhe，2014	重点关注网络安全和网络犯罪方面及其最新趋势	（1）高级持续威胁； （2）云计算及其服务； （3）入侵企图和网络骚扰
Ravi Sharma，2012	从节约基础设施和信息的角度关注国家网络安全	（1）个人数据是社交媒体网络攻击的主要目标领域； （2）储存于政府网站的资料； （3）数字交易

物联网的发展可分为信息感知、人工智能开发和智能解释。Xu XiaoHui（2013）讨论了感知层的几个问题，阐述了物联网涉及的技术。伪造攻击和恶意程序攻击是与传感器网络相关的一些安全问题。数字认证是保证通信过程中不同对象之间的隐私和安全的关键技术。

Arbia Riahi Sfar 等（2018）讨论了物联网中安全和隐私挑战的分类以及

最佳解决方案，讨论了数据访问控制的关键解决方案。

Subho Shankar-Basu 等（2015）讨论了与物联网应用相关的设计问题，即，异构性、设备移动性、网络连接性、对象识别、资源和信息交换规则及其安全问题。常见的威胁，如篡改、DDoS、信息完整性和用户隐私是讨论的主要领域。为了解决上述问题，提出了一个研究框架。

Chen Qiang 等（2013）讨论了无线传输安全、RFID 标签安全和信息安全等几个安全问题，并对现有的网络安全工作进行了研究，处理从物联网设备收集的大量数据并提供安全性和可靠性是主要关注的问题，实现了一种新的物联网安全措施。

Jorge Granjal 等（2015）解释了不同的协议来加强物联网的安全问题。这些协议被合并以增加不同网络层的安全问题。

Surapon Kraijak 等（2015）关注物联网协议、体系结构和安全问题。物联网的体系结构按应用划分为 5 个层次，还对物联网安全和认证策略的差异以及物联网未来的发展趋势进行了清晰的描述。

Raja Benabdessalem 等（2014）探索了各种解决物联网安全性和隐私的方法，讨论了各种威胁，例如 DDoS 攻击和窃听。密码算法用于解决物联网设备之间数据通信期间的安全性问题，诸如授权、身份验证、机密性、数据安全性和保护等安全性方面必须在物联网中占主导地位。

Mahmud Hossain 等（2015）对物联网安全挑战进行了深入研究，对不同应用程序的安全挑战进行了分析，解释了物联网中的关键隐私问题和缓解过程，介绍了物联网体系结构、协议和连接节点之间的互操作性，对不同的物联网设备、控制器和传感器网桥进行了分析，找出了相关的安全问题。

Glenn A. Fink 等（2015）描述了物联网在维护标准、安全和隐私以及不同类型的漏洞方面的社会影响，讨论了网络犯罪、网络福利、社会和监管问题等，阐述了不同类型的漏洞和弥补这些漏洞的解决办法。

Qi Jing 等（2014）从安全问题和跨层异构集成的角度分析了物联网的每一层，提出了 RFID、RFID 传感器网络（RSN）和无线传感器网络（WSN）的安全解决方案，分析了求解给定解的特征所涉及的技术，最终驱动了一个整体物联网安全架构。

三大因素（恶意程序、外部对手和不良制造商）会给物联网设备的通信和传输带来风险。Ahmad W. Atamli 等（2014）讨论了构建安全物联网的要求，分析和讨论了物联网设备、RFID 和传感器的各种安全问题，重点讨论了确保用户信息交换隐私性和完整性的认证问题。

Zhao Kai 等（2013）提到了物联网安全的几个方面，并在各个层面详细说明了隐私方面的答案，阐述了应用层的一些主要问题，如身份认证、软件漏洞、数据隐私等。

Rwan Mahmoud 等（2015）分析了每层物联网的安全问题，对技术和安全问题给予了更多的重视，分析了无线通信的低能耗和可扩展性，讨论了感知层的各种安全挑战，如节点捕获攻击和重放攻击，还讨论了与网络层有关的一些攻击，如中间人攻击。

Emmanouil Vasilomanolaki 等（2015）讨论并分析了物联网的不同架构，研究了异质性、受控资源和可扩展性等显著特征，比较了与不同物联网架构相关的隐私和安全方面，如信任、完整性和身份以及网络安全，并描述了其优缺点。

Hui-Suo 等（2012）关注各种安全问题，比较了物联网的研究进展。在物联网的各个层次，讨论了安全架构和特性，对每一级的安全要求也进行了详细介绍，对物联网中几个关键挑战的研究方向进行了综述。

Gupreet-Singh-Matharu 等（2014）描述了物联网的分层架构和挑战，如互操作性、可靠连接、隐私和安全性、标准化、身份管理和加密技术的选择，讨论了物联网体系结构不同层次的安全问题，还提出了减少安全问题和漏洞的不同战略。

认证、授权、恶意软件检测、信息恢复和安全是物联网研究的重要课题。Zhi Kai Zhang 等（2014）强调了与物联网相关的主要问题，如对象识别、信息完整性和授权，他们还研究了恶意软件和轻量级密码系统，数据匿名被用来揭示收集到的数据的隐私。

Eleonora Borgia（2014）指出，技术的快速改进导致研究人员在任何物联网应用中维护隐私和安全方面面临的主要挑战，他们详细阐述了物联网应用中的传感、识别和通信等主要技术，并从安全和隐私方面识别物联网应用场景，介绍了物联网的基本结构和特点，为解决不同的挑战指明了方向。

物联网协议和通信安全是 Sye-Loong-Keoh 等（2014）的主要研究内容。他们讨论了基于认证、NoSec、原始公钥和预共享密钥 4 种模式的物联网的构建。为了实现物联网设备的安全性，数据报传输层安全性（DTLS）的部署被认为是主要的安全系统。

Omar Said 等（2013）提出了物联网数据库及其架构的概念，还讨论了物联网的未来前景，他们提出了支持物联网数据库概念的三层和五层体系结构以及其他特殊用途的体系结构，分析了物联网面临的各种挑战、严重问题以及未来研究目标。

为了分析 IoT 现有的安全体系，Jiang Du 和 ShiWei Chao（2010）提出了 3 种方法，网络、前端传感器和 IT 系统是 M2M 结构中的安全问题，描述了数据完整性和隐私、用户身份验证和通信安全方面的安全标准，分析了物联网系统的隐私和信任问题。

Vaishnavi J. Deshpande 和 Rajeshkumar Sambhe 博士（2012）重点关注网络安全和网络犯罪方面以及最近的趋势，讨论了与数据通信有关的不同威胁，重点讨论了网络安全解决方案、道德规范以及彻底改变网络安全的概述。

Ravi Sharma（2014）的研究主要关注国家网络安全，包括基础设施和信息的保存。

8.5　用于解决物联网数据隐私和访问隐私问题的不同技术

物联网数据隐私和访问隐私见图 8.6。

8.5.1　数据隐私

数据保密的重要技术可以分为基于匿名的隐私、传统的加密技术和轻量级公密原语。基于匿名的隐私包括 k-匿名、t-贴近度和 l-多样性，以确保数据的隐私性和保护性。轻量级公密原语包括非对称算法和对称算法、哈希函数和伪随机生成器。这些技术革新了数据隐私，引入了分组密码和序列密码。

1. 基于匿名的隐私

大量网络技术和数据存储机制的发展使得信息的存储和共享变得更加容易。为了从集中式或分布式环境中访问信息以进行知识发现，我们使用了数据挖掘技术。因此，隐私保护是保护公共部门或政府部门数据库中存储的个人数据的主要关注点，并传递正确的数据，而不是削弱隐私。

匿名化方法实际上是将数据与一组大数据进行无差别的识别。在一个大型数据集中，属性可以被分类为唯一的标识符，这些标识符标识单个敏感属性，包括必须保护的个人信息。准标识符连接到外部数据集，主要作用是识别单个数据的属性（Dhanalakshmi 等）。

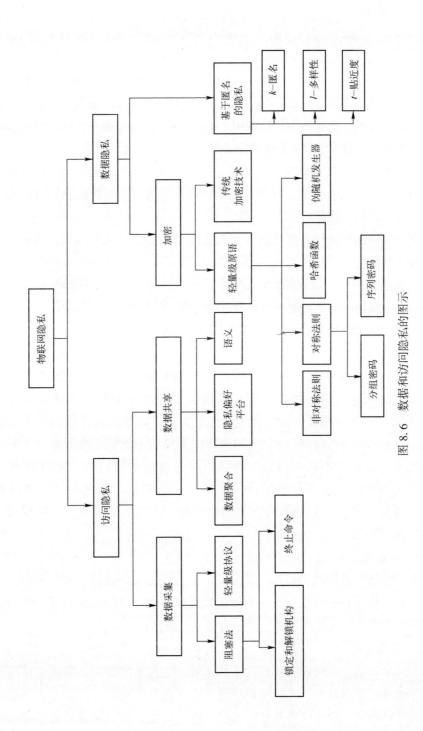

图 8.6 数据和访问隐私的图示

1) k-匿名

Sweeney（2002）提出了使用 k-匿名模型进行群组匿名化以解决个人隐私保护问题。此模型提供了 k-匿名保护，即，收集的数据集中存在的任何数据必须与最少 $k-1$ 个人相同。因此，k 个匿名数据集中的准标识符的每个数据集合都必须与最小的 k 条记录匹配。因此，k 匿名模型可以确保外部链接攻击无法识别私有数据，泛化和抑制技术用于 k-匿名性。泛化是将实际数据集转换为扰动数据集的技术，将实际数据转换为广义数据。为了使表示的粒度最小，将记录广义到一定的范围内。泛化由分类树表示。节点的值可以由存在于其自身或父节点之间的路径中的节点进行转换。当前应用于数值属性的技术也可以区分为区间值的片段。

在使用数据集进行分析之前，抑制技术会完全删除属性的值。这些技术可以应用到数据集的任何地方。对于全局应用程序，对数据集的所有对象执行相同类型的转换。对于本地应用程序，转换是针对数据集的特定对象进行的。这种转换后的信息可能在一定程度上导致信息异常。

2) l-多样性

Machanavajjhala 等（2007）讨论了 k-匿名对同质性攻击和后台攻击的脆弱性。为了解决这一问题，提出了 l-多样性方法。该方法主要是保持非常有价值属性的多样性。如果有价值的属性有最少的充分说明的信息，那么一个同余类就包含这种多样性。区别、熵和递归是这一技术的不同应用。不同的 l-多样性在每个同余类中必须有 l 个不同的信息。在熵的多样性中，必须有不同的信息，而且值的分布也是均匀的。递归 l-多样性确保最频繁的信息不会出现得太频繁。N. Li 等指出了这种技术的一些缺点，该方法容易受到偏态攻击和相似攻击，在某些情况下，这种技术无法保持属性公开。

3) t-贴近度

为了增强 l-多样性的概念，提出了 t-贴近度技术。该技术的关键概念是同余类必须具有 t-贴近度，类中有价值属性的分散之间的空间必须与它们在整个数据集中的属性分散相邻，并且必须小于阈值 t。

2. 分组密码

在这个时代，不同智能对象的不同来源产生大量的数据，以最小化能源利用，提高性能和效率。各种密码原语在保护隐私方面效率低下。在密码学中，有一种最突出的算法是对特定的位元数（即块）进行运算，通过对称密钥将其转换成相同长度的密码文本。该算法是构建多个密码协议的基本组成部分，通常用于批量数据的加密。为了使通信更加安全，轻量级块密码在20世纪90年代末被实现。该方法由两种加密和解密算法组成，分别用 E 和 D 表示。这些算法需要两个输入，一个长度为 $n$bit 的块和一个长度为 $k$bit 的对称密钥，两者都能生成 $n$bit 的结果块。解密算法被视为加密的反向过程，加密函数在分组密码中指定，即

$$E_K(P) := E(K,P) : \{0,1\}^k \times \{0,1\}^n \to \{0,1\}^n$$
$$D_K(C) := D(K,C) : \{0,1\}^k \times \{0,1\}^n \to \{0,1\}^n$$

这里，输入的是范围为 $k$bit 的密钥 K 和范围为 $n$bit 的字符串 P，它们产生范围为 n bit 的字符串 C，P 和 C 分别称为原始文本和密文。对于单个 K 值，$E_K(P)$ 函数需要在 $\{0,1\}^n$ 上进行反向映射，解密功能可以做如下解释：

现在，考虑 K 和 C 以获得原始值 P，即

$$\forall K : D_K(E_K(P)) = P$$

先前对块密码的研究得出了物联网的各种原语，包括 TEA/XTEA、PRESENT、LBlock、Speck、mCRYPTON、CLEFIA、KTANTAN、led、KATAN、PRINT Cipher、KLEIN、SEA、CLEFIA、Simon 和 DESXL。

3. 流密码

流密码方法通常称为对称密钥密码。该方法是将原始文本数字与伪随机密码数字流合并，每个主文本数字被加密一次到密码数字流，以创建一个数字的密码文本流。它也被称为状态密码，因为在密码的当前状态下，所有的数字都是加密的，数字用位表示，位合并操作由异或（XOR）完成。流密码中应用的一些伪随机数生成器算法有 WG-8espresso、A2U2 和 enocorov2。

4. 基于公钥的身份验证

基于公钥的身份验证可以解决物联网中的身份验证问题，包括识别用户、应用程序和设备，它还限制用户未经授权访问和操作设备。该方法对用户名和密码进行加密，以实现通信和设备访问的安全性。该机制为物联网的应用提供了一些好处，如远程设备之间的安全通信、创新服务的实现、避免数据窃取以及使用第三方服务来降低篡改数据的风险。

这种机制在互联网上被广泛使用，但是对于物联网这样的受限环境来说，由于过度使用密码方案，非常容易受到攻击，它涉及私钥和公钥，以确保隐

私和安全。传统的公钥密码算法（如 RSA）被广泛应用，公钥用于加密消息以生成密码文本，密码文本使用相应的私钥解密。数字签名是使用私钥生成密文的，用公钥解密。

8.5.2 访问隐私

访问隐私的研究机制包括数据共享和管理、阻塞法和轻量级协议，再次，数据共享和管理技术进一步提高到数据聚合、隐私偏好平台和语义方法。阻塞法包括锁定和解锁机制以及终止命令机制。

1. 阻塞法

在数据收集阶段应用阻塞技术来解决隐私问题。在信息传输过程中，代表传输者唯一身份的智能对象可能会受到未经授权的用户的攻击，因此为了减少隐私问题，可以使用 RFID 标签的终止命令来停止外部程序的运行，锁定和解锁机构也用于阻塞。

2. 轻量级协议

轻量级协议用于强制身份验证和标识。它们还包含一些其他属性，比如存在证明、委托和限制以及距离限定。这些协议的代码执行起来比标准协议更有效。轻量级协议的一些示例有轻量级可扩展身份验证协议（LEAP）、轻量级目录访问协议（LDAP）和内部呼叫控制协议（SCCP）。

8.5.3 物联网安全的机器学习（ML）方法

随着物联网技术的飞速发展，数以百万计的传感器开始相互连接并进行通信，因此产生了一个庞大的数据集。这些传感器从不同的传感器节点收集各种数据，数据量非常大（可以称为大数据）。因此，数据分析在这方面起着关键作用。机器学习（ML）的概念可用于解决物联网中数据分析和安全期间可能出现的不同类型的问题（图8.7）。此外，分类的概念和机器学习中的聚类技术可以用来克服工业自动化、智能车辆、农业天气预报等物联网应用中的不同问题。基本上，分类和聚类技术已经在云服务器上实现，用于培训和测试。这里采用不同的机器学习算法从训练数据集建立模型，并根据测试阶段的电流输入产生预测输出（Ruta 等，2017）。

ML 是一种基于人工智能（AI）概念的技术，能够从以前的数据集中学习，并作为决策的预测因子参与其中（表8.5），它作为一个专家系统来建立一个模型，负责学习和预测新事物。

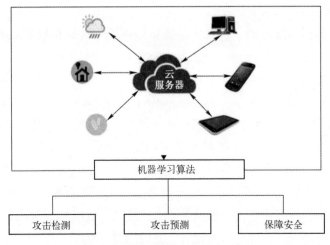

图 8.7 使用机器学习的物联网安全

表 8.5 用于解决物联网网络安全问题的机器学习技术

安全问题	应用的机器学习技术
恶意软件分析	• 递归神经网络（RNN）（Haddad Pajouh 等，2018） • 主成分分析（PCA）（An 等，2017） • 支持向量机（SVM）（Zhou 等，2018） • 卷积神经网络（CNN）（Su 等，2018；Azmoodeh 等，2018） • VM 与 PCA（Esmalifalak 等，2013） • 线性 SVM（Ham 等，2014）
异常/入侵检测	• k-均值聚类 • 朴素贝叶斯算法（Viegas 等，2018；Pajouh 等，2018） • 决策树（Shukla，2017；Viegas 等，2018） • 人工神经网络（ANN）（Caedo 等，2016）
身份验证	• RNN（Chauhan 等，2018） • Dyna-Q（Xiao 等，2016） • Q-学习（Xiao 等，2016） • 深度学习（Diro 等，2018；Abeshu 等，2018；Rathore 等，2018）
DDoS 攻击	• k-最近邻（KNN）（Doshi 等，2018） • Q-学习（Li 等，2017） • 决策树（Doshi 等，2018） • SVM • 神经网络（Doshi 等，2018） • 随机森林（Doshi 等，2018） • 多元相关分析（MCA）（Tan 等，2014）
攻击检测和缓解	• 模糊 C 均值（ESFCM） • 深入学习（Diro 等，2018；Abeshu 等，2018；Rathore 等，2018） • KNN（Ozay 等，2016） • SVM（Doshi 等，2018）

1. 分类

分类是机器学习中的一种技术，负责预测给定数据集的类。该模型分离了属于同一类的不同数据集，分类器分析训练数据集的行为，以了解新的输入变量与类的关系。分类是监督学习的一部分，因为这里的目标输出依赖于前一个输入数据集的特征。一些流行的分类算法可以应用于不同的物联网，如 k-最近邻（KNN）、决策树、逻辑回归和支持向量机（SVM）。

这些分类算法了解云服务器中从不同传感器设备收集的数据的真实性。为了实现数据分析中的特定目标，系统使用各种算法和统计模型进行训练（Zantalis 等，2019）。这些算法负责从源数据集中提取可测量的特征，并对特征之间的相关性进行关联，以预测新输入的结果。应用 KNN 或 SVM 算法可以解决传感器节点定位和确定节点地理位置的问题（Malik 等，2018）。

2. 集群

集群是机器学习中的另一种方法，其中，关于数据类的信息是未知的。目前还不知道这些数据是否可以分类，所以被称为无监督学习，主要用于物联网各个领域的统计数据分析。一些比较流行的集群算法，如 k-均值算法和期望-最大化算法。

k-均值算法将云服务器中属于同一类的不同数据根据其特性进行分离。期望-最大化算法可用于基于概率分布的攻击识别和预测。

3. 降维

降维是机器学习中的一种技术，通过去除不必要的特征来获得实际的特征。在此技术中使用的一些算法有：主成分分析（PCA）、奇异值分解（SVD）、独立成分分析（ICA）、非负矩阵分解（NMF）、线性判别分析（LDA）和因子分析（FA）。

4. 生成模型

生成模型在构建用于扫描 Web 应用程序漏洞的扫描工具时非常有效，它还用于测试未经授权的访问。在机器学习和深度学习中使用的一些生成模型有：遗传算法、马尔可夫链、玻尔兹曼机、可变自动编码器和生成对抗网络（GAN）。

机器学习是一个很好的应用于网络安全问题的工具，通过对不同智能设备的任务和性能的预测分析来解决检测问题，它还可以监视网络是否有未经授权的攻击，其主要目的是在机器学习中使用不同的预测模型来预测攻击和识别威胁。机器学习中的网络流量分析（NTA）是一种新的网络安全解决方案，它通过分析每个网络层的流量来检测威胁和异常。预测、预防、检测、响应和监控是 Gartner 的 PPDR 模型提出的安全机制。ML 方法可用于监控端点，以预测恶意软件和欺诈。研究还预测了数据库和云存储中的异常情况。网络保护包括使用入侵检测系统（IDS）保护不同的协议，包括以太网、无线网络、虚拟网络或监控和数据采集（SCADA），而入侵检测系统主要基于特征识别方法。

8.6　解决物联网安全相关问题的数据加密和解密技术：案例研究

我们实现了一个物联网系统，其中一个微控制器使用 DHT 11 传感器获取一个温度值，使用 Base64 算法加密技术生成密码文本，然后通过无线网络将密码文本发送给另一个微控制器。在接收到密码文本后，对密码文本进行解密并在输出设备中显示结果（图 8.8）。接收和加密传感器数据的微控制器称为客户端，接收和解密消息的微控制器称为服务器。在这个系统中，服务器和客户端以秘密的方式进行通信。

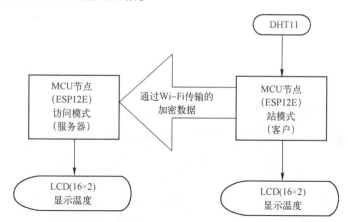

图 8.8　使用加密技术实现 MCU 节点之间数据通信的图形表示

8.6.1 Base64 加密算法

下面给出 Base64 加密算法的机制（图 8.9）。

1. 加密算法

步骤 1：获取纯文本输入并将其分为 3 个字符的块。

步骤 2：将每个字符转换为 ASCII。

步骤 3：将 ASCII 值转换为二进制，每个字符大小为 8bit，因此我们将拥有（8×3）24bit。

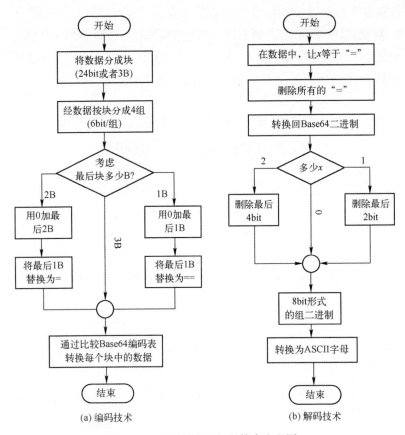

图8.9 编码技术和解码技术流程图

步骤4:将它们分成6bit的块(24÷6=4块)。因为$2^6=64$个字符,所以我们可以用6bit表示一个字符集表中的每个字符。(如果最后一个输出块中的二进制值少于6个,则将附加零以使其成为6个二进制值。)

步骤5:将6bit的每个块转换为其相应的十进制值。获得的十进制值是字符集表中所得编码字符的索引。

步骤6:因此,对于输入中的每3个字符,我们将在输出中收到4个字符。

步骤7:如果最后3B的块只有2B的输入数据,则填充1B的零(\x00)。将其编码为普通块后,用一个等号(=)覆盖最后一个字符,因此解码过程知道填充了1B的零。

步骤8:如果最后3B的块只有1B的输入数据,则填充2B的零(\x0000)。在将其编码为普通块之后,使用两个等号(==)覆盖最后两个字符,因此解码过程知道将填充 2B 的零。

2. 解密算法

步骤 1：计算密文中存在多少"="并存储在 x 中，然后删除所有"="。

步骤 2：将密码中的每个字符转换为 64bit 二进制格式的密文。

步骤 3：如果 $x=1$，则删除最后两位；如果 $x=2$，则删除最后 4 位。

步骤 4：现在制作一组 8bit。

步骤 5：将 8bit 数据转换为十进制数。

步骤 6：按照 ASCII（表 8.6）将小数转换为字符。

表 8.6 Base64 加密算法索引

索引	字母	索引	字母	索引	字母	索引	字母	索引	字母	索引	字母
0	A	11	L	22	W	33	h	44	s	55	3
1	B	12	M	23	X	34	i	45	t	56	4
2	C	13	N	24	Y	35	j	46	u	57	5
3	D	14	O	25	Z	36	k	47	v	58	6
4	E	15	P	26	a	37	l	48	w	59	7
5	F	16	Q	27	b	38	m	49	x	60	8
6	G	17	R	28	c	39	n	50	y	61	9
7	H	18	S	29	d	40	o	51	z	62	+
8	I	19	T	30	e	41	p	52	0	63	/
9	J	20	U	31	f	42	q	53	1	padding	=
10	K	21	V	32	g	43	r	54	2		

8.6.2 实施

在本实施中，我们使用 ESP8266 WIFI 微控制器（MCU 节点 12E）作为客户端和服务器，并使用 LCD（16×2）显示。我们可以在两种不同的模式下使用 ESP8266 微控制器：

（1）接入点（AP）：在此 ESP8266 模式下，微控制器可以创建自己的无线网络并连接其他设备。

（2）站（STA）：此模式允许 ESP8266 连接到无线网络。

在我们的研究中，客户端微控制器的行为类似于工作站（STA），而服务器微控制器的行为类似于访问模式。因此，服务器创建自己的无线网络，客户端用于将 ESP 模块连接到服务器建立的无线网络上。因此，站模式从

DHT11 获取温度数据，使用 Base64 加密算法生成密码文本，然后通过无线网络将密码文本发送到服务器。访问模式接收密码文本并使用 Base64 加密算法生成纯文本（图 8.10）。

图 8.10 加密模式下两个设备之间的温度数据通信

8.6.3 电路图

电路图参见图 8.11 和图 8.12。

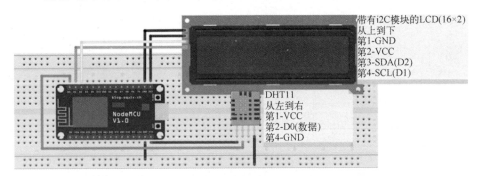

图 8.11 站模式电路图

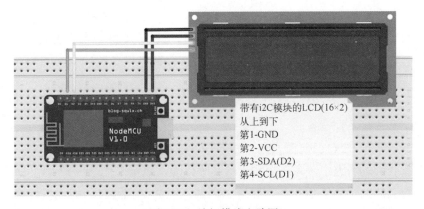

图 8.12 访问模式电路图

8.6.4 工作流程图

工作流程参见图 8.13。

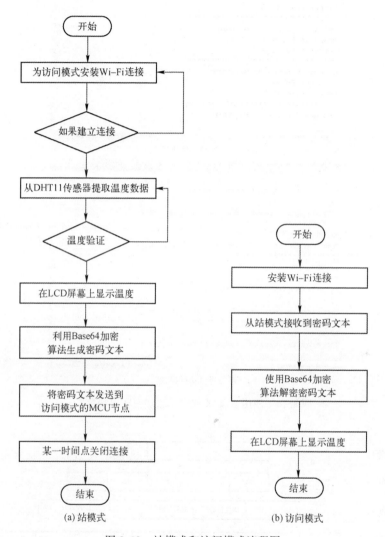

图 8.13 站模式和访问模式流程图

8.6.5 物联网设备之间的安全数据传输分析

物联网设备之间的安全数据传输分析参见图 8.14、图 8.15 和图 8.16。

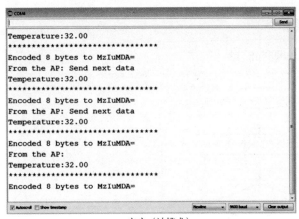

客户（站模式）

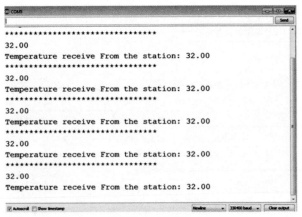

服务器（访问模式）

图 8.14　使用 Base64 加密算法加密客户端数据

步骤1:			3	2	.	0	0		
步骤2:			51	50	46	48	48		
步骤3:			00110011	00110010	00101110	00110000	00110000		
步骤4:	001100	110011	001000	101110	001100	000011	000000	000000
步骤5:	12	51	8	46	12	3	0	=
步骤6:	M	j	I	u	M	D	A	=

图 8.15　客户端的编码过程，温度为32℃，得到加密文本（MjIuMDA=）

步骤1:	M	j	I	u	M	D	A	=
步骤2:	12	51	8	46	12	3	0	=
步骤3:	001100	110011	001000	101110	001100	000011	000000	000000

步骤4:	00110011	00110010	00101110	00110000	00110000
步骤5:	51	50	46	48	48
步骤6:	3	2	.	0	0

图 8.16 服务器端解码过程，从密码文本（MjIuMDA=）中获得温度为32℃的过程

8.7 结论和未来研究领域

本章介绍了物联网的详细概念，并介绍了通过物联网设备生成的数据在安全性方面存在的主要问题。最初，列出了通过物联网设备收集数据所需的所有传感器的清单。物联网体系结构中存在的各层被提及，然后是阻碍物联网功能的各种威胁和攻击。本章包含了大约25篇研究论文的综述，这些论文涉及如何减少此类设备的安全漏洞。除此之外，还强调了包含这些文件中提到的威胁和挑战的研究方法。本章还展示了温度从一个设备转移到另一个设备的案例研究。考虑了两个微控制器设备：一个作为服务器，另一个作为客户端。温度在发送到接收器时被加密，在到达并在接收器读取时解密。安全问题已经通过现有的Base64加密算法实现，这种新的安全算法一般应包括在未来的研究中最大限度地包含这些新的数据类型。

如前所述，确保数据隐私是物联网设备要解决的首要问题，应进一步开展这方面的研究，因为几乎所有的设备都在向"智能"转移，而我们人类需要刻不容缓地将这种"智能"技术融入我们的日常生活中。由此产生的主要易受攻击的情况是，由于我们所有的数据都被存储、共享并出售给不同的组织；无限制的访问将导致严重的安全漏洞，从而导致致命的后果。空间限制、授权和认证问题、设备的定期更新、安全的消息传输以及防止漏洞以维护数据的完整性应是处理物联网数据时应优先考虑的主要问题，预计采用多层次的预防性设计可使安全问题得到轻松处理。由于物联网技术在各种应用的商业化中起着非常关键的作用，因此安全和隐私更加至关重要。机器学习技术是解决物联网安全相关问题的现代方法，物联网设备收集各种可能互不依赖

的数据，机器学习方法中的不同算法可用于物联网数据和安全解决方案，以确保公共数据隐私和建立消费者信任。因此，不同的混合算法和高效的数据表示技术可能被引入未来物联网安全研究领域。

参 考 文 献

Abdul-Ghani, Hezam Akram, Dimitri Konstantas, et al., 2018. A comprehensive IoT attacks survey based on a building-blocked reference model [J]. International Journal of Advanced Computer Science and Applications, 9 (3): 335-373.

Abeshu A, Chilamkurti N, 2018. Deep learning: The frontier for distributed attack detection in fog-to-things computing [J]. IEEE Communications Magazine, 56: 169-175.

Abomhara Mohamed, Geir M Køie, 2015. Cyber security and the Internet of things: Vulnerabilities, threats, intruders and attacks [J]. Journal of Cyber Security, 4: 65-88.

Al-Fuqaha Ala, Mohsen Guizani, Mehdi Mohammadi Mohammed Aledhari, et al., 2015. Internet of things: A survey on enabling technologies protocols and applications [J]. IEEE Communication Surveys & Tutorials, 17 (4): 23-47.

Alaba Fadele Ayotunde, Mazliza Othman, Ibrahim Abaker Targio Hashem, et al., 2017. Internet of things security: A survey [J]. Journal of Network and Computer Applications, 88.

An Ni, Alexander Duff, Gaurav Naik, et al., 2017. Behavioral anomaly detection of malware on home routers [C]. 2017 12th International Conference on Malicious and Unwanted Software (MALWARE), Fajardo, PR, USA: 47-54.

Asim Makkad, 2017. Security in application layer protocols for IOT: A focus on COAP [J]. International Journal of Advanced Research in Computer Science, 8 (5): 2653-2656.

Atamli Ahmad Reineh, Andrew Martin, 2014. Threat-based security analysis for the Internet of things [C]. 2014 International Workshop on Secure Internet of Things, Wroclaw, Poland: 35-43.

Azmoodeh Amin, Ali Dehghantanha, Kim-Kwang Raymond Choo, 2018. Robust malware detection for Internet of (battlefield) things devices using deep eigenspace learning [J]. IEEE Transactions on Sustainable Computing, 4 (1): 88-95.

Benabdessalem Raja, Mohamed Hamdi, Tai-Hoon Kim, 2014. A survey on security models, techniques, and tools for the Internet of things [C]. 2014 7th International Conference on Advanced Software Engineering and Its Applications, Hainan, China: 44-48.

Borgia Eleonora, 2014. The Internet of things vision: Key features, applications and open issues [J], Computer Communications, 54 (1): 1-31.

Deshpande Vaishnavi J, Rajeshkumar Sambhe, 2014. Cyber security: strategy to security challenges-a review [J]. International Journal of Engineering and Innovative Technology (IJEIT), 3 (9).

Dhanalakshmi S, Ahammed Shahz Khamar P S. Data preservation using anonymization based privacy preserving techniques-a review. IOSR Journal of Computer Engineering (IOSR-JCE): 18-21.

Diro A A, Chilamkurti N, 2018. Distributed attack detection scheme using deep learning approach for Internet of things [J]. Future Generation Computer Systems, 82: 761-768.

Emmanouil Vasilomanolakis, Jörg Daubert, Manisha Luthra, et al., 2015. On the security and privacy of Internet of things architectures and systems [C]. 2015 International Workshop on Secure Internet of Things (SIoT), Vienna, Austria: 49-57.

Fink Glenn A, Dimitri V Zarhitsky, Thomas E Carroll, et al., 2015. Security and privacy grand challenges for the Internet of things [C]. International Conference on Collaboration Technologies & Systems, Atlanta, GA, USA: 27-34.

Granjal, Jorge, Edmundo Monteiro and Jorge Sa Silva. 2015. Security for the Internet of things: A survey of existing protocols and open research issues [J]. IEEE Communication Surveys and Tutorials, 17 (3): 1294-1312.

Hamed Haddad Pajouh, Ali Dehghantanha, Raouf Khayami, et al., 2018. A deep recurrent neural network based approach for Internet of things malware threat hunting [J]. Future Generation Computer Systems, 85: 88-96.

Hamed Haddad Pajouh, Reza Javidan, Raouf Khayami, et al., 2019. A two-layer dimension reduction and two-tier classifcation model for anomaly-based intrusion detection in IoT backbone networks [J]. IEEE Transactions on Emerging Topics in Computing, 7 (2): 314-323.

Hans Günter Brauch, 2011. Concepts of security threats, challenges, vulnerabilities and risks [R]. Coping with Global Environmental Change, Disasters and Security, Springer: 61-106.

Hyo-Sik Ham, Hwan-Hee Kim, Myung-Sup Kim, et al., 2014. Linear SVM-based android malware detection for reliable IoT services [J]. Journal of Applied Mathematics, 2014: 1-10.

Jagmohan Chauhan, Suranga Seneviratne, Yining Hu, et al., 2018. Breathing-based authentication on resource-constrained IoT devices using recurrent neural networks [J], Computer, 51 (5): 60-67.

Janice Cañedo, Anthony Skjellum, 2016. Using machine learning to secure IoT systems [C]. 2016 14th Annual Conference on Privacy, Security and Trust (PST), Auckland, New Zealand: 219-222.

Jiang Du, Chao ShiWei, 2010. A study of information security for M2M of IoT [C]. 2010 3rd International Conference on Advanced Computer Theory and Engineering (ICACTE), Chengdu, China: 576-579.

Jiawei Su, Danilo Vasconcellos Vargas, Sanjiva Prasad, et al., 2018. Lightweight classifcation of iot malware based on image recognition [C]. 2018 IEEE 42nd Annual Computer Software and Applications Conference (COMPSAC), Washington, DC, USA.

Kraijak Surapon, Panwit Tuwanut, 2015. A survey on Internet of things architecture, protocols, possible applications, security, privacy, real-world implementation and future trends [C]. 2015 IEEE 16th International Conference on Communication Technology (ICCT), Hangzhou, China: 26-31.

Køien G M, 2011. Refections on trust in devices: An informal survey of human trust in an Internet-of-things context [J]. Wireless Personal Communications, 61 (3): 495-510.

Li Yuzhe, Quevedo Daniel E, Dey Sabhrakanti, et al., 2017. Sinr-based dos attack on remot-estate estimation: A game-theoretic approach [J]. IEEE Transactions on Control of Network Systems, 4 (3): 632-642.

Liang Xiao, Yan Li, Han Guoan, et al. 2016. Phy-layer spoofng detection with reinforcement learning in wireless networks. IEEE Transactions on Vehicular Technology, 65 (12): 10037-10047.

Machanavajjhala A, D Kifer, J Gehrke. et al., 2007. L-diversity: Privacy beyond k-anonymity [J]. ACM Transactions on Knowledge Discovery from Data (TKDD), 1 (1): 1-52.

Mahmoud Rwan, Tasneem Yousuf, Fadi Aloul, et al., 2015. Internet of Things (IoT) security: Current status, challenges and prospective measures. 2015 10th International Conference for Internet Technology and Secured Transactions (ICITST), London, United Kingdom: 336-341.

Malik Rashid Ashraf, Asif Iqbal Kawoosa, Ovais Shaf Zargar, 2018. Machine learning in The Internet of things-standardizing iot for better learning [J]. International Journal of Advance Research in Science and Engineering, 7 (4): 1676-1683.

Matharu Gurpreet Singh, Priyanka Upadhyay, Lalita Chaudhary, 2015. The Internet of things: Challenges & security issues [C]. International Conference on Emerging Technologies (ICET): 54-59.

Md. Mahmud Hossain, Maziar Fotouhi, Ragib Hasan, 2015. Towards an analysis of security issues, challenges, and open problems in the Internet of things [C]. 2015 IEEE World Congress on Services, New York, NY, USA: 21-28.

Mendez Mena Diego, Ioannis Papapanagiotou, Baijian Yang, 2018. Internet of Things: Survey on Security [M], Taylor & Francis : 1939-3547.

Mete Ozay, Iñaki Esnaola, Fatos Tunay Yarman Vural, 2016. Machine learning methods for attack detection in the smart grid [J]. IEEE Transactions on Neural Networks and Learning Systems, 27 (8): 1773-1786.

Mohammad Esmalifalak, Lanchao Liu, Nam Nguyen, et al., 2014. Detecting stealthy false data injection using machine learning in smart grid [C]. IEEE Global Communications Conference (GLOBECOM): 808-813.

Ninghui Li, Tiancheng Li, Suresh Venkatasubramanian, 2007. t-closeness: Privacy beyond k-anonymity and l-diversity. 2007 IEEE 23rd International Conference on Data Engineering, Istanbul, Turkey: 106-115.

Prachi Shukla, 2017. Ml-ids: A machine learning approach to detect wormhole attacks in Internet of things. 2017 Intelligent Systems Conference (IntelliSys), London, UK: 234-240.

Qi Jing, Athanasios V Vasilakos, Jiafu Wan, et al., 2014. Security of the Internet of Things: Perspectives and Challenges [J]. Wireless Networks, 20: 2481-2501.

Qiang Chen, Guang-ri Quan, Bai Yu, et al., 2013. Research on security issues on the Internet of things [J]. International Journal of Future Generation Communication and Networking: 1-9.

Riahi Sfar, Arbia, Enrico Natalizi, Yacine Challal, et al., . 2018. A road-map for security challenges in the Internet of Thing [J]. Digital Communications and Networks: 118-137.

Rohan Doshi, Noah Apthorpe, Nick Feamster, 2018. Machine learning DDos detection for consumer Internet of things devices. 2018 IEEE Security and Privacy Workshops (SPW), San Francisco, CA, USA: 29-35.

Ruta Michele, Scioscia Floriano, Loseto Giuseppe, et al., 2017. Machine Learning in the Internet of Things: A Semantic-Enhanced Approach [M]. IOS Press: 1-17.

Said Omar, Mehedi Masud, 2013. Towards Internet of things: Survey and future vision [J]. International Journal of Computer Networks (IJCN), 1 (1): 1-17.

ShailendraRathore, Jong HyukPark, 2018. Semi-supervised learning based distributed attack detection framework for IoT [J]. Applied Soft Computing, 72: 79-89.

Shankar Basu Subho, Somanath Tripathy, Atanu Roy Chowdhury. 2015. Design challenges and security issues in the Internet of things, 2015 IEEE Region 10 Symposium, Ahmedabad, India: 90-93.

Sharma Rahul, Nitin Pandey, Sunil Kumar Khatri, 2017. Analysis of IoT security at network layer [C]. 6th International Conference on Reliability, Infocom Technologies and Optimization (ICRITO) (Trends and Future Directions), Noida, India: 585-590.

Sharma Ravi, 2012. Study of latest emerging trends on cyber security and its challenges to society [J]. International Journal of Scientifc & Engineering Research, 3 (6).

Suo Hui, Jiafu Wana, Caifeng Zou, et al., 2012. Security in the Internet of things: A review [C]. International Conference on Computer Science and Electronics Engineering, Washington, DC, USA: 649-651.

Sweeney L, 2002. k-anonymity: A model for protecting privacy. International Journal of Uncertainty [J], Fuzziness and Knowledge-Based Systems, 10 (5): 557-570.

Sye Loong Keoh, Sandeep S. Kumar, Hannes Tschofenig, 2014. Securing the Internet of things: A standardization perspective [J]. IEEE Internet of Things Journal, 1 (3): 265-275.

Tan Zhiyuan, Jamdagni Aruna, He Xiangjian, et al., 2014. A system for denial-ofservice attack detection based on multivariate correlation analysis [J]. IEEE Transactions on Parallel and Distributed Systems, 25 (2): 447-456.

Viegas E, Santin A, Oliveira L, et al., 2018. A reliable and energy-efficient classifer combination scheme for intrusion detection in embedded systems [J]. Computers & Security, 78: 16-32.

Vithya Vijayalakshmi A, L Arockiam, 2016. A study on security issues and challenges in IoT [J]. International Journal of Engineering Sciences & Management Research, ISSN 2349-6193.

Xu Xiaohui, 2013. Study on security problems and key technologies of the Internet of things. 2013 Fifth International Conference on Computational and Information Sciences, Shiyang, China: 407-410.

Yan Zheng, Peng Zhang, Athanasios V. Vasilakos, 2014. A survey on trust management for Internet of things. Journal of Network and Computer Applications, 42 (2014): 120-134.

Zantalis Fotios, Grigorios Koulouras, Sotiris Karabetsos, et al., 2019.. A review of machine learning and IoT in smart transportation [J]. Future Internet, 4 (2019): 94.

Zhang Zhi-Kai, Michael Cheng Yi Cho, Chia-Wei Wang, et al., . 2014. IoT security: Ongoing challenges and research opportunities [C]. 2014 IEEE 7th International Conference on Service-Oriented Computing and Applications, Matsue, Japan: 230-234.

Zhao Kai, Lina Ge, 2013. A survey on the Internet of things security [C]. 2013 International Conference on Computational Intelligence and Security, Lesan, Sichuan, China: 663-667.

Zhou Weiwei, Yu Bin, 2018. A cloud-assisted malware detection and suppression framework for wireless multimedia system in IoT based on dynamic differential game [J]. China Communications, 15 (2): 209-223.

第 9 章 物联网设备认证

Daneshwari I. Hatti, Ashok V. Sutagundar

9.1 简 介

物联网（Shah 和 Yaqoob，2016；Paul 和 Saraswathi，2017）构成非生物和生物设备之间的互联，并通过互联网进行通信。多个异构设备之间的通信和交互将通过一些隐私保护机制得到保护。网络中的每个设备或某些设备都应该传递机密信息，因此它必须是安全的。在安全方面，设备的隐私、身份验证和授权对于网络安全通信和有效利用资源非常重要。物联网的几个关键问题是数据管理、资源管理、互操作性和安全性。由于环境中的设备具有不同的资源能力，认证在物联网领域起着至关重要的作用。设备所需的资源随着应用程序和身份验证的变化而变化，如果没有使用适当的身份验证机制，资源会被滥用，这些机制会消耗更多的资源来检测攻击和保护信息。身份验证是通过多步骤或多因素身份验证机制执行的，在验证之前，设备的信任级别由模糊方法确定。模糊逻辑（Singla，2015）采用模糊值代替简明值进行决策，类似于人类的推理和决策，人类根据影响系统的因素进行决策，并相应地采取行动。与人类视角相关，模糊通过使用前因和结果构建规则集来做出决策（Keshwani 等，2008）。单个规则由去模糊算法转换为简明值并聚合以获得单个简明值，或者由去模糊算法对单个规则进行聚合并将聚合规则转换为简明值。解算模糊器的输出决定了设备的信任级别，通过相互验证来识别通信的身份，验证分数用于确定设备对资源的访问程度。在提出的网络场景中，考虑了验证体系结构，即集中式、分布式和组合式验证体系结构。Fog 计算（Bonomi 等，2012；Yi 等，2015）在研究中用于处理设备的请求，因为它向设备的边缘提供服务，减少了延迟，并且在设备的响应时间范围内。9.2 节讨论了授权和验证的重要性，并讨论了云计算、网格计算、Fog 计算和物联网中与验证相关的一些工作，同时指出了物联网中设备验证的一些挑战和研究方向。在9.3节中，我们讨论了静态和动态环境在本地和分布式中使用的各种机制。9.4节中Fog计算（Vaquero等，2014；Stojmenovic，2014）提出了减少计算资源使用的验证范例，针对网络环境中设备的异构性，讨论了用于设备间交互的代理技术。验证的重要性以及验证设备在静态和动态环境中有效访问资源所使用的各种机制将在9.5节中进行总结介绍。

9.2 物联网验证与授权

授权和身份验证有助于对设备进行身份验证，并根据所使用的机制授权访问所有或任何特定类型的服务。身份验证是显示设备身份的第一步，然后使用下一个授权访问特定的资源。如果该设备没有经过身份验证，则网络中没有用于通信的供应，并且如果经过身份验证，该设备没有访问或修改网络中的参数的完全权限。它由授权机制控制（Shen等，2017），基于这些机制，设备可以完全或部分访问各种资源。在执行了这两种机制之后，设备可能受到保护，也可能不受保护，因此算法被有效地设计来克服网络中发生的攻击，减少计算资源的使用和通信成本。验证机制采用了Fog计算范式，因为它有助于减少延迟，并通过减少到云端的流量向设备边缘提供服务。感知层中的边缘设备称为Fog层，由设备间异构组成的Fog层对于处理该层的整个请求来说非常繁琐，因此在Fog层顶部的Fog计算为终端设备提供服务。图9.1显示了设备访问网络资源的身份验证过程和流程，它由两个通过中央仲裁器（CA）通信的设备组成，可以扩展到网络中的多个设备。

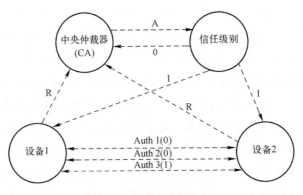

图9.1 研究工作流程图

在图 9.1 中，"R"表示注册，"A"表示验证，"0"表示信任级别低，"1"表示信任级别高，Auth 1 表示使用椭圆曲线加密密钥（ECC）建立的身份验证级别 1，Auth 2 表示使用标记方法对设备进行身份验证的身份验证级别 2，Auth 3 表示使用模糊方法来确定设备的可靠性的第三级别。如果 Auth 1(0) 显示，表示第一级验证失败，并继续进行第二级，如果 Auth2(0)，然后进入第三级，如果 Auth3(1)，表明验证成功，此时可以进行通信以访问设备的资源。如果为 Auth 3(0)，则身份验证失败，此时设备将被锁定并且不允许进入网络。文献调查中很少讨论与网格计算、无线传感器网络、移动自组织网络（MANET）和物联网相关的身份验证。

9.2.1 文献综述

已经进行了有关物联网中验证和授权的一些研究工作，本章列出了其中的一些研究。2016 年，在 Kim 等的研究中，身份验证和授权通过本地授权实体"Auth"实现自动化，通过具有会话密钥分配的 Auth 对注册实体进行授权，实体仅使用 Auth 提供的会话密钥进行身份验证和授权。2019 年，Ferrag、Maglaras 和 Derhab 提出了用于移动物联网设备的基于生物识别的身份验证方案，所考虑的特征是人类的生理和行为特征，例如语音和签名。在这项工作中，调查了针对不同网络环境的各种身份验证协议，解决了与物联网环境中的隐私和身份验证相关的研究问题（Ferrag 等，2017）。2014 年，Ye 等特别关注使用 ECC 进行有效的相互身份验证和安全密钥建立，减少了物联网感知层中的存储和通信开销。2004 年，邓红梅、Mukherjee 和 Agrawal 提出了有效的密钥管理和身份验证机制，用于保护点对点（Ad-Hoc）网络的安全，基于身份的加密技术提供了身份验证和机密性，并且不包括用于分发公钥和证书的集中式证书颁发机构，它通过节省网络带宽来提高网络的容忍度。2015 年，Shivraj 等专注于基于轻量级身份的 ECC 和 Lamport 的一次性密码（OTP）算法，用于物联网中设备之间的身份验证。2018 年，Alhothaily 等提出，利用用户计算设备的一次性身份验证系统不会创建或记录任何身份，从而降低了静态用户名和密码的风险。对于一种资源约束设备，其他研究人员提出了一种"轻量级匿名证书架构"，在"见证更新外包"范式下使用了"Nguyen 动态累加器"（Yang 等，2016）。2014 年，Porambage 等在分布式物联网应用中使用验证为 WSN 隐式设计了一个两阶段认证协议。2018 年，Muhal 等提出了基于物理不可克隆功能（PUF）的认证方案（PAS），该方案带有会话密钥，用于确保物联网中智能设备之间的安全交互。Ourad、Belgacem 和 Salah 的研究工作提出了区块链解决方案的概念，可以允许用户安全地连接和验证其物联网设备。2019 年，Yao 等提出了 RUND（Revivingunder-Denial of Service）协议。2013 年，在 Alcaide 等的研究中，提出了用于保护隐私的物联网目标驱动应用的、完整的分散式匿名身份验证协议。由于物联网中的设备是资源受限的，2019 年，Dammak 等提出了基于标识的轻量级认证。模糊逻辑（Magdalena，2015）已用于检查用户行为，以确保持续认证（Mondal 和 Bours，2014）。2004 年，Ye 等将验证划分为多个阶段，即初始化阶段、相互认证阶段和密钥建立阶段，信任使用证书颁发机构的设备，使用 ECC 进行认证。在所进行的研究中，使用模糊逻辑解决了物联网中设备之间的信任、验证等多个步骤，并通过局部集中的全局分布式验证体系结构提出了通过降低设备通信开销的相互验证机制。在接下来的部分里将讨论面临的挑战。

9.2.2 挑战和研究问题

安全性和隐私性是物联网中保护设备身份和信息的重要方面。文献调查中讨论了与验证、安全和隐私相关的各种研究工作（Karthiban 和 Smys，2018）。本节提到了在这方面提出的一些挑战和问题。在设计算法之前，最重要的是要考虑资源约束设备的性能、计算成本和通信成本。物联网中的设备具有可扩展性和异构性，因此设计的算法必须保证可扩展性、可互操作性和对环境的适应性。在设计算法时，必须考虑能量消耗、计算延迟、带宽需求和内存使用。认证的需要在前面的章节中讨论过，但是设备验证所涉及的机制必须确保效率，并验证设备或用户是真是假。物联网中的设备是异构的，构成了人与人、人与设备、设备对设备（静态或移动）等多种多样性之间的通信。制造后的设备被分配给一个 MAC 地址并连接到发出 IP 地址的网络上，但是为了避免网络故障的严重性，必须首先信任与设备通信的人。研究了几种 MAC 地址和 IP 地址的欺骗技术（Xiao 等，2018），同样，为了保护网络间的隐私和保密性，必须研究由人类引起的网络攻击。另一个挑战是设备间身份验证标准之间的互操作性研究非常重要。信任、认证、数据隐私（Kulkarni 等，2016）、保密性和互操作性（Mohamad Noor 和 Hassan，2019）的算法对于所有类型的网络来说都是至关重要的，这些网络具有较少的能耗、带宽和可承受所有层的多种攻击。在本研究中，提出了通过考虑设备的 MAC 和 IP 地址，然后采用模糊方法（Jain、Wadhwa 和 Deshmukh，2007）来确定真实性和信任程度，并在认证前一步验证设备的工作流程。

9.3 物联网中的认证机制

由于物联网设备的增长,与安全和隐私机制相比,身份验证被优先考虑。身份验证(Wu 等,2018)确认了设备的身份,并采用进一步的隐私操作来保护数据和实现安全通信。身份验证是通过考虑身份验证过程、因素和架构来执行的。在物联网中,设备按照自己的意愿进入和离开网络,但很难管理变化无常的设备。静态状态下的设备也会变化无常,因为它们会请求资源,然后无缘无故地离开。在动态环境中,易变设备是指存在于网络中可能离开的设备和在任务完成或未完成时进入网络的新设备,这些设备必须被跟踪和认证。下面将讨论这两种环境。在这样的环境中,设备的处理是由中央机构完成的,这是一种集中的方法,也可以是分布式的。本书采用了局部集中和全局分布的认证方法。

9.3.1 静态环境和动态环境

在静态环境中,设备被认为在环境中存在一段时间,且具有可移动性。通过考虑不同的验证因素对设备进行验证,利用算法对随机进入和离开网络的设备进行处理。在网络环境中,既考虑了静态设备又考虑了动态设备,算法处理静态和动态(Matos 等,2018)设备时不干扰其他设备操作,并保持网络连接。动态设备被锁定一段时间,以完成对设备信任级别的评估,如果这些设备稍后离开网络接口,则忽略第一个步骤并保存所需的计算,未验证的设备不允许进入和访问其他设备的资源。该算法通过不同的验证体系结构解决了这一问题。

9.3.2 集中式方法

在集中式方法中(Shan Yin、Yueming Lu 和 Yonghua Li,2015),设备通过中央仲裁器(CA)进行通信。最初,根据设备中资源的可用性对设备进行集群,然后这些设备注册到最近的 CA。CA 位于 Fog 层中,具有管理设备注册、证明和身份验证所需的资源,CA 可以通过现有的安全机制进行身份验证和加密。图 9.2 显示了设备之间通过 CA 进行的通信,设备注册到 CA,CA 对设备进行验证并为设备分配任务 ID(Tid),然后设备相互验证以进行通信。如果任何设备进入或离开网络,由于采用了分布式方法,网络不会受到影响;

相比之下，如果集中式授权 CA 出现故障或能量释放，则网络管理运行困难，因此一般采用分布式方法来解决这一问题。

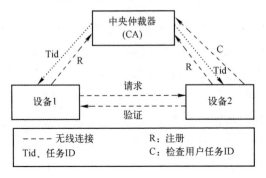

图 9.2　集中式方法

9.3.3　分布式方法

在集中式方法中，CA 能够进行注册、证明和分配 Tid，但是在分布式方法中，在所有设备上均可以执行注册、验证以及相互验证，这种方法在设备级上会消耗更多的能量。通信中所涉及的设备是异构的，因此所有设备的计算成本是不同的，在设备层级管理资源利用是很繁琐的。图 9.3 显示了分布式或分散式（Skarmeta 等，2014）方法，其中设备通信不涉及进程 CA。

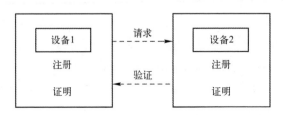

图 9.3　分布式方法

9.3.4　局部集中全球分布

通过这种方法，可以最大限度地克服前面讨论的集中式方法和分布式方法的缺点。资源稀缺的设备被分组组成一个网络，资源相对多于稀缺资源的设备被分组到另一个网络中。资源约束设备采用集中式方法，而其他设备采用分布式方法。在 9.4 节中用网络场景说明了这种方法。

9.4 基于 Fog 的物联网设备验证

Fog 计算（Yannuzzi 等，2014 年；Luan 等，2015）为网络边缘的设备提供服务，异构设备需要来自云端的服务。由于其耗时且为了避免拥塞，Fog 计算提供从云端到边缘设备的服务。涉及通信的设备，它们的信息必须得到保护，以确保设备的隐私。因此，为了保证设备传输的信息的隐私性和安全性，必须事先对设备进行验证。在本节中，网络环境将说明所进行的研究，然后是验证的三个阶段，包括注册、验证和验证后的授权。基于代理的验证是为了将 CA 的任务分配给代理进行并行计算，以降低计算成本，减轻单个 CA 失败的影响。表 9.1 给出了在所提出的算法和网络环境中使用的符号。

表 9.1 在所提出的算法和网络环境中使用的符号

符号	说明
di	设备 di = {d1,d2,…,dn}
CAi	中央仲裁器 CAi = {CA1,CA2,…,CAn}
Tidi	任务 Id Tidi = {Tid1,Tid2,…,Tidn}
NWidi	网络 Id NWidi = {NWid1,NWid2,…,NWidn}
MACidi	设备 MAC 地址 MACidi = {MACid1,MACid2,…,MACidn}
IPi	IP 地址 IPi = {IP1,IP2,…,IPn}
AS	认证分数
$h(\cdot)$	单向哈希函数
Yi	私钥
Zi	公钥
C	码

9.4.1 网络环境

由于边缘设备资源稀缺，因此在 9.2 节中讨论了用于验证的轻量级算法。在提出的方案中，边缘设备是资源丰富和稀缺的，集聚在不同的网络（如 N1、N2 和 N3）。由各种设备组成的感知层容易受到多种攻击，攻击主要包括设备故障、拒绝服务、恶意设备更改设备身份、欺骗设备身份等。因此，在开展的研究中，通常通过基于模糊方法的人工决策来确保设备的信任。由于无法由所有异构设备提供计算所需的资源，设备之间的信任被处理在 Fog 层中。边缘计算执行最大资源利用率（Sutagundar 等，2019），因此服务被提供给 Fog 层的设备。图 9.4 显示了考虑三层的网络场景，即感知层、Fog 层和云。

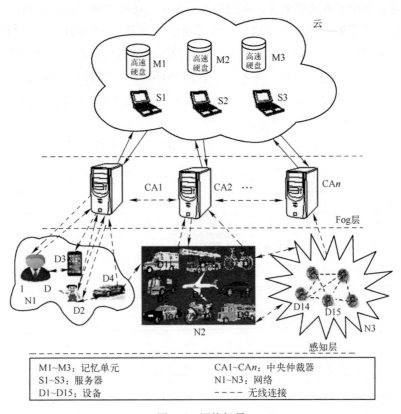

图 9.4 网络场景

感知层中存在设备，Fog 层通过云向设备提供服务。一些服务从云扩展到 Fog 层以供设备运行。使用本地集中和全局分布的方法对设备进行身份验证。在图 9.4 中，{CA1，CA2，…，CAn} 是中央仲裁作为网关的、存在于 Fog 层的边缘设备。它们监控进出的设备以及设备活动，主要检查和验证设备是否可信或虚假。CAi 用较少的资源对设备进行集群，然后注册附近的设备。设备验证后，向设备发放任务 ID（Tid$i$）并存储在 CA 的数据库中，如果 N1 中 d1 希望在 N2 中与 d5 通信，CA1 和 CA2 进行通信，并相应地提供 Tid$i$。N1 的 D1 将被分配一个网络 ID（NWid$i$），然后它必须注册到 CA2，并验证 CA1 给出的 ID，允许进入 N2 和设备。在本研究中，对设备进行了三个阶段的认证。

1. 注册阶段

在这个阶段，设备使用其 MAC ID 和 IP 地址注册到 CA。考虑在 CAi = {d1,d2,…,d10} 注册设备。每个设备 di 有 D = {di, MACidi, IPi, Nwidi, Ti}。Nwidi、Ti 是由 CAi 发布的网络 ID 和时间戳。图 9.5 显示了 CA 块，CA 存储在数据库中，包括注册、验证，一旦注册，输出"D"被发送到验证阶段。

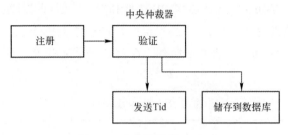

图 9.5 中央仲裁器（CA）

2. 验证阶段

注册阶段的输出是输入到 CA 的清晰值，图 9.6 显示了验证阶段的功能，它具有模糊器、Mamdani 型模糊干扰系统（FIS）（Magdalena，2015；Uppalapati 和 Kaur，2009）、去模糊器和用于将 Tid 发送到设备并存储在数据库中的分配器。这一阶段需要确保设备的信任级，通过 FIS 信任该设备；一旦获得信任，它便可以通过进入网络进行通信。FIS 系统为注册的设备提供一个信任 ID。一份副本存储在数据库中，然后转发给设备。模糊逻辑用于决策（Javanmardi，2012；Jiang 等，2013）以衡量信任度。FIS 系统包括一组模糊规则，用于确定设备的信任级别。如果级别低于阈值，则将设备发送到注册阶段；如果级别大于介质信任阈值，则将设备发送到下一个阶段。同时，CAi 会定期观察其活动。如果信任级别等于阈值，则它将得到保证并进入身份认证阶段。

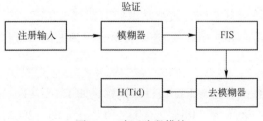

图 9.6 验证阶段模块

表 9.2 说明了一些 FIS 设计的模糊规则,用于评估设备的信任级别。模糊器将所有输入转换为语言变量,以形成相关规则。if-then 规则用于制定规则、决定信任水平、基于成员数值选择阈值。

模糊规则集是通过考虑输入变量的模糊化来构建的:

$$D = \{di, MACidi, IPi, Nwidi, Ti\}$$

IP 地址成员值为 $\mu A(x)$,设备成员值的 MAC 地址为 $\mu B(x)$,网络 ID 成员值为 $\mu C(x)$。成员值是根据检查 IP 地址和 MAC 地址的欺骗情况来选择的。成员值的取值范围为 0~1,这些值决定了地址中的欺骗级别,并帮助查找设备的身份和信任级别,如表 9.2 所列。表 9.2 是制定表 9.3 所列模糊规则的参考。

表 9.2 模糊成员值

参 数	成 员 值		
	X1	X2	X3
T1(很低)	0.4	0.2	0.4
T2(低)	0.5	0.3	0.5
T3(中)	0.7	0.5	0.45
T4(高)	0.65	0.7	0.6
T5(很高)	0.8	0.9	0.75

表 9.3 模糊规则的样本集

规则 1:如果 X1 = 0.4,X2 = 0.2,X3 = 0.4,输出是 T1(很低信任度)。
规则 2:如果 X1 = 0.5,X2 = 0.3,X3 = 0.5,输出是 T2(低信任度)。
规则 3:如果 X1 = 0.7,X2 = 0.5,X3 = 0.45,输出是 T3(中信任度)。
规则 4:如果 X1 = 0.65,X2 = 0.7,X3 = 0.6,输出是 T4(高信任度)。
规则 5:如果 X1 = 0.8,X2 = 0.9,X3 = 0.75,输出是 T5(高信任度)。

选择一些成员值的组合制定规则,随着规则数量的增加,信任度提高。因此,它确保设备是真实的,而不是虚假的或恶意的。采用区域中心法对所建立的规则进行汇总和模糊处理。FIS 将所有单独的输出组合为

$$Fag = G\{\mu_{T1}(x), \mu_{T2}(x), \mu_{T3}(x), \mu_{T4}(x), \mu_{T5}(x)\}$$

其中 G 是聚合函数,并且对 Fag 进行去模糊,如 Tid = D(Fag),其中 D 是去模糊方法。COA 方法表示为(Ross、Booker 和 Parkinson,2002):

$$\text{Tid} = \frac{\sum_{i=1}^{5} \mu_x(T_i) \cdot (T_i)}{\sum_{i=1}^{n} \mu_x(T_i)} \quad (9.1)$$

经去模糊处理后的输出对于设备的信任度是一个明确的值,并且该设备使用了 Tid 值,它存储在 CAi 中。该设备通过使用 Tid 以及 IP、MAC、网络地址和分配 ID 的时间来请求网络中的另一设备进行通信。下一步涉及相互验证过程,以确保真实性并允许在验证阶段讨论通信。

3. 验证阶段

身份验证有两种方式,选择多级身份验证是最高身份验证。信任 ID 是从 CA 发出的,然后通过获得参与通信的设备的同意,授予设备与设备通信的权限。算法 1 提出了一种使用低级别的公钥和私钥交换的互验证。中层基于口令的验证在算法 2 中执行。在较高的层次上,模糊方法通过一组模糊规则来决定设备的验证。这 3 个层次在多个步骤中使用,它是根据参与通信的用户或设备的活动来选择的,如果活动是变化的,则应用第二级或中级身份验证;如果设备在第二级认证失败,则在第三级验证设备中采用考虑多因素的模糊方法(A. Roy 和 Dasgupta,2018)。基于模糊决策、重新注册或锁定设备,不允许在网络中进一步交互。

Algorithm 1: Mutual Authentication between device 1(d1) and device 2 (d2) (Low level)

Nomenclature: h( )-one way hash function; Y1-private key of d1; Y2-private key of d2; Z1- public key of d1; Z2- public key of d2;

Begin

Step 1: d1 task id is Tid1 is hashed P1 = h(Tid1),

Compute private key Y1 = s P1; Public key Z1 = aY1;

d1 sends(req, Tid1, MAC1, IP1, Z1, T1) to d2; T1 is current

time of d1 Step 2: d2 receives the request from d1, d2 sends P1 to CA for

checking whether it is trusted;

If P1 = h(Tid1) ‖ T1 checks in database, if equal then

its trusted or else rejects the request

and forward to registration phase. Step 3: d2 performs P2 = h(Tid2);

Compute private key Y2 = s P2; Public key Z2 = bY2;

d2 sends(Tid2, MAC2, IP2, Z2, T2) to d1

Step 4: d1 checks whether T2 is valid, if valid finds public key Z1' = a P and sends (Tid1 ∥ MAC1 ∥ IP1 ∥ Tid2 ∥ MAC2 ∥ IP2 ∥ Z1' ∥ Z1") to d2 Step 5: d2 verifies h(Tid1 ∥ MAC1 ∥ IP1 ∥ Tid2 ∥ MAC2 ∥ IP2 ∥ Z1' ∥ Z1") If Z1" = s^{-1}Z1 then its authenticated or else authentication fails;

d2 performs Z2' = bP then sends(Tid2 ∥ MAC2 ∥ IP2 ∥ Ti d1 ∥ MAC1 ∥ IP1 ∥ Z2' ∥ Z2") to d1

Step 6: d1 receives from d2 finds Z2" = s^{-1}Z2; Verifies (Tid2 ∥ MAC2 ∥ IP2 ∥ Tid1 ∥ MAC1 ∥ IP1 ∥ Z2' ∥ Z2") = (Tid1 ∥ MAC1 ∥ IP1 ∥ Tid2 ∥ MAC2 ∥ IP2 ∥ Z1' ∥ Z1") then d2 is authenticated to d1 hence

mutually authenticated. Step 7: If malicious devices is suspected apply medium level mutual authentication that is token based discussed in algorithm 2. Step 8: If still threat exists employ third level authentication mechanism using fuzzy approach for deciding whether to deregister or lock the device.

End

在算法 2 中，提出了中等级别的验证。指令有几种类型，在本研究中使用了软件指令（ST），它是一种双因素验证安全设备，用于验证计算机服务的使用。ST 存储在设备上，用于对设备进行身份验证。包含指令的密钥由 MAC ID、IP 地址、设备 Tid 和指令组成。

K = { MACidi ∥ IPi ∥ Tidi ∥ Nwidi ∥ Tokeni ∥ Ti } 是设备用来与另一个设备进行身份验证的密钥。如果恶意设备标识了关键参数之一，但是找不到完整的密钥并且无法通过身份验证。所有组合都必须与原始设备的组合相同，然后才进行身份验证。软件指令有一个缺点，因为发送或接收代码的程序可能会被黑客入侵。因此，在这项研究中，通过使用某种算术逻辑来构造指令，以验证发送给用户的代码与数据库中的代码之间的匹配性。在算法 2 中讨论了指令的构造。

Algorithm 2: Mutual authentication d1 to d2(Medium level)

Nomenclature: Di-Devices; CAi- Central Arbiter; Code- C; OC- obtained code

Begin

Step 1: Devices Di registers to CAi.

Step 2: Attestation phase is completed.

Step 3: The trust id is sent to Di along with some random numbers.

Step 4: The random numbers are computed to form equivalent code and it is stored in database of CAi.

　　Step 5: The random numbers forming a equivalent key, if hacked and perform some operations on it and outputs random code.

　　Step 6: Random code is checked in the database of CAi toverify whether the respective Di random number is having same code.

　　Step 7: If random key = code(C) stored in database matches random key = obtained code (OC) then Di is authenticated and allowed to communicate.

　　Step 8: If in three attempts OC is obtained then it is allowed, in ten attempts it obtains OC then forwarded to third level of authentication.

　　Step 9: If failed in ten attempts then it is locked by the CAi and not allowed in communication in the network.

End

第三层是模糊方法，其中输入参数是登录活动、网络中的通信历史，以及邻近设备或拥有特定设备的 CA 的信任级别指示器。通过考虑相邻设备对特定设备的意见来确保信任级别。如果 3 个参数的成员值非常低，则 CA 锁定它们，不允许它们与任何网络通信。对设备的授权或访问是通过评估身份验证分数（AS）来提供的。下面一节将讨论查找 AS 所采用的步骤。

9.4.2 授权

授权用于决定将资源访问权授予经过身份验证的设备，它是一个决定允许访问多少资源的过程。在这项工作中，身份验证分数用于确定要访问的资源的百分比。ASi 是通过考虑身份验证阶段的基础、身份验证所需的时间、身份验证的尝试和身份验证的级别来评估的。AS1、AS2 和 AS3 是 3 个分数，分别代表高、中、低。3 个分数计算为

$$\{AS1 = Tr<TT+1 \text{ 认证尝试}+Auth1(\text{认证第 1 级})\}$$
$$\{AS2 = Tm = TT+2 \text{ 认证尝试}+(Auth1+Auth2)(2 \text{ 级})\}$$
$$\{AS3 = Th>TT+3 \text{ 认证尝试}+(Auth1+Auth2+Auth3)(3 \text{ 级})\}$$

其中 Tr、Tm、Th 为设备进行验证过程所花费的时间；TT 为验证过程所花费的总时间，给定为 TT=TY+TZ+Treq+2TCA+Th+TT+Tf。任何拥有的设备都可以通过付费获得资源，如果设备拥有 AS1 作为分数，那么请求的资源完全被给予访问权。如果 AS2 被占有，那么部分请求的资源被给予访问权，如果

AS3 被给予访问权,那么请求的 20%的资源被给予访问权。CA 监视设备的登录活动,如果它看起来是真实的,然后部分访问权会被授予;如果发现可疑,访问将被拒绝,设备将会被锁定,这有助于减少资源浪费并增加网络的寿命。如果任何设备在访问所需的部分资源期间离开网络,则会受到处罚,然后允许其离开。这里所讨论的方法是集中式的,CA 必须执行认证所需的所有操作,因此会消耗更多的能量,延迟也增加了。这个问题可以通过基于代理的分布式身份验证方法来解决。

9.4.3 基于代理的身份验证方法

代理是一种软件程序,根据其特征将其分类为静态的、移动的、反应性的、交流的、学习的和目标导向的(Mahmoud, 2000; Sabir 等, 2019)。代理技术可以在网络环境中用于跟踪可疑设备的活动。它们能够与所有类型的设备通信,因此可以通过将 CA 的一些任务分配给代理来减少 CA 的电力消耗。在安全方面,如果任何恶意设备试图进行随机攻击,则部署代理能够跟踪设备尝试登录并向 CA 发送警报消息以控制网络中的设备通信。在自适应环境下,代理在物联网设备注册和认证管理中起着至关重要的作用。代理结合了辅助学习,以帮助根据前一个用户接收到的信息做出决策。它有一个知识库,可以根据在网络中学习到的情况来解决问题,该学习方法可以分为监督学习和非监督学习。它可以通过观察网络进行学习,并适应网络场景,提高系统的效率。图 9.7 显示了基于代理的设备身份验证和授权的方法。中央仲裁机构(CAA)包括静态代理和移动代理(Manvi 和 Venkataram, 2004)。

CAA 创建 CAR、Ldma、LTa、Lca、Lma 和 Gma,分别用于存储、管理设备、检查信任级别、用于代理安全性的加密代理、监视设备活动和迁移代理。

(1) 中央仲裁库(CAR):存储所有注册设备的 ID 和信任 ID,它保持设备登录和离开的状态。

(2) 本地设备管理器代理(Ldma):它是一个静态代理,用于监视设备进出网络 1 和迁移到网络 2(图 9.4)。

(3) 本地监控代理(Lma):它是一个静态代理,在访问网络资源时监视设备的登录活动。如果观察到活动中的任何功能,它会立即与 Ldma 通信以锁定设备或执行任何操作。

(4) 本地信任设备代理(LTa):它是一个移动代理,它计算设备的信任级别并将其作为 Tid 分配给设备,将存储在网络中的 Tid 与进入网络的新设备进行进一步的比较。

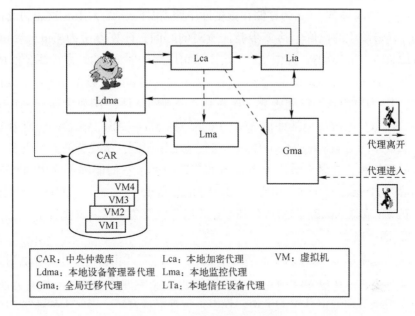

图 9.7 中央仲裁机构（CAA）

（5）本地加密代理（Lca）：它是由对称和非对称密钥加密技术组成的移动代理，它定期检查其他代理的安全性，因为代理的安全性可能因环境因素或网络状况而改变。它重量轻，因此能够嵌入所有设备。

（6）全局迁移代理（Gma）：它是一个移动代理，负责将设备定向到另一个网络 CA，或允许它根据 CA 中可用的资源与最近的 CA 通信，以避免系统故障。

CAA 通过划分静态代理和移动代理来帮助并行执行任务。通信开销是与CA 和其他设备通信所需的带宽，而不是单独的 CA。与非代理方法相比，将任务分配到不同的代理中并行执行操作，计算时间更短。

9.4.4 性能参数

评估所提议的工作时需要考虑的一些性能参数包括计算成本和通信成本。

1. 计算成本

该方法的总成本包括注册阶段、验证阶段以及授权阶段的成本。注册阶段的费用由 $Cr=Tr+Ta$ 给出，Tr 和 Ta 分别代表注册时间和分配网络 ID。

验证阶段成本计算为 $Ca=Tf+2Th+Td+nTs$，其中 Tf 为 FIS 系统所需时间，

Th 为一个哈希函数，Td 为存储在数据库中所需时间，Ts 为 Tidi 发送到设备的时间。注册阶段的代价包括多步验证所需的时间，计算方法为 Cau = TY+TZ+Treq+2TCA+Th+Tt+Tf，其中 TY 为计算私钥所需的时间，TZ 为计算公钥所需的时间，Treq 为 d1 到 d2 的请求时间，TCA 为发送和检查数据库中 Tid 所需的时间，Th 为单向哈希散列函数，Tt 为基于令牌的认证，Tf 为模糊方法。授权过程（Cath）的成本包括评估 ASi，Th 是估算 ASi={AS1，AS2，AS3}所需的时间，总成本为 C=Cr+Ca+Cau+Cath。与其他工作相比，所花费的成本更多，但额外的优势是，在多个级别上对设备的信任确保了它们能够承受中间人攻击（T. Roy 和 Dutta，2011）、窃听（Aliyu、Sheltami 和 Shakshuki，2018）、重播攻击（Pawar 和 Anuradha，2015）和节点攻击，并避免物联网瘫痪。

2. 通信成本

通信成本以 Cc 表示，通信参数 Cc = {Yi，Zi，Tidi，MACidi，IPi，Nwidi，ASi}。集中式方法降低了通信开销，而分布式方法增加了通信开销。为了保证网络中设备间通信开销的平衡，提出了一种组合方法。由于 CA 执行大部分操作，因此设备的能耗相对降低。

9.5 结　论

本书的研究主要基于验证之前信任设备这一情况，因为在验证过程中，设备虽然是可信的，但是设备之间的信任级别没有被识别。设备通过黑客入侵设备标识，并通过捕获机密信息降低网络效率，从而实现其身份的真实性。为了解决这一问题，本书提出的基于 Fog 的物联网设备验证保证了设备的信任，作为第一优先级，保证了通信的相互真实性，允许对网络中的设备进行授权访问。使用代理方法的多步骤和多因素验证是由设备执行的，以在很大程度上保证声明是真实的并且减小延迟。在平衡网络资源使用时，资源的访问是以 AS 为基础提供的。所提出的研究对于中间人攻击、窃听攻击和重播攻击是可以解决的。Fog 计算和代理技术共同提供及时的服务而不降低网络的效率。未来的研究工作是通过考虑影响设备的其他环境因素，使计算和通信成本最小化，并在不同层中容忍较少的攻击。

参 考 文 献

Alcaide Almudena, Esther Palomar, José Montero-Castillo, et al., 2013. Anonymous Authentication for Privacy-Preserving IoT Target-Driven Applications [J]. Computers & Security, 37: 111-23.

Alhothaily Abdulrahman, Arwa Alrawais, Chunqiang Hu, et al., 2018. One-Time-Username: A Threshold-Based Authentication System [J]. Procedia Computer Science, 129: 426-32.

Bonomi Flavio, Rodolfo Milito, Jiang Zhu, et al., 2012. Fog Computing and Its Role in the Internet of Things [C]. In Proceedings of the First Edition of the MCC Workshop on Mobile Cloud Computing, New York, NY: ACM: 13-16.

Dammak M, Rafik O, Messous M A, et al., 2019. Token-Based Lightweight Authentication to Secure IoT Networks [C]. In 2019 16th IEEE Annual Consumer Communications Networking Conference (CCNC), Las Vegas, US: 1-4.

Deng Hongmei, Anindo Mukherjee, Dharma P Agrawal, 2004. Threshold and Identity-Based Key Management and Authentication for Wireless Ad Hoc Networks [C]. 2004 Proceedings In International Conference on Information Technology: Coding and Computing. Las Vegas, NV: 107-107.

Everton de Matos, Ramão Tiago Tiburski, Leonardo Albernaz Amaral, et al., 2018. Providing Context-Aware Security for IoT Environments Through Context Sharing Feature [C]. 2018 17th IEEE International Conference On Trust, Security And Privacy In Computing And Communications/ 12th IEEE International Conference On Big Data Science And Engineering (TrustCom/BigDataSE), New York, NY, USA.

Farouq Aliyu, Tarek Sheltami, Elhadi M Shakshuki, 2018. A Detection and Prevention Technique for Man in the Middle Attack in Fog Computing [J]. Procedia Computer Science, 141: 24-31.

Ferrag Mohamed Amine, Leandros A Maglaras, Helge Janicke, et al., 2017. Authentication Protocols for Internet of Things: A Comprehensive Survey [R]. Security and Communication Networks. DOI: 10.1155/2017/6562953

Ferrag Mohamed Amine, Leandros Maglaras, Abdelouahid Derhab, 2019. Authentication and Authorization for Mobile IoT Devices Using Biofeatures: Recent Advances and Future Trends. Security and Communication Networks 2019 (April). doi: 10.1155/2019/5452870.

Jain V, Wadhwa S, Deshmukh S G, 2007. Supplier Selection Using Fuzzy Association Rules Mining Approach [J]. International Journal of Production Research, 45 (6): 1323-1353.

Javanmardi Saeed, 2012. A Novel Approach for Faulty Node Detection with the Aid of Fuzzy Theory and Majority Voting in Wireless Sensor Networks [J]. International Journal of Advanced Smart Sensor Network Systems, 2 (4): 1-10.

Jian Shen, Liu Dengzhi, Qi Liu, et al., 2017. Secure Authentication in Cloud Big Data with Hierarchical Attribute Authorization Structure [J]. IEEE Transactions on Big Data, 7 (4): 668-677.

Jiang Haifeng, Yanjing Sun, Renke Sun, et al., 2013. Fuzzy-Logic-Based Energy Optimized

Routing for Wireless Sensor Networks [J]. International Journal of Distributed Sensor Networks 9 (8): 216561.

Jimmy Singla, 2015. Comparative Study of Mamdani-Type and Sugeno-Type Fuzzy Inference Systems for Diagnosis of Diabetes [C]. 2015 International Conference on Advances in Computer Engineering and Applications, Ghaziabad, India: 517-522.

Karthiban K, Smys S, 2018. Privacy Preserving Approaches in Cloud Computing [C]. 2018 2nd International Conference on Inventive Systems and Control (ICISC), Coimbatore, India.

Keshwani Deepak R, David D Jones, George E Meyer, et al., 2008. Rule-Based Mamdani-Type Fuzzy Modeling of Skin Permeability. Applied Soft Computing, 8 (1): 285-294.

Kim Hokeun, Armin Wasicek, Benjamin Mehne, et al., 2016. A Secure Network Architecture for the Internet of Things Based on Local Authorization Entities [C]. 2016 IEEE 4th International Conference on Future Internet of Things and Cloud (FiCloud), Vienna, Austria: 114-122.

Kulkarni Shivaji, Shrihari Durg, Nalini Iyer. 2016. Internet of Things (IoT) Security [C]. 2016 3rd International Conference on Computing for Sustainable Global Development (INDIACom), New Delhi, India.

Liang Xiao, Wan Xiaoyue, Lu Xiaozhen, et al., 2018. IoT Security Techniques Based on Machine Learning: How Do IoT Devices Use AI to Enhance Security? [J]. In IEEE Signal Processing Magazine, 35 (5): 41-49.

Luan Tom H, Longxiang Gao, Zhi Li, et al., 2015. Fog Computing: Focusing on Mobile Users at the Edge [J], Computer Science: 1-11.

Magdalena Luis, 2015. Fuzzy Rule-Based Systems [M]. Springer Handbook of Computational Intelligence: 203-218.

Mahmoud Qusay H, 2000. Software Agents: Characteristics and Classifcation: 1-12.

Manvi S S, Venkataram P, 2004. Applications of Agent Technology in Communications: A Review [J]. Computer Communications, 27 (15): 1493-1508.

Mardiana binti Mohamad Noor, Wan Haslina Hassan, 2019. Current Research on Internet of Things (IoT) Security: A Survey [J]. Computer Networks, 148 (15): 283-294.

Mondal Soumik, Patrick Bours, 2014. Continuous Authentication Using Fuzzy Logic [C]. In Proceedings of the 7th International Conference on Security of Information and Networks, Glasgow, Scotland, UK: 231-238.

Muhammad Arif Muhal, Xiong Luo, Zahid Mahmood, et al., 2018. Physical Unclonable Function Based Authentication Scheme for Smart Devices in Internet of Things [C]. 2018 IEEE International Conference on Smart Internet of Things (SmartIoT), Xi'an, China: 160-165.

Ourad A Z, Belgacem B, Salah K, 2018. IoT Access Control and Authentication Management via Blockchain [C]. In Proceedings of Internet of Things-ICIOT 2018-Third International Conference, Seattle, WA.

Paul P V, Saraswathi R, 2017. The Internet of Things — A Comprehensive Survey [C]. 2017 International Conference on Computation of Power, Energy Information and Commuincation (ICCPEIC), Melmaruvathur, India: 421-426.

Pawani Porambage, Corinna Schmitt, Pardeep Kumar, et al., 2014. Two-Phase Authentication Protocol for Wireless Sensor Networks in Distributed IoT Applications [C]. 2014 IEEE Wireless Communications and Networking Conference (WCNC), Istanbul, Turkey: 2728- 2733.

Pawar Mohan V, Anuradha J, 2015. Network Security and Types of Attacks in Network [J]. Procedia Computer Science 48: 503-506.

Ross Timothy J, Jane M Booker, Jerry Parkinson W, 2002. Fuzzy Logic and Probability Applications: Bridging the Gap [M]. Society for Industrial and Applied Mathematics, Philadelphia, and American Statistical Association, Alexandria, Virginia. ISBN 0-89871-525-3.

Roy Arunava, Dipankar Dasgupta, 2018. A Fuzzy Decision Support System for Multifactor Authentication [J]. Soft Computing, 22 (12): 3959-3981.

Roy Tumpa, Kamlesh Dutta, 2011. Mutual Authentication for Mobile Communication Using Symmetric and Asymmetric Key Cryptography. Communications in Computer and Information Science, 88-99.

Sabir Badr Eddine, Mohamed Youssfi, Omar Bouattane, et al., 2019. Authentication and Load Balancing Scheme Based on JSON Token For Multi-Agent Systems [J]. Procedia Computer Science, 148: 562-570.

Sajjad Hussain Shah, Ilyas Yaqoob, 2016. A Survey: Internet of Things (IOT) Technologies, Applications and Challenges. 2016 IEEE Smart Energy Grid Engineering (SEGE), Oshawa, ON, Canada: 381-385.

Shivraj V L, Rajan M A, Singh M, et al., 2015. One Time Password Authentication Scheme Based on Elliptic Curves for Internet of Things (IoT) [C]. 2015 5th National Symposium on Information Technology: Towards New Smart World (NSITNSW), Riyadh, Saudi Arabia: 1-6.

Skarmeta Antonio F, José L Hernández-Ramos, Victoria Moreno M, 2014. A Decentralized Approach for Security and Privacy Challenges in the Internet of Things [C]. 2014 IEEE World Forum on Internet of Things (WF-IoT), Seoul, Korea (South): 67-72.

Stojmenovic Ivan, 2014. Fog Computing: A Cloud to the Ground Support for Smart Things and Machine-to-Machine Networks [C]. 2014 Australasian Telecommunication Networks and Applications Conference (ATNAC), Southbank, VIC, Australia: 117-22.

Sutagundar Ashok V, Ameenabegum H Attar, Daneshwari I Hatti, 2019. Resource Allocation for Fog Enhanced Vehicular Services [J]. Wireless Personal Communications, 104 (4): 1473-1491.

Uppalapati S, Kaur D, 2009. Design and Implementation of a Mamdani Fuzzy Inference System on an FPGA [C]. In NAFIPS NAFIPS 2009-2009 Annual Meeting of the North American

Fuzzy Information Processing Society, Cincinnati, OH, USA.

Vaquero Luis M, Luis Rodero-Merino, 2014. Finding Your Way in the Fog: Towards a Comprehensive Definition of Fog Computing [J]. ACM SIGCOMM Computer Communication Review, 44 (5): 27-32.

Wu Fan, Li Xiong, Xu Lili, et al., 2018. Authentication Protocol for Distributed Cloud Computing: An Explanation of the Security Situations for Internet-of-Things-Enabled Devices [J]. IEEE Consumer Electronics Magazine, 7 (6): 38-44.

Yang Yanjiang, Cai Haibin, Choo Kim-Kwang Raymond, 2016. Towards Lightweight Anonymous Entity Authentication for IoT Applications [C]. Australasian Conference on Information Security and Privacy, Melbourne, Australia: 265-280.

Yannuzzi M, Milito R, Serral-Gracià R, et al., 2014. Key Ingredients in an IoT Recipe: Fog Computing, Cloud Computing, and More Fog Computing. IEEE 19th International Workshop on Computer Aided Modeling and Design of Communication Links and Networks (CAMAD), Athens, Greece: 325-329.

Yao Qingsong, Ma Jianfeng, Li Rui, et al., 2019. Energy-Aware RFID Authentication in Edge Computing [J]. IEEE Access, 7: 77964-77980.

Ye Ning, Zhu Yan, Wang Ru-chuan, et al., 2014. An Efficient Authentication and Access Control Scheme for Perception Layer of Internet of Things [J]. Applied Mathematics & Information Sciences, 8 (4): 1617-1624.

Yi Shanhe, Hao Zijiang, Qin Zhengrui, 2015. Fog Computing: Platform and Applications [C]. 2015 Third IEEE Workshop on Hot Topics in Web Systems and Technologies (HotWeb), Washington, DC, USA: 73-78.

Yin Shan, Lu Yueming, Li Yonghua, 2015. Design and Implementation of IoT Centralized Management Model with Linkage Policy [C]. Third International Conference on Cyberspace Technology (CCT 2015), Beijing, China: 1-5.

第 10 章 软件定义网络与物联网安全

Ahmed Gaber Abu Abd-Allah, Atef Zaki Ghalwash, Aya Sedky Adly

10.1 简 介

软件定义网络（software-defined networking，SDN）技术在网络方法和技术中占有重要地位。SDN 将应用、控制和数据三个要素解耦，并由可编程控制器进行管理。SDN 将成为物联网的重要组成部分，并通过网络增长来开发和加载物联网，SDN 将是物联网的一个非常关键的方面。市场研究机构"Allied 市场研究"于 2019 年发表的一篇文章表明，为了更好地支持这些程序，到 2022 年，SDN 市场将翻倍，达到 1330 亿美元。作为对数据访问和传输新兴需求的响应，对 SDN 这个专有技术的行业术语研究迅速发展。为了将 SDN 转换为标准模型，移动设备和其他连接设备的容量不断增加，必须开始开发它们之间生成的数据。此外，涉及从这些相关设备检索信息的部门需要生成相关的安全程序来移交和储存这些信息。专家们指出，整个网络为了跟上物联网的步伐将会发生相应的重大变化，这被称为弹性（Flauzac 等，2015）。

当我们进入一个由海量数据统治的时代时，SDN 的灵活性就变得举足轻重。过时的网络还没有准备好，为了应对海量数据的流动和持续性的创新，它应该保持有预见性，因此必须对这些数据进行分析，否则就不会有作用，这是因为 SDN 是灵活的，灵活性和敏捷性是这个新时代下组织正确类型数据所必须具有的特性。我们将通过一个例子来阐明 SDN 与物联网集成的重要性。在医疗保健领域，医院可能有很多设备和患者终端设备，所有这些都可能是基于物联网、许可和连接的，因此，患者被分配到在指定网络上具有大量数据流的治疗扫描设备。这就需要灵活的体系架构来处理这个巨大的网络数据流量。

此外，医院网络充满了重要的个人数据，这些数据必须得到保护，并与点对点的信息安全相关联。在这种情况下，如果医院的设备是可移动的，那么设备必须能在新的区域建立直接连接，并且所有早先在网络中创建的网络准则和规则也必须被传输到新的地点。在一个灵活的 SDN 上存放大量的数据是至关重要的，而且网络是灵活的、可适应的和快速响应的，将在这个全球网络中有很大的发展机会。

通过使用 SDN 体系结构的网络安全体系，已经验证了许多工作方式。也尝试使用防火墙、IPS11、NAC7 或 IDS 模块（Hakiri 等，2014）代替 SDN 控制器或 OpenFlow 转发设备上的安全规则。下一代互联网结构的出现需要统一和先进的安全性，例如验证网络工具、运营商和相互使用有线和无线信息连接到运营商的项目。此外，还必须对经营者和物品的行为、定罪限制的设定以及使用文秘方法的方案证明等进行监督。然而，目前的保安系统并没有提供这些安保措施来满足下一代互联网架构的安保需求。

10.1.1 传统架构的限制

在互联网边缘，使用了传统的安全机制，如规避系统、干扰监测、防火墙（黄南阳，2018）等，这些工具用于保护网络免受外部攻击。然而，这些机制已不能保障下一代互联网的安全。

可扩展性问题在传统环境中已经无法得到解决，必须在技术上寻求另一种途径来满足不断增长的网络需求。所有这些设备都是通过交换机、集线器、路由器等转发设备连接起来的，这些设备都需要安全的工作环境（Hande 和 Akkalakshmi，2015）。传统网络的主要问题是大量设备的安全性无法得到保障。如前所述，所有这些新设备导致了各种设备的出现。因此，连接设备的数量和传输速率大大增加了，电子商务、电子银行、VoIP 和电子邮件等在线服务，都陆续浮现出来（Martinez-Julia 和 Skarmeta，2014）。

10.1.2 软件定义网络（SDN）

SDN 是一种新颖的网络编程方式，通过一个控制器使用开放的应用程序动态地引导和管理网络的各种行为（Badach，2018），差异在于它是依赖于定义为中度的封闭设备。SDN 为管理员提供了通用的可视化功能，可用于管理系统和控制每个流程。相反，由于流表的大小不完善，当前的 SDN 设计具有许多例行问题，例如，数据包到达的延迟严重、存储负担高以及可扩展性不佳。关于嵌入的网络技术，SDN 模型允许一个集中的控制器来控制数据流，以便附加来自不同销售商的活动。统一控制器建立所有的信息，并监控和保存整个网络和相关设备的数据流视图。这种集中化是实现正确管理网络角色的最新尝试（Badach, 2018）。SDN 只是将数据平面与控制平面进行解耦（图 10.1）。

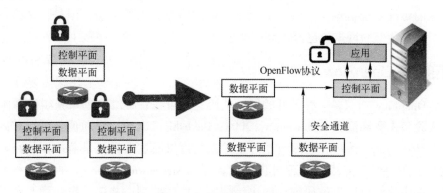

图 10.1　传统与 SDN 对比

这样的环境对于物联网的可持续和安全架构非常有效。SDN 的重要性的原因包括：

（1）应用程序将被包含在网络中，网络管理员可以轻松管理这些应用程序。IT 专家可以利用远程监视机制通过 SDN 实现对适当的应用程序有一定的了解。

（2）在一天中的特定时间内发生网络过载，专家可以确保以能够处理敏感流量水平的方式路由应用程序。SDN 之所以有吸引力，是因为它允许管理员制定策略，在网络负载和压力较大时，增强和集中应用程序。

（3）通过使用 SDN，网络所需的带宽因其对环境适应性强而变得更容易控制。假设你的组织在 IT 场景中同时拥有一个现场办公室和一个交换设备。通过使用 SDN，你也可以以一种适应性强的方式来处理这些不同的压力，为在特定时间最需要带宽的企业或办公室提供带宽。

（4）SDN 的许多功能都是动态的，包括服务质量（QoS）。特殊交换设备可以通过发出请求并在网络内创建数据包的特殊操作来响应 QoS。更好的是，SDN 控制器可以添加那些非常有用的应用程序的感知特性（Bakhshi, 2017），这样做可以及时了解应用程序所提供的特殊优待。

（5）通过自学习选项，如果大量使用数据交换，例如前面医院示例中提到的远程患者咨询，则它可以通过易于使用的界面根据需求接受适应性带宽。

（6）在物联网中，必须要确保终端到终端的数据的安全，这一点将成为我们在这项工作中的依据。SDN 使连接器能够保护终端设备并实时嵌入动态策略。这些连接器可以使便携式或固定设备快速（实时）连接到网络并自动部署策略。

防火墙、干扰发现和规避系统，所有这些设备都被认为是安装在互联网边缘的传统安全机制，这些工具用于保护网络免受外部威胁，但是，这些设备对下一代互联网来说已经不够安全了。

10.1.3 OpenFlow 协议

OpenFlow 协议是一种公开的行为代码，它可在各种类型的交换机和数据转发设备中驱动流表（McKeown，2008；Bakhshi，2017）。交通流量可以被区分并转化为制造流量和勘探流量。学术人员可以通过选择流量监控器的路径和所获得的处理方式来管理可识别的流量（McKeown，2008）。通过这种处理，路由协议可以通过研究，解决结构安全性的原型，并统一更换到互联网协议中使用。在类似的系统上，如今还无法访问和处理交通流。OpenFlow 交换机依赖于路由其数据或流量的流程表，以及分配给表中的每个流量的操作。

OpenFlow 交换机维持的传统活动是非常全面的，这意味着活动中会包括大量的规则和策略，以允许简洁的管理，这将支持高性能和低成本。信息路由的本质具有预定等级的弹性，这形成了对每个包在行动价值范围内进行随机处理、寻找额外限制的能力（McKeown，2008）。

简单地说，OpenFlow 交换至少包括 3 个片段：一个流表，包含与数据流的每个入口相关的动作，以便与转发设备联系，以及处理该数据流的方法；一种安全通道，将该交换机与远程控制进程（控制器）连接起来，允许控制器和交换机之间发出命令；一种用于定向数据包的 OpenFlow 协议（Lu 等，2017），该协议为控制器提供了一种公开的典型方法，以便与转发设备互连。表面上看，通过识别进行访问的双方之间的一个标准接口（OpenFlow protocol）（NEC，2011；ONF，2015），流表能够被指定，OpenFlow 交换机规避了学术界在网络中插入交换机的要求（McKeown，2008）。

如图 10.1 和图 10.2 所示，OpenFlow 协议（NEC 2011）是一种控制平面和数据平面之间的联系方法，如前所述。OpenFlow 系统消除了交换机的整个控制角色，因此控制者需要做出每个选择（Nanyang Huang，2018）。

物联网的安全性是由后面讨论的许多方面和安全价值观决定的。物联网安全面临的挑战已经成为许多研究者的主要目标。在下一节中，对相关研究工作进行了分析，并描述了本研究的贡献（Adly，2019；Adly，2020）。

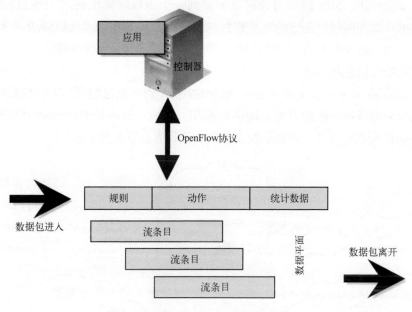

图 10.2 使用 OpenFlow 协议的 SDN 结构

10.2 相关研究

10.2.1 安全物联网的安全 SDN 平台

Flauzac 等（2015）在每个控制器中都植入了网络安全概念，提供了一种保证整个系统安全的设计。

互联网发展迅速，截至 2014 年底，已经有 42.3% 的人与互联网有关。然而，随着互联网的发展，网络安全漏洞也开始变得越来越多（NOLOT, 2015）。

许多研究致力于物联网的安全性，因为它包含具有交互能力的每一个项目或设备，例如医疗、飞机、汽车、工厂等不同学科的许多设备中的传感器。

10.2.2 建议的体系结构

受 OpenDaylight 控制器的启发，提出了一个三层的自组网架构。其基本框架是：物理层、可编程层和操作系统层。

如前所述，SDN 的各层和接口连接到一个虚拟防御设备（交换机）上，交换机负责在网络对象之间转发数据包。该模型将 SDN 网络划分为多个称为域的子网，每个域都有一个控制器，负责在每个设备上设置规则，还可以接受或拒绝任何连接请求。

如图 10.3 所示，A 和 B 在不同的域中，A 想要发送数据给 B。数据包可能包含病毒或任何线程可能是脆弱的网络。因此，域中的其他方必须知道发送方和接收方的身份，也就是说发送方和接收方必须彼此了解。

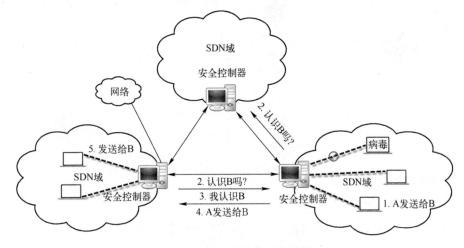

图 10.3　SDN 域中的安全网格

当 A 向 B 发送一个请求时，安全控制器将广播一条消息，以了解发送方和接收方是否认识对方；如果不认识，连接将被终止。如果接收方的安全控制器接受请求，那么它就可以接收数据包。接受后，A 将数据包发送给 B，最终 B 将收到数据包。

基于 SDN 的网络架构可以包括分布式控制器，该解决方案可用于物联网所依赖的 Ad-Hoc 网络框架。

10.2.3　物联网的安全 SDN 框架

2015 年，Sahoo 等为物联网提供了一种安全的 SDN 结构，因为当数据实际上在不同地方传输时，消息保护是最重要的关键问题。此外，通过当代互联网机器的发展高峰，大量的设备正在利用有线和无线框架与用户联系，因此，处理程序或用户以及网络设备也经常暴露在可能的威胁之下。一个特殊的安全设备应该与物联网一起使用，因为它集成了所有具有网络功能的终端。

这意味着，在这种环境中，所有对象都具有排他性标识符，并且能够在不需要人对计算机或人对人交互的情况下分配数据（Sahoo 等，2015）。

在传统结构中，中断检测系统（IDS）是被设置在互联网的边缘层的。这些结构被用来保护系统免受外部危害，但它们不足以解决不断变化的互联网的安全性，基于无边界系统的物联网增加了准入系统控制器的额外风险。物联网 Ad-Hoc 面临的主要问题是安全性（Sahoo 等，2015）。

安全通信网络的 5 个基本属性是完整性、机密性、可用性、不可否认性和身份验证（Tayyaba，2017）。恶意攻击和危险被认为是网络线程，网络管理员必须保护他们的网络。同时，SDN 网络框架必须得到保护，并保持上述特性。SANE 和 Ethane 架构（Valdivieso Caraguay 等，2014）考虑了无法访问控制器和先进子结构的安全特性。

Ethane 和 SANE 框架彼此相似，因为它们允许为数据和控制提供更多的开发工具。Ethane 被用来解决许多风险，因为它有几个与 SDN 架构并行的保证实践。ProtoGENI（Valdivieso Caraguay 等，2014）是一个经过测试的网络，它暴露了各种各样的威胁。任何网络系统都有它的安全策略，这些无数的相关策略被分组以支持发现威胁。目前的 SDN 模型提供了许多功能，应用层的主要问题是安全性。SDN 框架如图 10.2 所示，其他系统大致由不同的层和 SDN 接口组成。最近对 SDN 安全主题进行了许多研究（Rana 等，2019）。

Sahoo 等（2015）提出了一种结构，为网络提供了安全应用和自我激励的构造，如图 10.3 所示。由于网络基础设施的存在，在 Ad-Hoc 系统中不可能实现全面的交通观测过程（Waleed Alnumay，2019）。通过控制平面组件验证整个网络设备，可以增强安全性。每当交换机与控制器之间启动安全链路时，交换机中的所有端口都直接被控制器卡住，称为数据与控制平面集成。客户端验证过程必须首先进行，然后将正确的数据流条目推入预期的交换机。这类似于物联网的设置和功能，其中的验证程序包含互联网许可的活动。

这里建议在网络活动中使用 OpenFlow 启用的端口，该端口与控制平面相关联。每个控制器的群集连接都有一个带有备用或额外模块的安全规则。为了保证 SDN 域内的网络安全，一些 SDN 控制器起到了保护整个网络安全的作用。在每一种情况下，都有一个必须在不同域的两个节点之间发送消息的基本过程。原始数据流条目被移动到安全控制平面附近，然后控制器向附近的每个控制器发出请求，但它们可以区分所要求的数据流条目的目标。如果任何集群或域有一个超时请求，这表明附近两个控制器之间的连接失败，那么除了观察循环流，之前选择的控制器将成为一个边界控制器。

10.2.4 IoT-SDN 集成

物联网的概念范围之广,对目前和未来网络的联网和互联网络方案,特别是互联网,都带来了新的挑战。首先,如图 10.4 所示,网络必须支持自定义选项,并在网络性能和基本协议(如 OpenFlow)方面支持混合设备。每一个物联网对象(设备或事物)都是为了实现特定的目标而构建的,甚至是计划好的。此外,放置某些对象的整个环境通常都是以特定的目标来设计的。最后,物联网建议多个混合网络的广泛互连(Desai,2016),结合它们的对象、它们运行的环境、它们使用的上层和下层协议,甚至它们需要实现的不平等目标。

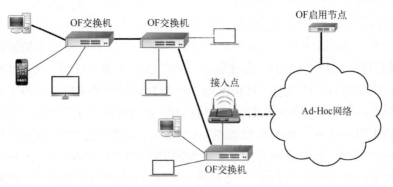

图 10.4 扩展的 SDN 域

2014 年,Martinez Julia 和 Skarmeta 设计了一个集成框架,以实现 SDN 和物联网技术的混合。然而,我们的观点局限于将 SDN 作为实现物联网功能的工具,不是两种技术的混合体。

10.2.4.1 建议的框架

SDN 和 IoT 集成的基本情况,如图 10.5 所示,由一组最小的功能块组成(NOLOT 2015),主要是由测试人员和他们影响的级别决定的,也就是对象或网络、数据,或控制平面。因此,连接到一个支持 SDN 网络的两个对象将能够通过部署其内部的物联网代理与物联网控制器合作。其目的是向控制器提供设置信息,以便由控制器做出必要的决策,并将其复制到必要的网络中。虽然物联网控制器仅被表示为一个实用块,但它是一个内部段,因此新的功能可以添加到物联网覆盖层中,而不需要引入其他元素,也不需要与 SDN 控制器建立新的关系。

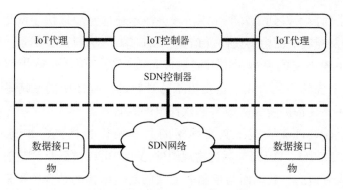

图 10.5　物联网与 SDN 的集成框架

网络生成从请求者到响应者的路径,这个路径可能是逻辑的(建立一个确定的连接或电路)或虚拟的。这就是 SDN 发挥作用的地方,它允许依赖于不同(因此是特别的)协议的对象彼此通信,这一点是与众不同的。因此,可以利用 SDN 机制来生成连接两端的路径,这被称为转发路径,它是通过在该路径中找到的所有转发元素中设置基本转发规则来实现的。

然后,物联网控制器检测其角色。它需要接收发送方的通信请求,检测网络图中的接收方,通过一些路由过程确定路径,根据对象使用的协议的正常状态计算转发规则,最后将这些规则共享给 SDN 控制器,由 SDN 控制器将其设置为转发程序。安装在对象中的物联网代理将通信请求定向到物联网控制器,这些物联网代理将与对象的其他机制组合在一起,以查明正在建立的消息的必要参数,如目的地的标识符或地址。甚至在通信开始之前,这些数据就被发送到物联网控制器,以便网络为通信的进行做好准备。

10.3　SDN 技术面临的挑战

然而,在用于使网络保持相邻的技术推动下,SDN 得到了发展,但是并不迅速。此外,一些应用程序的可扩展性、可靠性和安全性受到其他结构的限制(Saraswat 等,2019 年),必须破坏这些结构,才能让利益相关者进行度量。随后,对这些结构进行了检查,根据前面讨论的内容,控制平面和数据平面之间的分离允许自我扩展和开发。

依靠数据平面上的硬件技术和数据包分配程度,包括专用集成电路(ASIC)、专用标准产品(ASSP)、现场可编程门阵列(FPGA)(Binlun,2018;Saraswat 等,2019;Mabel 等,2019)或多核 CPU 通用处理器(GPP)

在内的一系列技术得到了发展。现阶段，演示还应主要取决于网络操作系统（NOS）以及控制平面内的硬件（信标、出口端、泛光灯）。然而，在任何阶段都可能出现不良的例程，这可能造成重大损失，例如包装损坏或中断和DDoS拒绝系统的不当表现。正是出于这种目的，程序中的平衡是必不可少的，同时还要具备扩展SDN硬件和软件组件的能力。

此外，OpenFlow实践了真实网络的共享硬件特性，比如流表（NEC，2011；ONF，2015，2019）。通过物理硬件，SDN可以被延长到流表之外并处理额外的现有财产。数据面与控制面之间的新型结构的结合和探索是近年来的研究热点。除了实践包处理和中间盒（Mustafa和Mkpanam，2018）等设备外，SD机器还可以集成和专业地使用许多应用程序，如流程安排、加密和分析等。此外，系统中控制器的数量和状态是可以协商的。作为系统的术语和可预测的叙述，介绍了选择数量和地点的决定性影响。必须考虑一个基本特性，即安全性，并非所有网络应用程序都具有相同的许可权限。大纲的任务和访问网络资源的验证是至关重要的。

从理论上讲，OpenFlow实现了TLS（传输层安全）（ONF 2015）的选择性使用，如控制器和交换机中的认证仪器。然而，对于众多在转发设备之间交换数据的控制器方案，仍然没有足够的资格来保证安全性。此外，OpenFlow创建一个身份不明的数据包（或它的包头），它可能会被完全发送给控制器；通过向交换机传输大量未指定的数据包，DDoS威胁很容易夸大这一点。从实际系统构建到基于结构的SDN网络的演变也是一个众所周知的问题。尽管市场上有支持OpenFlow的系统策略（IBM和NEC），但系统结构的完全替代是不可能的。转换期间需要机器、程序和边界。目前，为实现这一目标进行了重大的尝试。ONF（Open Networking Foundation）发布了IFConfig协议（ONF 2015），该协议作为OpenFlow转发设备的伴生协议的初级阶段。相应地，IETF的转发和控制分离工作组（ForCES）以及欧洲电信标准协会（ETSI）都在为这一专业扩展进行接口标准化。

10.4　SDN的物联网革命

在一个组合系统中，物联网设备容易受到安全威胁。在由SDN建立的物联网系统中，还存在安全特性考虑不足的问题。研究者提出了一种基于SDN的物联网系统保护设计（Martinez-Julia和Skarmeta，2014）。该安全体系结构侧重于验证与物联网系统相关的任何设备及其与控制器的关系。在这样的结构中，当无线项目与控制器建立关联时，物联网是一个 Ad-Hoc 网络，一旦连接被证实，控制器将阻塞所有端口，控制器开关对该设备进行身份验证。除非操作符可靠，否则控制器将会开始向该操作符发送数据流。在这样的网络中，有限的控制器通过交换操作员身份验证来协助作为安全保护器。如果出现控制器保护失效，则选择其他边缘控制器作为控制器保护。

如前所述，本次调查的范围涉及 SDN 和物联网之间的可靠性，这是实现和获取更好安全性能的新技术。表 10.1 展示了基于物联网安全解决方案建立的 SDN 框架的最新研究。物联网将成为推动高度发达的网络建设，以及社会、产业革命的主要手段。据评估，2016 年约有 65 亿个项目投入使用，比 2015 年增加 30%。大约有 550 万台设备与互联网相连。这一数量正在全面增长（图 10.6），随着这一增长，公司有信心在物联网上投入大量资金，2014 年约为 6560 亿美元（Saleh，2013、2019）。从更广泛的意义上说，这种迅速的转变正在迫使生产商和公司承担责任，因此，研究目标已经在改变。根据国际数据公司的数据显示，投入将达到大约 80 亿美元，而 2014 年只有 9.6 亿美元，这是一个 90% 的复合增长率。根据 Gartner 的报告，软件定义的网络应用和基础设施位列 2015 年的十大趋势。2016 年的年度增长数据也超过了泽字节级的限制，预计将超过 SDN 的发展速度。使用 SDN 的数据中心制造业增长了 87%，2015 年产生了 9.6 亿美元的收入。这两个领域的崛起显然预示着基于 SDN 的物联网生产的机械和发展的结合。

表 10.1 基于 SDN 的物联网安全解决方案（来源于文献（Tayyaba，2017））

方　　法	安全参数	网　　络	描　　述	限　　制
安全 SDN 框架（Leontiadis，2012）	身份验证	Ad-Hoc 网络	一旦控制器阻止所有端口接收新的数据流，身份验证即被激活	仍然没有被证实，执行或复制只是一个假设的基础
DISFIRE（Luo，2012）	认证和授权	网格网络	通过多个控制器在每个子网络集群中应用动态保护，保证了授权	无大纲评估，回收的程序是 OpFlex，没有本质上得到验证
Black SDN（Wu，2015）	位置安全性、机密性、完整性、身份验证和隐私性	通用物联网/M2M 通信	通过在连接中加密和自定义 SDN 控制器作为 TTP，将保持元数据和有效负载的安全	模糊系统的可扩展性在全面退出时会产生风险

续表

方法	安全参数	网络	描述	限制
SDP（Chakrabarty, 2016）	身份验证	Ad-Hoc 网络/M2M 通信	SDP 收集所有 M2M 内行消息的 IP 地址，并将它们储存到一个合理的网络中。根据保存的信息进行认证	在 IoE 的情况下，可扩展性会驱动事件的例行程序
SDIoT（Miyazaki, 2014）	身份验证	通用的物联网网络	它利用了 SD 安全设备，利用 NFV 和 SDP 通过身份验证确保网络中的安全访问	对于 SDSec 唯一的逻辑元素来说，处理大型网络和数据中心是很困难的。目前还没有初步的评估

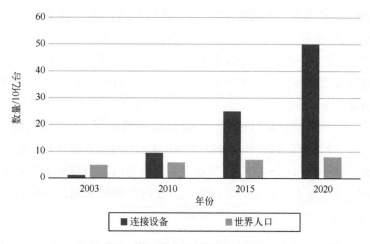

图 10.6 在全球范围内使用的物联网设备（Tayyaba, 2017、2018）

10.5 结 论

在本研究中，我们阐述了近期软件定义网络与物联网结合的相关工作，传统应用与 SDN 的比较，SDN 面临的挑战及其对物联网的影响，以及使用 SDN 的原因，并对当前和未来的物联网发展进行了战略展望。

通过网络交换数据和信息的整个运营和连接设施的非线性发展增长是对物联网的融合感知。现在旧式框架的僵化已经无法满足需要，这意味着重新考虑面向定制的新行为——子结构和传输技术将支持这种定制。SDN 作为一种替代品以解决目前旧式系统的问题而出现。通过允许网络管理员对整个网络有一个完整的视图，除了管理和监视系统的场合外，还赋予了每个业务的需求。因此，SDN 提供的灵活性可以有效地用于允许连接到异构（Ad-Hoc）网络的设备彼此连接。这与此类对象或设备的能力和选项无关，因此它完全适合物联网情况。部分计算或通信能力是控制物联网网络框架形式及其通信方式的重要影响因素。此外，分析了 SDN 在制造系统应用中面临的困难和挑战。值得注意的是，SDN 提供了增强网络行为管理性能的解决方案。这种工具的使用是新颖的，是一个热门的学习领域，而且随着 SDN 研究的增长也在不断增加，因此总有一天这种模式将携带先进的方法来监视和控制我们的网络。此外，用于精准确定显式协议的策略通常是不匹配的，并且不允许事物间相互简单的关联，从而影响安全。这一问题可以通过使用软件定义网络可获得的机器来解决，方法是在其顶部建造一个新设施，为物联网物质提供供应，正如上述一些研究所尝试的那样，这涉及其他必须确定和解决的挑战和困难。然而，与教条主义的原则相比，创新的遭遇和探索的目的所面临的挑战和困难要少得多，因此确定解决方案将是对具有良好整体结构设计策略一个很好的介绍。

参 考 文 献

Aya Sedky Adly, 2019. Technology trade-offs for IIoT systems and applications from a developing country perspective: case of Egypt [M]. The Internet of Things in the Industrial Sector. Springer. 299–319.

Aya Sedky Adly, 2020. Integrating Vehicular Technologies Within the IoT Environment: A Case of Egypt [M]. Connected Vehicles in the Internet of Things. Springer. 85–100.

Badach Anatol, 2018. SDN importance for data centers. Software Defined Anything (SDx) NetworkingNetzwerkprojekte.

Bakhshi Taimur, 2017. State of the art and recent research advances in software defined networking [J]. Wireless Communications and Mobile Computing, 2017: 1–35.

Chakrabarty Shaibal, Daniel W Engels, 2016. A Secure IoT Architecture for Smart Cities [C]. 2016 13th IEEE Annual Consumer Communications & Networking Conference (CCNC), Las Vegas, NV, USA: 812–813.

Desai Abhijeet, Nagegowda K S, N inikrishna T, 2016. A framework for integrating IoT and SDN using proposed OF-enabled management device [C]. In 2016 International Conference on Circuit, Power and Computing Technologies (ICCPCT), Nagercoil, India: 1–4.

Flauzac Olivier, Carlos González, Abdelhak Hachani, 2015. SDN Based Architecture for IoT and

Improvement of the Security [C]. 2015 IEEE 29th International Conference on Advanced Information Networking and Applications Workshops, Gwangju, Korea (South).

Flauzac Olivier, Gonzalez Carlos, Nolot Florent, 2015. New security architecture for IoT network [J]. Procedia Computer Science, 52 (2015): 1028-1033.

Hakiri Akram, Aniruddha Gokhale, Pascal Berthou, et al., 2014. Software - defined networking: Challenges and research opportunities for future Internet [J]. Computer Networks, 75 (Part A): 453-471.

Hande Yogita Shivaji, Akkalakshmi M, 2015. A Study on Software Defined Networking [J]. International Journal of Innovative Research in Computer and Communication Engineering, 3 (11): 10407-10411.

Huang Nanyang, Li Qing, Lin Dong, et al., 2018. Software-defined label switching: Scalable per-flow control in SDN [C]. 2018 IEEE/ACM 26th International Symposium on Quality of Service (IWQoS), Banff, AB, Canada: 1-10.

Ilias Leontiadis, Christos Efstratiou, Cecilia Mascolo, 2012. SenShare: Transforming Sensor Networks into Multi-Application Sensing Infrastructures [C]. European Conference on Wireless Sensor Networks, Trento, Italy: 65-81.

Jason Ng Binlun, Tan Saw Chin, Lee Ching Kwang, 2018. Challenges and Direction of Hybrid SDN Migration in ISP networks [C]. 2018 IEEE International Conference on Electronics and Communication Engineering (ICECE), Xi'an, China: 60-64.

Lu Zhaoming, Sun Chunlei, Cheng Jinqian, et al., 2017. SDN - Enabled Communication Network Framework for Energy Internet [J]. Hindawi Journal of Computer Networks and Communications, 2017 (9): 1-13.

Luo Tony T, Hwee Pink Tan, Tony Q S Quek, 2012. Sensor OpenFlow: Enabling Software-Defined Wireless Sensor Networks [J]. IEEE Communications Letters, 16 (11): 1896-1899.

Mabel J Prathima, VaniK K A, Rama Mohan Babu N, 2019. SDN Security: Challenges and Solutions [C]. Emerging Research in Electronics, Computer Science and Technology, Singapore: 837- 848.

Martinez-Julia, Pedro, Antonio F Skarmeta, 2014. Empowering the Internet of things with software defined networking. White Paper, IoT6-FP7 European research project.

Matt, 2018. How Many Billion IoT Devices by 2020? https://www.vertatique.com/50-billion-connected-devices-2020.

McKeown N, Anderson T, Balakrishnan H, et al., 2008. OpenFlow: enabling innovation in campus networks [J]. ACM SIGCOMM Computer Communication Review, 38 (2): 69-74.

Miyazaki Toshiaki, Shoichi Yamaguchi, Koji Kobayashi, et al., 2014. A Software Defined Wireless Sensor Network [C]. 2014 International Conference on Computing, Networking and Communications (ICNC), Honolulu, HI, USA.

Mustafa Abdulsalam Salihu, Donald Mkpanam, Ali Abdullahi, 2018. Security in Software Defined Networks (SDN): Challenges and Research Opportunities for Nigeria [J]. International Journal of Computer Applications Technology and Research, 7 (08): 297-300.

NEC 2010, Ip8800/s3640 software manual, openfow feature guide (version 11.1 compatible). NEC, Tech. Rep. NWD-105490-001, May 2010.

Nygren A, Pfaff B, Lantz B, et al., 2015. Openfow switch specifcation version 1.5.1. Open Networking Foundation, Tech. Rep.

Olivier Flauzac, Carlos González, Abdelhak Hachani, 2015. SDN based architecture for IoT and improvement of the security [C]. 2015 IEEE 29th International Conference on Advanced Information Networking and Applications Workshops, Gwangju, Korea (South): 688-693.

Rana Deepak Singh, Dhondiyal Shiv Ashish, Chamoli Sushil Kumar, 2019. Software defined networking (SDN) challenges, issues and solution [J]. International Journal Of Computer Sciences And Engineering, 7 (1): 884-889.

Sahoo Kshira Sagar, Sahoo Bibhudatta, Panda Abinas, 2015. A secured SDN framework for IoT [C]. 2015 International Conference on Man and Machine Interfacing (MAMI), Bhubaneswar, India: 1-4.

Saleh Adel A M, 2013. Evolution of the Architecture and Technology of Data Centers towards Exascale and Beyond [C]. 2013 Optical Fiber Communication Conference and Exposition and the National Fiber Optic Engineers Conference (OFC/NFOEC), Anaheim, CA, USA.

Saraswat Surbhi, Agarwal Vishal, Gupta Hari Prabhat, et al., 2019. Challenges and solutions in Software Defined Networking: A survey [J]. Journal of Network and Computer Applications, 141 (2019.09): 23-58.

Tayyaba Sahrish Khan, Munam Ali Shah, Omair Ahmad Khan, et al., 2017. Software Defined Network (SDN) Based Internet of Things (IoT): A Road Ahead [C]. Proceedings of the International Conference on Future Networks and Distributed Systems, New YorkNYUnited States: 1-8.

Valdivieso Leonardo, Alberto Benito Peral, Lorena Barona, et al., 2014. SDN: Evolution and opportunities in the development IoT applications [J]. International Journal of Distributed Sensor Networks, 2014 (10): 1-10.

Waleed Alnumay U G, Pushpita Chatterjee, 2019. A Trust-Based Predictive Model for Mobile Ad Hoc Network in Internet of Things [C]. International Conference on Collaboration Technologies and Systems (CTS), Atlanta, GA, USA.

Wu Di, Dmitri Ivanovich Arkhipov, Eskindir Asmare, 2015. UbiFlow: Mobility Management in Urban-Scale Software Defined IoT [C]. 2015 IEEE Computer Communications (INFOCOM), Hong Kong, China.

第 11 章　基于非对称加密算法的远程医疗信息系统用户认证方案

Sumit Pal, Shyamalendu Kandar

11.1 简　　介

互联网及其相关技术的发展简化了通信领域，如银行业务、通信、订票、付款等工作，过去由于要付出大量的体力劳动而变得相当乏味，但如今却变得相当简单。然而，随着这些进步也出现了一些问题，其中一个主要问题困扰着当今的互联网世界，那就是安全和隐私问题。信息是一种有价值的资产，即使是最简单的安全威胁也会产生严重的后果。因此，任何试图通过互联网发送信息的系统都必须满足如下 4 种检查条件：

（1）机密性：机密性是确保信息不泄露给任何个人、实体或未经授权的过程的财产。

（2）认证：认证意味着在互联网上发送信息或数据的人，就是他或她所声称的真实身份。

（3）完整性：数据完整性致力于维护和确保数据在整个生命周期的准确性和完整性，从而确保数据不会未经授权修改。

（4）不可否认性：在双方之间的信息交换中，不可否认性意味着没有拒绝任何一方参与上述交易的空间。

在互联网上部署的算法已经被开发出来，根据算法的用途，将其中一种或全部安全检查集成在一起。例如，印度铁路订票系统 IRCTC 在允许用户订票前通过用户名和密码进行身份验证。它还确保了互通性，因为交换的信息只能在用户和 IRCTC 之间使用，而不能提供给任何第三方。不可否认性也受到尊重，因为每一笔交易都在用户的个人页面上显示，因此用户不能否认进行了一笔交易，同样，IRCTC 也不能否认已进行的任何类型的交易或已完成的机票预订。

第 11 章
基于非对称加密算法的远程医疗信息系统用户认证方案

及时的医疗服务在今天的生活中是非常重要的。人们发现,保健中心、医院、疗养院等主要位于城市地区,而来自偏远农村地区的人必须长途跋涉才能获得这些服务。远程医疗系统利用信息和通信技术的进步为偏远地区的人们提供某些保健服务,这些服务在危急情况下是可行的。这种服务能将运输成本和时间、生命危险等降到最低,这是一个新兴领域的、低成本且准时的医疗服务。远程医疗信息系统(TMIS)是需要各种安全协议的高要求领域之一,在远程医疗信息系统中,医生可以远程访问病人的医疗记录,并可以在不需要接近的情况下提出所需的治疗建议。随着物联网的发展,这种情况可以进一步改善,低成本的通信设备不仅可以用于城市内的医生和患者之间的联系,还可以用于连接农村地区和城市医疗设施,从而确保良好的医疗服务。传统 TMIS 和新 TMIS 之间的差异见图 11.1。

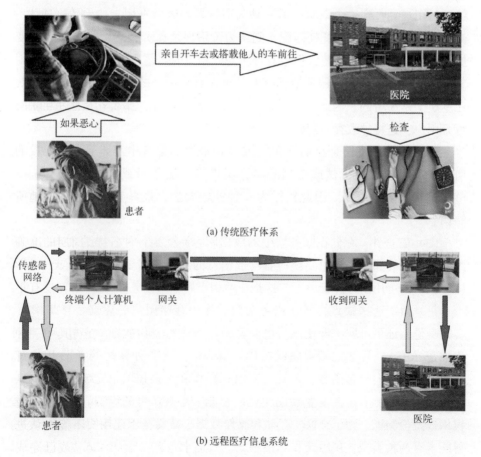

图 11.1 传统医疗体系和远程医疗信息系统

尽管连接农村和城市或提供内部医疗设施的前景令人兴奋，但人们不能拒绝对安全系统的需求，因为该领域涉及交换敏感信息的需要，这些信息的泄露在许多方面可能给相关的患者带来麻烦。攻击者会专门针对患者的医疗报告，因为这些报告价值极高，可以以多种方式使用。如前所述，为了应对此类情况，需要遵守一些安全协议。在这些措施中，用户认证领域已得到了广泛研究，尤其是远程用户验证。

远程用户身份验证，顾名思义，是指愿意从远程服务器访问服务的远程用户在授予访问权之前首先由远程服务器对其进行身份验证的技术。它涉及一系列步骤，要求用户提供他们的凭证，然后将凭证发送到特定的服务器，当目标服务器对用户进行身份验证为真时，提供访问权限。有两种方式可以实现这一点：一种为服务器维护一个数据库，其中包含所有注册用户的记录，然后从用户端收到一个请求；另一种为服务器检查数据库，如果数据库中存储的凭据与用户提供的凭据匹配，则认为该用户是真实的，并提供访问权限。虽然这是一个简单的过程，但也有许多与此相关的问题。例如：

（1）存储开销：在服务器端存储数据库需要额外的存储开销，这个开销在本质上是递增的。因此，如果一个服务器很受欢迎，那么它最终将拥有数百万用户，这将导致存储问题。

（2）失败：将信息存储在单一或多种来源的集合中总是容易失败。任何时候都可能出现机械或电气故障，用户将无法登录或访问资源。结果，整个过程将陷入停滞。因此，作为一种补救办法，最好不要以这种方式存储信息。

（3）安全性：存储在服务器中的数据库容易受到各种各样的攻击，包括内部攻击和外部攻击。想要获得有价值信息的对手只需要入侵一个或一组实体。在目前可用的计算能力下，这是一项相当简单的任务。

正是由于这些缺点，通常避免在数据库中存储用户的凭据。与此相反，实时身份验证更可取，即使用各种步骤对用户进行身份验证。它可以在非对称加密（RSA）算法或椭圆曲线密码学（ECC）等各种算法的帮助下完成。这通常使用单向哈希函数、异或（XOR）操作和连接技术来完成。在这样一个系统中，智能卡扮演着重要的角色。智能卡是被认可的设备，广泛用于远程用户身份验证。为了交换、存储和操作数据，需要基于连接使用的智能卡。智能卡有两种类型：接触式和非接触式。智能卡包含一个嵌入式IC，它可以是一个带有存储器的微处理器，也可以是一个简单的存储器电路。存储器中存储的信息可以用阅读器以接触或非接触方式读取。读取器通常与一台主机相连，然后由主机将信息从读取器传送到任何需要的目的地。对于基于生物识别的身份验证方案，智能卡非常有用，因为需要与所提供的生物识别相匹配。由于所讨论的生物特征需要分解为点并进行匹配，因此像智能卡这样的便携式处理设备提供了这样的平台。图 11.2 表示了智能卡的框图和智能卡中 IC 的不同组件。

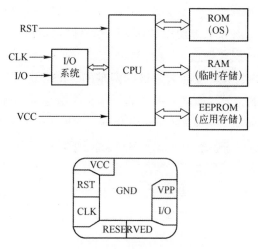

图 11.2　智能卡的各个组成部分

RSA 算法是一种流行的算法，可以用于增强任何系统的安全性。RSA 算法是以其发明者 Ron Rivest、Adi Shamir 和 Len Adleman 的名字命名的。这项技术是在 1977 年提出的，它广泛应用于加密和解密过程中，是一个非对称密钥密码系统，这意味着会生成两组密钥：一个是公钥，提供给希望进行通信的任何相关方；另一个是私钥，对任何一方都是保密的。整个算法由 3 个阶段组成，下面对每个阶段进行说明。

（1）密钥生成阶段：在密钥生成阶段，将生成两种类型的密钥，即公钥和私钥。密钥生成过程如下所示：

① 取两个大质数 p 和 q。两者大小近似相等。然后计算质数的乘积，$n = pq$；

② 计算 $\phi = (p-1)(q-1)$；

③ 以这样一种方式选择一个整数 e，满足 $1 < e < \phi$ 和 $\gcd(e, f) = 1$ 这两个条件；

④ 此处 (n, e) 为公钥，(n, d) 为私钥。d、p 和 q 的值未公开。

（2）加密阶段：该阶段在发送方进行，包括以下步骤：

① 发送方首先获得接收方的公钥(n,e)；

② 发送方发送的信息表示为正整数 m，加密方式为 $c = m^e \bmod n$，这里 c 称为密文；

③ 接收到的密文通过任意信道传输到接收方。

（3）解密阶段：一旦接收方接收到密文 c，则开始解密。它是通过以下方式完成的：

① $p = c^d \bmod n$ 在接收方使用其私钥(n,d)计算；

② 然后从 p 中提取消息。

将非常大的质数分解成因数是极其困难的。RSA 密码系统的安全性正是基于这一事实。事实上，如果 p 和 q 的大小是千分之一，那么 n 就会是 10^6，即使是现在最快的因数分解算法也很难找到。如果没有 n，任何人都不可能计算出 d。因此，RSA 算法总体上是非常安全的，因此任何以它为中心的算法也可以被认为是安全的。然而，RSA 算法的一个缺点是它的计算复杂性。乘法和指数运算带来了巨大的计算开销，尤其是因为我们在这里处理大质数是为了安全起见。因此，在安全系统中处理或实现 RSA 算法时，必须考虑计算能力。

本章设计了一种基于智能卡的远程医疗信息系统方案，该技术利用了 RSA 算法的帮助。在这个方案中，医生和患者被认为是独立的实体，在本质上是多元的，也就是说，在同一时间有不止一个患者和医生在场。该方案的设计方式是任意数量的患者可以连接到一个医生。研究的相互认证技术也支持医生和患者在任何其他类型的通信之前获得授权，一旦身份验证步骤完成后，将生成会话密钥加密的信息共享。必须记住，会话密钥仅对单个会话有效，并且为了初始化第二个会话，必须生成一组新的会话密钥。对于每个患者和医生，注册过程将是一次性的，除非出现系统问题时需要重新注册。患者和医生注册后，每次患者需要使用医疗服务时，都必须登录并进行身份验证。和患者一样，医生也必须这样做。一旦两者都通过身份验证，将生成会话密钥，该会话密钥将进一步传递消息。为了进行注册、登录和身份验证，我们保留了一个称为远程护理医疗服务器（TMS）的中立中介，它将负责上述所有过程。在此过程中使用额外实体的原因有两个：安全性和计算复杂度。加上 TMS 患者或医生的终端必须执行的各种计算现在可以使用一个专用系统来完成。

本章的组织方式如下：11.2 节是对本章主题涉及的各种相关方案的文献调查综述，讨论了各种技术的优缺点；11.3 节对该方案进行了深入的讨论，包括在各种实例中执行的各种步骤；11.4 节对方案进行了分析，包括计算成本分析和与其他现有技术方案的比较分析；最后，11.5 节提出了一些总结的结束语。

11.2 文献综述

在文献中，远程用户身份验证的概念已经存在很长时间了。这个领域中较早提出的方案主要处理单服务器系统，或者只与发生各种交互的单个单元相关联的系统。随着智能卡和多服务器体系结构的加入，为了适应体系结构的需要，这个简单的概念已经在几种方式中进行了修改。该领域的主要工作之一是 Lamport（1981）提出的，这是一种基于密码的身份验证方案，声称它有助于在不可靠的网络条件下以安全的方式传递消息。尽管如此，Lamport 策略的负面标志是必须在服务器端设置一个验证表，这可能会导致不同类型的安全危险。Chang 和 Wu（1991）根据 Shamir（1984）提出的基于身份的签名方案提出了类似的认证方案。然而，Hwang 和 Li（2000）证明了 Chang 和 Wu 的方案存在一些安全缺陷。为了避免使用验证表，Hwang 和 Li 使用了 El-Gamal（1985）的密码系统。Das 等（2004）提出了一种使用动态 ID 的方法，其优点是用户可以灵活地修改密码，也不需要在服务器端存储验证表。正如作者的声明所指出的，该计划受到内部攻击、重放攻击和 ID 盗窃的保护。但这些在 Wang 等（2009）的方案中遭到了反对。基于密码的认证方法易于使用和传输，但存在许多瓶颈。基于密码的身份验证的真正不便之处在于，一个人无疑会丢失密码，或者密码可能被泄露给其他人（Cheng-Chi Lee 等，2013），并且很容易受到字典攻击和暴力攻击。其他具有不同优缺点的类似方案也被提出（Chen Chin-Ling 等，2018；Manish Patel Shingala 等，2018；Marimuthu Karuppiah 等，2018）。

基于生物识别的认证机制使用指纹、虹膜、独特标记、掌纹、面部等生物识别数据进行用户验证。这些是特殊的，不能有效复制，不可能丢失。因此，提出的远程用户身份验证方案最终转向基于生物识别而不是基于密码。基于生物识别的 RUA 方案有很多（Lin Chu-Hsing 等，2004；Shehzad Ashraf Chaudhry 等，2015；Xiong Niu Li 等，2018；Qi Chen Jiang 等，2018）。

除了少数方案外，几乎所有方案都是针对单服务器系统的。在当前的网络场景中，单服务器系统非常少见，而且大多数支持多服务器系统。多服务器架构呈现出它们自己面临的一些挑战，而且它们通常看起来比单服务器架构更复杂。因此，为具有多个服务器环境设计的方案要注意这些约束。Liao 和 Wang（Liao Yi-Pin 等，2009）提出了一种在这种设置下操作的方法，他们声称这为密码更新提供了一个安全的平台，不需要任何第三方参与。然而，Hsiang 和 Shih（2009）证明 Liao 和 Wang 的方法容易受到内部和被盗验证的攻击。Lee 等（2011）提出了 RUA 方案，他们声称该方案在计算上比其他类似方案要简单。Li 等（2013）对这些说法不屑一顾，证明 Lee 等的方案容易受到伪造攻击和服务器欺骗攻击。Chuang 和 Chen（2014）提出了一种基于信任计算的方案，该方案是轻量级的，他们声称它能抵抗主要的安全威胁，轻量级的 RUA 方案只使用单向哈希函数、字符串连接和异或操作，绕过复杂的数学计算依赖的基于密钥的加密协议。Mishra 等（2014）指出，Chuang 和 Chen 的方案受到了拒绝服务（DoS）攻击、服务器欺骗攻击和模拟攻击。Li 等（2001）提出了一种在多服务器环境下借助智能的 RUA 方法。该方案利用了神经网络的思想。方案的缺点是消耗神经网络的训练时间（Lin Iuon-Chang 等，2003）。He 等（2015）提出了一种利用生物特征和椭圆曲线加密的鲁棒远程用户认证方案。根据他们的说法，多服务器体系结构的三因素身份验证是同类类似的。然而，Odelu 等（2015）证明，He 等的方案容易受到攻击，也无法提供强大的用户匿名性。Lu 等（2015）提出了一种在多服务器环境下的 RUA 方案的三因素认证，研究人员在登录和认证阶段使用了公钥加密技术，并声称该技术能够抵抗大多数攻击。后来的一项提议（Shehzad Ashraf Chaudhry 等，2015）否决了这些指控，并表明 Lu 等的方案对用户的匿名性和服务器模拟攻击很弱。Truong 等（2017）利用椭圆曲线密码体制的概念提出了一种多服务器认证方案，并声称该方案对已知的攻击是安全的。后来，Zhao 等（2018）指出它的弱点是服务器模拟攻击和离线密码猜测攻击。

对于远程医疗信息系统，已经有了各种各样的安全算法实现的方案，如椭圆曲线密码、RSA 算法、混沌映射等，这些方案提供了许多特性，并实现了各种机制来加强安全性。然而，有一件事必须了解的是，到目前为止提出的每一个方案都有自己的优点和缺点。Lee 等（2000）在这一领域的早期工作之一是提出了一种算法来解决疾病和残疾患者的远距离运输问题。另一篇类似的文章是由 Woodward 等（2001）发表的，他们开发了一种使用移动电话的远程医疗系统。Wu 等（2012）在这一领域做了更新的研究，他们利用一个预计算过程对其方案进行了改进。然而，He 等（2012）证明 Wu 等（2012）的方案对伪装攻击和内部攻击没有任何保护作用，他们提出了一种新的 TMIS 方案，他们声称该方案具有更好的性能，对低功耗移动设备有效。但该方案被否决，说明 He 等的方案容易受到离线密码猜测攻击。

Wen 等（2014）提出了一种用于远程医疗信息系统的 RUA 方案，他还分析了 Wu 等（2012）的方案，发现该方案在患者匿名保护方面极其失败，同时也容易受到假冒和服务器欺骗攻击。Wen 等提出的方案消除了 Wu 等方案的所有缺点，但后来 Xie 等（2014）证明 Wen 等的方案在不提供用户匿名性和转发安全性的同时，容易受到离线密码猜测攻击。Xie 等（2014）构造了一个遵循三因素认证机制的方案，但是 Xu 等（2015）证明了它对于同步攻击是不安全的，同时给服务器增加了过多的存储负载。Xie 等（2014）在 TMIS 中引入了一种三方匿名密码认证密钥交换技术，该方案的核心是椭圆曲线密码体制。

Mishra 等（2014）对 Yan 等（2013）的研究提出了一种改进方案，虽然 Mishra 等声称提出的方案足够安全，但 Guo 等（2015）发现其在会话密钥攻击和模拟攻击方面存在弱点，他们在 TMIS 中加入了生物识别技术，以解决 Mishra 等的方案问题。Giri 等（2015）提出了一种基于 RSA 算法的 TMIS 技术。一些文献（R. Amin 等，2015、2017）中提供了几个基于 RSA 的 TMIS。

混沌映射在 TMIS 中被广泛使用。Zhang 等（2016）使用切比雪夫混沌映射提出了他们声称可以抵抗各种攻击并实现安全的 TMIS，许多 TMIS 的提案都使用了切比雪夫混沌映射（Jongho Moon 等，2016；X Li 等，2018；Dheerendra Mishra 等，2014）。

ECC 是用于公钥加密的密码原语，与其他非 ECC 密码体制相比，ECC 的优点是其密钥尺寸更小，安全性相当。一些关于 TMIS 的方案使用了 ECC（Serraj 等，2017；Qi 等，2018；Irshad 等，2017；Sahoo 等，2018）。

Ji 等（2018）提出了一种基于区块链的远程医疗信息系统。该技术的美妙之处在于它的可靠和可验证的多级位置共享方案，通过该方案可以获得患者的位置。一些关于使用区块链的医疗服务的建议已经得到了解决（Zhu 等，2019；Mohsin 等，2019）。

Jiang 等（2018）也提出了类似的方案，他们的改进方案遵循了使用生物哈希概念的 TMIS 的三因素认证。Tan（2018）的方案基于委托的认证系统。

Amin 等（2018）的方案具有匿名性和轻量级的，因此对物联网环境很有用。Chatterjee 等（2017）设计了考虑访问控制和用户身份验证的方案，实现了细粒度的访问控制；Xiong 等（2017）设计了具有较强身份验证和匿名性的方案。

与此同时，我们还可以找到各种其他的方案，比如 El-Gamal 的密码系统（Salem 等，2019），它们使用基于 RFID 的机制（Zhou 等，2018）、使用云辅助技术（Li 等，2018）和认知技术（Garai 等，2019），这些技术已经构建了一个或多个现有的安全协议和架构，以便为其方法提供一个主干。

11.2.1 前提条件

本节描述用于开发所提议的方法的一些工具的概念，以及在整个方案中使用的符号列表。RSA 提供了方案的主干，在"介绍"部分已经对它进行了详细描述，这里讨论的是为了实现该方案而使用的一些关键概念，这些概念包括单向哈希函数、连接操作和异或操作。

（1）单向哈希函数：作为被广泛使用的加密工具，用于各种加密过程，因为它计算起来很容易，但很难反向得到原始数字。它的形式是 $h(x)=y$，其中 $x=\{0,1\}^*$ 是我们可以计算其哈希值的变量，$y=\{0,1\}^n$ 是计算的哈希值。需要注意的是，x 是一串任意长度的弦，另一个字符串 y 是固定长度的。单向哈希函数还必须满足以下属性：

（2）给定 $m \in x$，对于给定的输出 y，很难找到输入 m，尤其是在多项式时间内。

（3）获取输入 $m' \in x$，使 $m' \neq m$ 且 $h(m)=h(m')$ 在计算上比较困难。

（4）同样，计算上也很难找到数字对 $(m,m') \in x$，其中，$m' \neq m h(m)=h(m')$。

（5）符号：表 11.1 给出了用于解释所研究的方法及其相关问题的符号。

表 11.1 在整个方案中使用的符号

符号	描述
P_i	希望使用远程医疗系统的患者
$Doctor_j$	是医疗系统注册的医生
SC	智能卡
ID_i	P_i 的识别码

续表

符号	描述
PW_i	P_i 的密码
TMS	远程医疗服务器
X_S	存储在 TMS 中的密钥
SK_{ij}	计算的会话密钥
$\oplus$	异或运算符
$h(\cdot)$	单向哈希函数
$\parallel$	连接运算符
$S[\cdot]$	所有远程医疗服务器注册的医生名单

11.2.2 初步计算

在这里，给出了与研究的技术相关的 RSA 算法。

注意，在 RSA 中需要维护两个密钥，一个公共密钥和一个私有密钥。在提出的方法中，这一责任落到了远程医疗服务器（TMS）上。由于每个患者和医生都将在 TMS 上注册，因此它为所有注册方提供了一个公钥副本，并将私钥保存为自己的。接受新注册之前，TMS 应做到以下几点：

(1) TMS 选择两个大质数 p 和 q。

(2) TMS 计算一个值 $n = p \times q$。

(3) 计算 n 后，欧拉函数 $\phi(n) = (p-1) \times (q-1)$。

(4) 选择一个数 e，$1 < e < \phi(n)$，数字 e 是公开的。

(5) 计算另一个数 d，$(d \times e) \bmod \phi(n) = 1$，$d$ 是私人号码，因此，数字 e 和 d 构成了系统的公钥和私钥对。

(6) 使用 $E = M^e \bmod n$ 对消息 M 进行加密，同时使用 $M = E^d \bmod n$ 进行解密，E 为加密文本。

11.3 拟用方法说明

11.3.1 医生注册阶段

在这个阶段，医生 $Doctor_j$ 成为 TMS 的注册成员。这个阶段是必要的，因为除非医生成为注册会员，否则他或她不能参加这个算法。接下来详细描述医生注册过程，也可以从图 11.3 中总结。

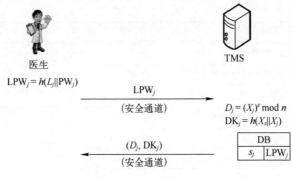

图 11.3 医生注册阶段

(1) $Doctor_j$ 输入他的驾照号码 L_j 和密码 PW_j。

(2) $Doctor_j$ 向 TMS 发送注册消息 <LPW_j>，其中 $LPW = h(L_j \| PW_j)$ 通过安全通道。

(3) 收到消息后，TMS 计算：

① $D_j = X_j^e \bmod n$

② $DK_j = h(X_S \| X_j)$，其中 X 是服务器对其保密的密钥，X_j 是服务器生成的随机数。需要注意的是，X_j 没有存储在 TMS 中。

(4) 远程医疗服务器通过安全通道向 $Doctor_j$ 发送 DK_j 和 D_j 的值。

(5) 一个唯一的值 S_j 与 LPW_j 一起存储在 TMS 数据库中。

11.3.2 患者登记阶段

与医生注册一样，患者 P_i 也必须在 TMS 中注册，才能从远程医疗信息系统中受益。这个过程如图 11.4 所示。下面将对该过程进行详细描述。

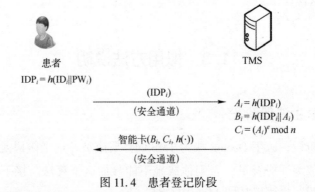

图 11.4 患者登记阶段

（1）P_i 输入他的 ID_i 和 PW_i。

（2）从 P_i 发送到 TMS 一个注册消息 $<IDP_i, A_i>$，其中 $IDP_i = h(ID_i \| PW_i)$ 和 $A_i = h(IDP_i)$ 通过一个安全的通道。

（3）收到消息后，TMS 计算：

① $B_i = h(IDP_i \| A_i)$

② $C_i = A_i^e \bmod n$

（4）服务器通过安全通道在智能卡的内存中存储 B_i、C_i 和 $h(\cdot)$，向 P_i 发放智能卡（SC）。

11.3.3 登录和认证阶段

该阶段分为 5 个阶段：患者登录、服务选择、医生认证、医患握手、会话密钥协议，这些将在相应的部分中进行介绍。

1. 患者登录

在登录阶段，患者 P_i 必须登录到医疗服务器 TMS 并进行身份验证。下面介绍这部分流程：

（1）指定的智能卡由患者 P_i 插入到系统的某个终端，并提供其 ID_i 和 PW_i。

（2）SC 计算 $IDP_i = h(ID_i \| PW_i)$ 和 $B_i^* = h(IDP_i \| A_i)$。验证是否 $B_i^* = B_i$？如果条件满足，则操作继续到下一步，否则 P_i 被拒绝。

（3）智能卡生成临时数 N_1 并计算：

$$M_1 = N_1 \oplus h(A_i)$$
$$M_2 = h(A \| N_1)$$

然后将 $<M_1, M_2, C_i>$ 通过任意通道发送到 TMS。需要注意的是，此通道不需要被保护。如图 11.5 所示。

2. 服务选择

一旦从患者 P_i 接收到登录消息，任何负责任的医疗服务器执行的第一步都将是确保该消息来自合法用户，并且没有发生恶意操作。为了做到这一点，TMS 进行如下操作：

（1）TMS 计算 $C_i^d \bmod n = A_i$。

（2）从 A_i 的值中生成 A_i 的散列，并与 M_1 一起进行异或以计算 N_1 的值。

（3）服务器计算 $M_2^* = h(A_i \| N_1)$，并检查计算的 M_2 是否等于接收的 M_2。如果这个检查满足，那么 TMS 拒绝登录消息，否则 TMS 认为患者 P_i 是有效的，并生成临时数 N_2，这在本质上是随机的。

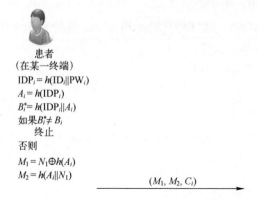

图 11.5　患者登录阶段

（4）TMS 计算以下信息：

① $M_3 = N_2 \oplus h(A_i)$；

② $M_4 = h(A_i \| N_1 \| N_2)$，并将其和 $S[\cdot]$ 一起发送到 P_i，$S[\cdot]$ 是具有唯一序列号 S_j 的医生列表，提示患者选择特定的医生。

（5）患者可以选择自己想预约的医生。在此之前，P_i 执行以下操作：

① $N_2 = M_3 \oplus h(A_i)$；

② $M_4^* = h(A_i \| N_1 \| N_2)$。

（6）检查计算的 M_4^* 是否等于接收的 M_4。如果该检查满意，P_i 将转向服务选择。

（7）在服务选择过程中，向 P_i 提供唯一序列号为 S_j 的医生名单。患者从列表中选择特定的医生，然后执行以下步骤。

（8）两条消息 M_5 和 M_6 计算如下：

① $M_5 = h(A_i \| (N_1 \oplus N_2)) \oplus S_j$；

② $M_6 = h(A_i \| (N_1 \oplus N_2) \| S_j)$。

然后通过任意通道发送给 TMS，如图 11.6 所示。

3. 医生认证

（1）如我们所见，患者已经选择了特定的医生，并通过消息传递的方式发送了医生的序列 S_j。这可以通过以下步骤完成：

（2）TMS 收到消息后，检索 S_j，并检查 M_5 和 M_6 的真实性。

① $S_j = M_5 \oplus h(A_i \| (N_1 \oplus N_2))$；

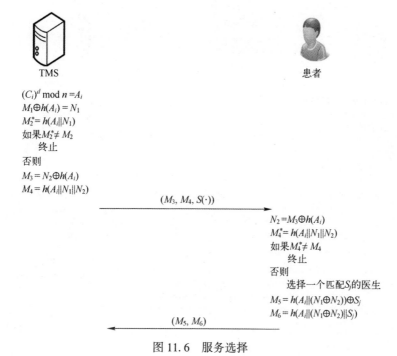

图 11.6 服务选择

② $M_6^* = h(A_i \| (N_1 \oplus N_2) \| S_j)$，并检查 $M_6^* = M_6$。如果满足，进程继续，否则终止。

（3）TMS 搜索数据库以找出数据库中的后续 LPW_j。从 LPW_j 计算 LM 为 $h(LPW_j)$，然后向 $Doctor_j$ 发送消息 LM。

（4）在接收到 LM 消息后，医生输入他的 L_i 和 PW_i，并将医生版本的 LPW_j^* 计算为 $h(L_i \| PW_i)$，然后继续计算 LM^*，之后检查接收到的 LM 是否与 LM^* 相同。如果是，则执行接下来的步骤。

（5）$Doctor_j$ 计算 DPW_j 为 $h(LPW_j) \oplus D_j$。另一个变量 LDK_j 计算为 $h(LPW_j \| DK_j)$，最后通过任意通道将 LDK_j 和 DPW_j 发送到 TMS。

（6）在收到这些信息后，TMS 检查信息是否来自认证 $Doctor_j$。如果 TMS 仍然不相信它，那么整个进程将完全终止。TMS 所采取的步骤是：

① $DPW_j \oplus h(LPW_j) = D_j$；

② X_j 计算为 $(D_j)^d \mod n$。

（7）DK_j 计算为 $h(X_s \| X_j)$。

TMS 将 LDK_j^* 的值计算为 $h(LPW_j \| DK_j)$，然后检查 LDK_j^* 的计算值是否等于 LDK_j 的接收值。如果是，那么 TMS 就确信发送数据的医生是有效的。医生认证阶段如图 11.7 所示。

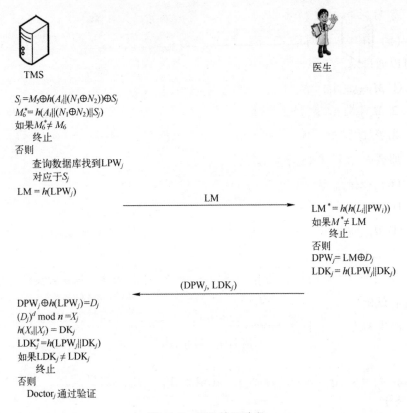

图 11.7 医生认证阶段

4. 医患握手

从这个阶段开始，TMS 尝试在医生和患者之间建立握手的场景。这可以通过以下步骤完成：

（1）一旦 TMS 确认其有效性，它将生成一个随机数 N_3，从生成的随机数中，V_{ij} 的值被计算为 $V_{ij} = h(\mathrm{DK}_j \| h(N_1 \| N_3))$。

（2）一旦计算出 V_{ij}，TMS 将计算出以下消息：

① $M_7 = h(A_i) \oplus N_3$；

② $M_8 = h(A_i \| N_1 \| N_3) \oplus \mathrm{DK}_j$；

③ $M_9 = h(A_i \| \mathrm{DK}_j \| V_{ij})$。

（3）将 M_7、M_8 和 M_9 信息发送给患者 P_i。

（4）同时，另一组消息 M_{10} 和 M_{11} 计算如下：

① $M_{10} = h(\mathrm{DK}_j \| \mathrm{LPW}_j) \oplus h(N_1 \| N_3)$；

② $M_{11} = h(\mathrm{DK}_j \| \mathrm{LPW}_j \| V_{ij})$，这两个信息被发送给医生 Doctor_j。

（5）在接收到消息 M_7、M_8 和 M_9 时，P_i 首先检查消息的来源是否有效。这可以通过以下步骤来完成：

① $M_7 \oplus h(A_i) = N_3$；

② $M_8 \oplus h(A_i \| N_1 \| N_3) = \mathrm{DK}_j$；

③ P_i 计算 M_9^* 并检查计算出的 M_9^* 的值是否与接收到的 M_9 相同。如果是，那么 P_i 相信 TMS 是可信任的。

（6）在接受 M_{10} 和 M_{11} 后，Doctor_j 进行如下操作。

Doctor_j 通过以下方法从 M_{10} 中提取 $h(N_1 \| N_3)$：

① $M_{10} \oplus h(\mathrm{DK}_j \| \mathrm{LPW}_j)$

② $h(\mathrm{DK}_j \| h(N_1 \| N_3))$

③ 计算 M_{11}^* 是为了检查接收的 M_{11} 是否等于计算的 M_{11}^*。如果是，那么 Doctor_j 就确信消息是从一个有效的来源收到的。

医生和患者之间联络的操作流程如图 11.8 所示。

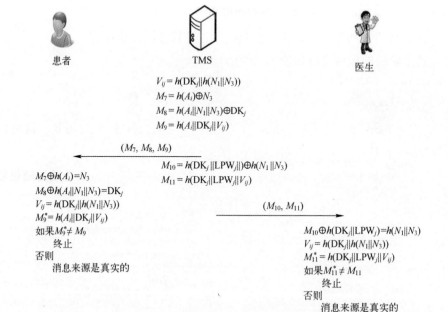

图 11.8 医生和患者之间联络的操作流程

5. 会话密钥计算

在患者这一层面：一旦检查完成，P_i 将向前移动到计算会话密钥。这将通过以下几个步骤来完成：

（1）会话密钥 SK_{ij} 通过 P_i 的终端计算为 $h(V_{ij}\|DK_j\|B_i\|h(N_1\|N_3))$。

（2）P_i 计算两条消息 M_{12} 和 M_{13} 为：

① $M_{12} = h(DK_j\|V_{ij}) \oplus B_i$；

② $M_{13} = h(SK_{ij}\|B_i)$。

（3）一旦这些信息被计算出来，它们就被直接发送给 $Doctor_j$。既然我们已经确定了患者的手术方案，那么我们就把重点放在医生方面。

在医生方面：当 $Doctor_j$ 收到 M_{12} 和 M_{13} 消息后，在医生这一层面计算会话密钥 SK_{ij}：

（1）从 M_{12} 中获取 B_i 为 $M_{12} \oplus h(DK_j\|V_{ij})$。

（2）$Doctor_j$ 计算会话密钥 SK_{ij} 为 $h(V_{ij}\|DK_j B_i\|h(N_1\|N_3))$。如前所述，$Doctor_j$ 拥有计算会话密钥所需的所有工具。

（3）M_{13}^* 计算为 $h(SK_{ij}\|B_i)$，然后将接收到的 M_{13} 与计算得到的 M_{13}^* 核对。完成之后，$Doctor_j$ 认证 P_i 为一个有效的患者。

（4）患者和医生之间的进一步通信通过计算会话密钥加密。

这个阶段的最后阶段如图 11.9 所示。

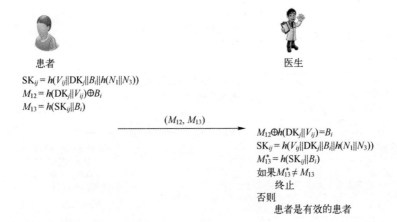

图 11.9 支持会话密钥的验证

11.4 提出的方案分析

11.4.1 安全需求分析

本节将对所提出的方案进行安全性检查。在这里，该方案针对使用智能卡的 RUA 方案中确定的 6 种不同的攻击和 6 种有用的、不可避免的情况进行了试验。在这次调查中可以发现，所提出的方案在对抗重大攻击方面非常有效。

（1）利用被盗智能卡进行攻击：如果对手 A 以某种方式获得了智能卡，那么它将获得 B_i 和 C_i 的访问权限。由于 B_i 利用加密单向哈希函数来保护 ID_i、PW_i 和 A_i，因此不可能从这两个变量中获得任何有意义的信息，而且我们已经确定了单向哈希函数的逆运算是不可行的。此外，对于 C_i，除非 A 拥有私有密钥 d 和 n，否则它无法解密 C_i 来获得 A_i。因此，偷一张智能卡是没有用处的。

（2）假冒攻击：当任何随机用户试图伪装自己的原始身份，伪装成合法患者 P_i 试图登录 TMS 获取服务时，我们称其为假冒攻击。这样的攻击将以失败告终，因为在提出的方案中，ID_i 和 P_i 的 PW_i 是被连接并散列的，然后被发送到 TMS。由于哈希函数的属性使其仅为单向，没有任何范围来获取信息。因此，我们可以说该方案抵抗了假冒攻击。

（3）内部攻击：如果任何未经授权的人非法访问 TMS 资源，并将存储在 TMS 中的值用于完成恶意目的，那么内部攻击就是成功的。TMS 不维护密码表，因此无法直接获取 IDP_i。此外，发送到 TMS 的信息包含 PW_i 与 ID_i 连接，然后进行散列处理。因此，为了猜测正确的密码，系统管理员必须一次猜测 PW_i，这是计算困难的，因为加密的单向哈希函数倒置。因此，我们提出的方案能够抵抗内部攻击。

（4）密码猜测攻击：让我们设想这样一个场景，考虑到对手 A 试图从 P_i 智能卡上存储的参数中窃取患者 P_i 的密码。存储在智能卡中的参数是 B_i 和 C_i。A 不能从 B_i 中获得任何内容，因为它是使用加密的单向哈希函数进行保护的。因为 A 不知道 d 和 n，所以从 C_i 获取 A_i 也是相当困难的，也有可能是 A 试图从通信信息中获取 P_i 的 PW_i。但是，在所有的通信中，都没有获取 PW_i 的范围，因为我们使用加密的单向哈希函数来保护包含 PW_i 的变量，正如我们所知道的,单向哈希函数的反演在计算上很困难。因此,该方案能够抵抗密码猜测攻击。

(5) 使用重播攻击:当攻击者拦截消息流,并使用这些消息流重播有用的消息并成功登录服务器时,称为成功的重播攻击。我们假设对手 A 截获了登录消息 M_1、M_2 和 C_i,然后将其重新发送给 TMS。接收后,TMS 将检查发送的登录消息和存储的消息,如果不相等,服务器将拒绝对手的登录请求消息。该方案能够抵抗重播攻击,因为每次登录消息都会因为随机数 N_1 而改变。

(6) 拒绝服务攻击:对提出的方案进行 DoS 攻击时,攻击者必须向读卡器提交患者 P_i 的正确密码。但是,上述内容表明,对手没有机会从智能卡的参数以及从患者 U_i 与 TMS 之间的通信信息中提取或猜测患者 P_i 的正确密码 PW_i。因此,提出的方案对 DoS 攻击是安全的。

(7) 使用盗窃验证器攻击:盗窃验证器指的是内部成员可以窃取或修改存储在服务器数据库中的密码或用户验证表。然而,提出的方案不需要在 TMS 中存在一个验证表。所有的验证都是通过 TMS、$Doctor_j$ 终端和 P_i 终端的计算来完成的。尽管 TMS 维护了一个用于信息重试而不是验证的表,但即使这样,从验证表中获取信息也不会向攻击者提供任何有意义的信息。因此,我们可以说该方案抵抗了使用盗窃验证器进行的攻击。

(8) 正向保密:在 TMS 密码数字 X_s 被泄露的情况下,对手仍然无法获得之前的会话密钥,可以说是完美的正向保密。所提出的方案保持前向保密,即使 X_s 被泄露给对手 A,它仍然需要 d 和 n 的值来计算 X_j,X_j 用于计算 SK_{ij}。由于 A 无法获得 d,他将无法获得任何会话密钥。因此,所提议的方案抵制正向保密。

(9) 会话密钥安全:考虑到医疗信息的敏感性,本书算法中使用了一个会话密钥来保护患者与医生之间的通信。在提出的方案中,SK_{ij} 计算为 $h(V_{ij}\|DK_j\|B_i\|h(N_1\|N_3))$。由于 N_1 和 N_3 的值是随机的,所以很难正确地猜测它们。同理,DK_j 计算为 $h(X_s\|X_j)$。X_j 的值计算为 $D_j^e \bmod n$。由于 n 难以获取,且 d 是 TMS 中存储的私钥,所以计算 X_j 以及随后的 DK_j 都很困难。也可以尝试从 M_8 中获得 DK_j,如 $M_4 = h(A_i\|N_1\|N_3) \oplus DK_j$。但这是不可行的,因为必须猜测 N_1 和 N_3 的值,而且 A_i 不容易获得,因为它需要 n 和秘密值。同样,B_i 和 V_{ij} 对于攻击者来说也很难获取。因此,会话密钥 SK_{ij} 在该方案中是安全的。

(10) 相互认证：所提议的技术支持相互认证的概念，并且在整个技术中采取了很多步骤来维护这一概念。因此，在生成会话密钥之前，这是最重要的步骤之一。在这个过程中，TMS 发挥了重要的作用，无论是患者 P_i 还是医生都需要自我验证才能进行进一步的交流。如果在任何阶段，$Doctor_j$ 或 P_i 都不能说服 TMS 的合法性，那么该过程将被终止。因此，该方案具有相互认证。

11.4.2 计算成本分析

该方法分为 4 个阶段。首先是医生注册阶段，然后是患者注册阶段，接着是登录和认证阶段，最后是密码修改阶段。每个阶段包含不同类型的操作，如加密/解密操作、哈希函数、连接操作和异或操作。哈希、XOR、连接和加密/解密操作所需的计算时间分别表示为 T_H、T_X 和 T_C。虽然在提出的方案中以及与之进行比较的方案中都有加密和解密操作，但对参数的选择只是根据这 3 种方案中常见的参数进行的。由于 T_H、T_X、T_C 是 3 种方案中常见的，所以我们选择了这 3 种方案。另一件需要注意的事情是，我们考虑了 $Doctor_j$ 或 P_i 在每个阶段的合计计算成本。这意味着医生注册阶段和患者注册阶段不能分开，而是被视为一个集体单位，即注册阶段。虽然这样做没有任何意义，但我们这样做是为了简单。同时，在以后的方法比较分析中也会有一定的参考价值。表 11.2 显示了方案的 3 个阶段（医生注册和患者注册、登录和认证、密码修改）所涉及的计算成本。

表 11.2　提出方案不同阶段的计算成本

阶　　段	计 算 成 本
注册	$5T_H+4T_C+2T_{ED}$
登录和认证	$40T_H+19T_X+44T_C+2T_{ED}$
密码修改	$6T_H+8T_C+T_{ED}$
合计	$51T_H+19T_X+56T_C+5T_{ED}$

11.4.3 对比分析

本节对同一领域内各种已建立的方案和所提出的技术进行了比较分析。在整个文献中，可以找到许多这样的方案，每个方案都有其自己的优点和缺点。Mishra 等（2014）使用比较分析的方案，他们使用基于混沌映射的技术来达成关键协议；Chaudhury 等（2015）使用 ECC 来适应他们的技术；

Chaturvedi 等（2017）使用动态 ID 解决远程医疗信息系统的安全问题。通过分析，我们可以相对于其他方案了解我们所提出的算法的优劣。表 11.3 列出了计算成本分析。表 11.4 包含安全性分析。关于安全要求，可以在 11.4.1 节中找到已考虑的攻击和要求。在表 11.3 中，阶段 P1 表示组合注册阶段，阶段 P2 表示登录和认证阶段，阶段 P3 表示密码修改阶段。

表 11.3 计算成本比较

阶段	Mishra 等	Chaudhury 等	Chaturvedi 等	提出的方案
P1	$4T_H+4T_X+2T_C$	$3T_H+T_X+4T_C$	$4T_H+4T_X+4T_C$	$6T_H+5T_C$
P2	$16T_H+5T_X+22T_C$	$8T_H+4T_X+30T_C$	$11T_H+9T_X+15T_C$	$32T_H+14T_X+24T_C$
P3	$2T_H+3T_X+4T_C$	$4T_H+2T_X+6T_C$	$6T_H+4T_X+7T_C$	$6T_H+4T_X+7T_C$
合计	$22T_H+12T_X+28T_C$	$15T_H+7T_X+40T_C$	$21T_H+17T_X+26T_C$	$44T_H+18T_X+35T_C$

从表 11.3 中进行的比较可以看出，尽管在某些阶段在计算成本方面存在一些可提升的空间，但其原因可以追溯到该方案的内部动态。所提出的方案与其他方案的区别在于患者选择医生。它提出了一种基于选择的机制，患者 P_i 可以选择他或她选择的 $Doctor_j$。除了所提出的方案之外，在计算会话密钥之前，还通过可信任的 TMS 对医生和患者进行相互认证。由于这些安全措施，所提出的方案消耗更多的计算周期。但是，我们在 11.4.1 节中看到，由于采取了这些安全措施，该算法可以抵御主要攻击并满足主要功能要求。从表 11.4 中的安全性和功能性需求比较中，我们可以就提议的技术在满足安全性和功能性需求方面如何与其他类似技术进行比较。在这里，我们看到所提出的技术优于其他最新技术，并且无论在计算复杂度方面有多少损失，它都可以抵抗各种攻击。因此，在部署此方案时，可以确信，流行的攻击不会对其造成影响，因此即使在不安全的网络中，传输的任何敏感信息也将是安全的。

表 11.4 提出方案与现有技术在安全性和功能需求方面的比较分析

安全约束	Mishra 等	Chaudhury 等	Chaturvedi 等	提出的方案
盗窃智能卡攻击	×	—	√	√
假冒攻击	√	×	—	√
内部攻击	√	√	×	√
密码猜测攻击	√	×	√	√
重播攻击	×	√	×	√
拒绝服务攻击	√	—	√	√

续表

安全约束	Mishra 等	Chaudhury 等	Chaturvedi 等	提出的方案
盗窃验证器攻击	—	√	×	√
正向保密	×	√	√	√
会话密钥安全	×	—	√	√
相互认证	×	√	√	√

11.5 结　论

本章提出了一种适用于远程医疗信息系统的 RUA 方案。该技术采用智能卡，RSA 算法在提供安全性方面发挥了关键作用。我们已经详细讨论了算法的基础以及在流程中所发生的各种交互作用。本章还详细讨论了该算法的优缺点，并与其他技术在同一领域的一些最新方案进行了比较。分析表明，该方案是一种灵活、安全的远程医疗信息系统方案；该方案满足了系统可能遭受的所有重大安全攻击，具有安全性；该方案灵活，允许用户自己选择医疗服务并据此行动，而不是强迫用户按照算法行动，该算法可用于远程医疗信息系统的安全保障。

参 考 文 献

Adi Shamir, 1984. Identity Based Cryptosystems and Signature Scheme.. In Crypto, 84, LNCS 196: 47-53.

Ali Hadi Mohsin, Zaidan A A, Bilal Bahaa. et al., 2019. Based medical systems for patients authentication: Towards a new verifcation secure framework using CIA standard [J]. Journal of Medical Systems, 43 (7): 192.

Amin Ruhul, Islam S K. Hafizul, Gope Prosanta, et al., 2018. Anonymity preserving and lightweight multi-medical server authentication protocol for telecare medical information system [J]. IEEE Journal of Biomedical and Health Informatics, 23 (4): 1749-1759.

Ankita Chaturvedi, Dheerendra Mishra, Sourav Mukhopadhyay, 2015. An enhanced dynamic ID-based authentication scheme for telecare medical information systems [J]. Journal of King Saud University-Computer and Information Sciences, 29 (1): 54-62.

Ashok Kumar Das, 2015. A secure user anonymity-preserving three-factor remote user authentication scheme for the telecare medicine information systems [J]. Journal of Medical Systems, 39 (3): 218.

Azeem Irshad, Muhammad Sher Ramzan, Omer Nawaz, 2017. A secure and provable multi-server authenticated key agreement for TMIS based on Amin et al. scheme Amin et al. scheme [J]. Multimedia Tools and Applications, 76 (15): 16463-16489.

Ábel Garai, István Péntek, Attila Adamkó, 2019. Cognitive cloud-based telemedicine system [M]. Cognitive Infocommunications, Theory and Applications, Springer: 305-328.

Chandrakar Preeti, Om Hari, 2018. An efficient two-factor remote user authentication and session key agreement scheme using Rabin cryptosystem [J]. Arabian Journal for Science and Engineering, 43 (2): 661-673.

Chang C-C, Wu Tzong-Chen, 1991. Remote password authentication with smart cards [J]. IEE Proceedings E: Computers and Digital Techniques, 138 (3): 165-168.

Chatterjee Santanu, Roy Sandip, Das Ashok Kumar, et al., 2017. On the design of fne grained access control with user authentication scheme for telecare medicine information systems [J]. IEEE Access, vol. 5: 7012-7030.

Chen Chin-Ling, Deng Yong-Yuan, Tang Yung-Wen, et al., 2018. An improvement on remote user authentication schemes using smart cards [J]. Computers, 7 (1): 9.

Chuang Ming-Chin, Chen Meng Chang, 2014. An anonymous multi-server authenticated key agreement scheme based on trust computing using smart cards and biometrics [J]. Expert Systems with Applications, 41 (4): 1411-1418.

Debasis Giri, Tanmoy Maitra, Ruhul Amin, et al., 2015. An efficient and robust rsa-based remote user authentication for telecare medical information systems [J]. Journal of Medical Systems, 39 (1): 145.

Dheerendra Mishra, Ashok Kumar Das, Sourav Mukhopadhyay, 2014. A secure user anonymity-preserving biometric-based multi-server authenticated key agreement scheme using smart cards [J]. Expert Systems with Applications, 41 (18): 8129-8143.

Dheerendra Mishra, Jangirala Srinivas, Sourav Mukhopadhyay, 2014. A secure and efficient chaotic map-based authenticated key agreement scheme for telecare medicine information systems [J]. Journal of Medical Systems, 38 (10): 120.

Dheerendra Mishra, Sourav Mukhopadhyay, 2014. Cryptanalysis and improvement of Yan et al.s biometric-based authentication scheme for telecare medicine information systems [J]. Journal of Medical Systems, 38 (6): 24.

Fatty M Salem, Ruhul Amin, 2019. A privacy-preserving RFID authentication protocol based on El-Gamal cryptosystem for secure TMIS [J]. Information Sciences, 527 (9): 382-393.

Guo Dianli, Wen Qiaoyan, Li Wenmin, et al., 2015. An improved biometrics-based authentication scheme for telecare medical information systems [J]. Journal of Medical Systems, 39 (3): 194.

He Debiao, Wang Ding, 2015. Robust biometrics-based authentication scheme for multiserver environment [J]. IEEE Systems Journal, 9 (3): 816-823.

He Jianhua, Debiao Zhang, Chen Rui, et al., 2012. A more secure authentication scheme for telecare medicine information systems [J]. Journal of Medical Systems, 36 (3): 1989-1995.

Hsiang Han-Cheng, Shih Wei-Kuan, 2009. Improvement of the secure dynamic ID based remote user authentication scheme for multiserver environment [J]. Computer Standards & Interfaces, Elsevier, 31 (6): 1118-1123.

Hu Xiong, Tao Junyi, Chen Yuan, 2017. Enabling telecare medical information systems with strong authentication and anonymity [J]. IEEE Access, vol. 5: 5648-5661.

Hwang Min-Shiang, Li Li-Hua, 2000. A new remote user authentication scheme using smart cards [J]. IEEE Transactions on Consumer Electronics, 46 (1): 28-30.

Jawahar Thakur, Nagesh Kumar, 2011. Des, aes and blowfish: Symmetric key cryptography algorithms simulation based performance analysis [J]. International Journal of Emerging Technology and Advanced Engineering, 1 (2): 6-12.

Ji Yaxian, Zhang Junwei, Ma Jianfeng, et al., 2018. BMPLS: Blockchain-based multi-level privacy-preserving location sharing scheme for telecare medical information systems [J]. Journal of Medical Systems, 42 (8): 147.

Jiang Qichen, Li Zhiren, Shen Bingyan, et al., 2018. Security analysis and improvement of bio-hashing based three-factor authentication scheme for telecare medical information systems [J]. Journal of Ambient Intelligence and Humanized Computing, 9 (4): 1061-1073.

Jongho Moon, Younsung Choi, Kim Jiye, et al., 2016. An improvement of robust and efficient biometrics based password authentication scheme for telecare medicine information systems using extended chaotic maps [J]. Journal of Medical Systems, 40 (3): 70.

Khalid Mahmood, Shehzad Ashraf Chaudhry, Husnain Naqvi, et al., 2018. An elliptic curve cryptography based lightweight authentication scheme for smart grid communication [J]. Future Generation Computer Systems, 81: 557-565.

Lee Cheng-Chi, Hsu Che-Wei, 2013. A secure biometric-based remote user authentication with key agreement scheme using extended chaotic maps [J]. Nonlinear Dynamics, 71 (1-2): 201-211.

Lee Cheng-Chi, Lin Tsung-Hung, Chang Rui-Xiang, 2011. A secure dynamic id based remote user authentication scheme for multi-server environment using smart cards [J]. Expert Systems with Applications, 38 (11): 13863-13870.

Lee Ren-Guey, Heng-Shuen Chen, Chung-Chih Lin, et al., 2000. Home telecare system using cable television plants-an experimental feld trial [J]. IEEE Transactions on Information Technology in Biomedicine: A Publication of the IEEE Engineering in Medicine and Biology Society, 4 (1): 37-44.

Lee Tian-Fu, 2018. Provably secure anonymous single-sign-on authentication mechanisms using extended Chebyshev chaotic maps for distributed computer networks [J]. IEEE Systems Journal, 12 (2): 1499-1505.

Leslie Lamport, 1981. Password authentication with insecure communication [J]. Communications of the ACM, 24 (11): 770-772.

Li Chun-Ta, Shih Dong-Her, Wang Chun-Cheng, 2018. Cloud-assisted mutual authentication and privacy preservation protocol for telecare medical information systems [J]. Computer Methods and Programs in Biomedicine, 157: 191-203.

Li Li-Hua, Lin Luon-Chang, Hwang Min-Shiang, 2001. A remote password authentication scheme for multiserver architecture using neural networks [J]. IEEE Transactions on Neural Networks, 12 (6): 1498-1504.

Li Xiong, Ma Jian, Wang Wendong, et al., 2013. A novel smart card and dynamic id based remote user authentication scheme for multi-server environments [J]. Mathematical and Computer Modelling, 58 (1-2): 85-95.

Li Xiong, Niu Jianwei, Saru Islam Kumari, et al., 2016. A novel chaotic maps-based user authentication and key agreement protocol for multi-server environments with provable security [J]. Wireless Personal Communications, 89 (2): 569-597.

Li Xiong, Wu Fan, Khan Khurram, et al., 2018. A secure chaotic map-based remote authentication scheme for telecare medicine information systems [J]. Future Generation Computer Systems, 84: 149-159.

Liao Yi-Pin, Wang Shuenn-Shyang, 2009. A secure dynamic id based remote user authentication scheme for multi-server environment [J]. Computer Standards & Interfaces, 31 (1): 24-29.

Lin Chu-Hsing, Lai Yi-Yi, 2004. A flexible biometrics remote user authentication scheme [J]. Computer Standards and Interfaces, 27 (1): 19-23.

Lin Iuon-Chang, Hwang Min-Shiang, Li Li-Hua, 2003. A new remote user authentication scheme for multi-server architecture [J]. Future Generation Computer Systems, 19 (1): 13-22.

Liu Wenhao, Xie Qi, Wang Shengbao, et al., 2016. An improved authenticated key agreement protocol for telecare medicine information system [J]. SpringerPlus, 5 (1): 555.

Lu Yanrong, Li Lixiang, Peng Haipeng, et al., 2015. A biometrics and smart cards based authentication scheme for multi-server environments [J]. Security and Communication Networks, 8 (17): 3219-3228.

Madhusudhan R K, Mittal R C, 2012. Dynamic id-based remote user password authentication schemes using smart cards: A review [J]. Journal of Network and Computer Applications, 35 (4): 1235-1248.

Manik Lal Das, Ashutosh Saxena, Ved P. Gulati, 2004. A dynamic id-based remote user authentication scheme [J]. IEEE Transactions on Consumer Electronics, 50 (2): 629-631.

Manish Patel Shingala, Nishant Chintan Doshi, N. Doshi, 2018. An improve three factor remote user authentication scheme using smart card [J]. Wireless Personal Communications, 99 (1): 227-251.

Marimuthu Karuppiah, Ashok Kumar Das, Xiong Li, et al., 2018. Secure remote user mutual authentication scheme with key agreement for cloud environment [J]. Mobile Networks and Applications, 24 (11): 1-17.

Qi Mingping, Chen Jianhua, Chen Yitao, 2018. A secure biometrics-based authentication key exchange protocol for multi-server TMIS using ECC [J]. Computer Methods and Programs in Biomedicine, 164: 101-109.

Quan Chunyi, Jung Jaewook, Lee Hakjun, et al., 2018. Cryptanalysis of a chaotic chebyshev polynomials based remote user authentication Scheme [C]. 2018 International Conference on Information Networking (ICOIN), Chiang Mai, Thailand: 438-441.

Roy Sandip, Chatterjee Santanu, Mahapatra Gautam, 2018. An efficient biometric based remote user authentication scheme for secure Internet of things environment [J]. Journal of Intelligent and Fuzzy Systems, 34 (3): 1403-1410.

Ruhul Amin, Biswas G P, 2015. An improved rsa based user authentication and session key agreement protocol usable in tmis [J]. Journal of Medical Systems, 39 (8): 1-14.

Ruhul Amin, Tanmoy Maitra, Debasis Giri, et al., 2017. Cryptanalysis and improvement of an RSA based remote user authentication scheme using smart card [J]. Wireless Personal Communications, 96 (8): 4629-4659.

Saru Kumari, Marimuthu Karuppiah, Ashok Kumar Das, et al., 2018. Design of a secure anonymity-preserving authentication scheme for session initiation protocol using elliptic curve cryptography [J]. Journal of Ambient Intelligence and Humanized Computing, 9 (1): 643-653.

Shea J J, 2006. RFID and Contactless Smart Card Applications [J]. IEEE Electrical Insulation Magazine 22 (5): 52-53.

Shehzad Ashraf Chaudhry, Husnain Naqvi, Mohammad Sabzinejad Farash, et al., 2015. An improved and robust biometrics-based three factor authentication scheme for multiserver environments [J]. The Journal of Supercomputing, 74 (8): 3504-3520.

Shehzad Ashraf Chaudhry, Husnain Naqvi, Mohammad Sabzinejad Farash, et al., 2018. An improved and robust biometrics-based three factor authentication scheme for multiserver environments [J]. The Journal of Supercomputing, 74 (8): 3504-3520.

Shehzad Ashraf Chaudhry, Khalid Mahmood, Syed Husnain Abbas Naqvi, et al., 2015. An improved and secure biometric authentication scheme for telecare medicine information systems based on elliptic curve cryptography [J]. Journal of Medical Systems, 39 (11): 175 (12 pages).

Shreeya Swagatika Sahoo, Sujata Mohanty, 2018. A lightweight biometric-based authentication scheme for telecare medicine information systems using ECC [C]. 2018 9th International Conference on Computing, Communication and Networking Technologies (ICCCNT), Bengaluru, India: 1-6.

Stefan Mangard, Elisabeth Oswald, Thomas Popp, 2007. Power Analysis Attacks: Revealing the Secrets of Smart Cards [M]. Springer Science & Business Media 31, USA.

Taher ElGamal, 1985. A public key cryptosystem and a signature scheme based on discrete Logarithms [J]. IEEE Transactions on Information Theory, 31 (4): 469-472.

Tan Zuowen, 2018. Secure delegation-based authentication for telecare medicine information systems. IEEE Access, 99: 26091-26110.

Taoufik Serraj, Moulay Chrif Ismaili, Abdelmalek Azizi, 2017. Improvement of SPEKE protocol using ECC and HMAC for applications in telecare medicine information systems [C]. Europe and MENA Cooperation Advances in Information and Communication Technologies, Saidia, Marocco: 501-510.

Truong Toan-Thinh, Tran Minh-Triet, Duong Anh-Duc, et al., 2017. Provable identity based user authentication scheme on ECC in multi-server environment [J]. Wireless Personal Communications, 95 (3): 2785-2801.

Tsai Chwei-Shyong, Lee Cheng-Chi, Hwang Min-Shiang, 2006. Password authentication schemes: Current status and key issues [J]. International Journal of Network Security, 3 (2): 101-115.

Vanga Odelu, Ashok Kumar Das, Adrijit Goswami, 2015. A secure biometrics-based multi server authentication protocol using smart cards [J]. IEEE Transactions on Information Forensics and Security, 10 (9): 1953-1966.

Wang Ding, He Debiao, Wang Ping, et al., 2015. Anonymous two-factor authentication in distributed systems: Certain goals are beyond attainment [J]. IEEE Transactions on Dependable and Secure Computing, 12 (4): 428-442.

Wang Yan-yan, Liu Jia-yong, Xiao Feng-xia, et al., 2009. A more efficient and secure dynamic ID-based remote user authentication scheme [J]. Computer Communications, 32 (4): 583-585.

Wei Jianghong, Hu Xuexian, Liu Wenfen, 2012. An Improved Authentication Scheme for Telecare Medicine Information Systems [J]. Journal of Medical Systems, 36 (6): 3597-3604.

Wen Fengtong, Guo Dianli, 2014. An improved anonymous authentication scheme for telecare medical information systems [J]. Journal of Medical Systems 38 (5): 26.

William Stallings, 2006. Cryptography and Network Security: Principles and Practices [M]. Pearson Education. India.

Woodward Bryan, Robert S, Istepanian H, et al., 2001. Design of a telemedicine system using a mobile telephone [J]. IEEE Transactions on Information Technology in Biomedicine: A Publication of the IEEE Engineering in Medicine and Biology Society, 5 (1): 13-15.

Wu Zhen-Yu, Lee Yueh-Chun, Lai Feipei, et al., A secure authentication scheme for telecare medicine information systems [J]. Journal of Medical Systems, 36 (3): 1529-1535.

Xie Qi, Hu Bin, Dong Na, et al., 2014. Anonymous three-party password-authenticated key exchange scheme for telecare medical information systems [J]. PLoSONE 9 (7): 1-6.

Xie Qi, Liu Wenhao, Wang Shengbao, et al., 2014. Improvement of a uniquenessand-anonymity-preserving user authentication scheme for connected health care [J]. Journal of Medical Systems, 38 (9): 91.

Xiong Li, Fan Wu, Khurram Khan, etal., 2018. A secure chaotic map-based remote authentication scheme for telecare medicine information systems [J]. Future Generation Computer Systems, 84: 149-159.

Xiong Li, Niu Jianwei, Saru Kumari, et al., 2018. A robust biometrics based three-factor authentication scheme for global mobility networks in smart city [J]. Future Generation Computer Systems, 83: 607-618.

Xiong Li, Niu Jianwei, Saru Kumari, et al., 2018. A three-factor anonymous authentication scheme for wireless sensor networks in Internet of things environments [J]. Journal of Network and Computer Applications, 103: 194-204.

Xu Lili, Fan Wu, 2015. Cryptanalysis and improvement of a user authentication scheme preserving uniqueness and anonymity for connected health care [J]. Journal of Medical Systems, 39 (2): 10.

Yan Xiaopeng, Li Weiheng, Li Ping, et al., 2013. A secure biometrics-based authentication scheme for telecare medicine information systems [J]. Journal of Medical Systems, 37 (5): 1-6.

Zhang Liping, Zhu Shaohui, Tang Shanyu, 2016. Privacy protection for telecare medicine information systems using a chaotic map-based three-factor authenticated key agreement scheme [J]. IEEE Journal of Biomedical and Health Informatics, 21 (2): 465-475.

Zhao Yan, Li Shiming, Jiang Liehui, 2018. Secure and efficient user authentication scheme based on password and smart card for multiserver environment [J]. Security and Communication Network, vol. 2018: 1-13.

Zhou Zhiping, Wang Ping, Li Zhicong, 2019. A quadratic residue-based RFID authentication protocol with enhanced security for TMIS [J]. Journal of Ambient Intelligence and Humanized Computing: 10 (C): 3603-3605.

Zhu Xiaobao, Shi Jing, Lu Cuiyuan, 2019. Cloud health resource sharing based on consensus-oriented blockchain technology: Case study on a breasttumor diagnosis service [J]. Journal of Medical Internet Research, 21 (7): e13767.

第 12 章 非法 EPR 修改：物联网医疗系统的主要威胁及通过盲取证方法的补救措施

Suchismita Chinara, Ruchira Naskar, Jamimamul Bakas, Soumya Nandan Mishra

12.1 简 介

"物联网（IoT）"（Lee 等，2015）一词是由 Kevin Ashton 在 1999 年提出的。物联网是通过互联网将设备彼此连接起来共享信息的系统。另外，它可以定义为在智能环境中具有身份和虚拟人格的事物，它使用智能接口在社会、医疗、环境和终端用户环境中进行连接和通信。这些设备通过不同的技术连接到互联网，如蜂窝网络和 M2M 技术（如 LTE、Wi-Fi 和 5G）。各种收集技术，如人工智能、普适计算和嵌入式设备，使设备更智能，使其能够应用于从智慧城市到智慧医疗的各种应用中。

早在 1989 年互联网诞生之初，互联网上"事物"之间的连接就开始了。1990 年，John Romkey 发明了一种可以连接互联网的烤面包机，它被认为是第一个物联网设备（Romkey，2016），它使用 TCP/IP 网络将烤面包机连接到计算机，然而，将面包片插入烤面包机需要人工干预。为了实现这一过程的自动化，Romkey 和 Hackett 发明了一个机器人系统，可以在没有任何人类帮助的情况下将面包插入烤面包机。1991 年，特洛伊房间咖啡壶被视为网络摄像头接入互联网的灵感来源（Stafford-Fraser，1995）。研究者设置了一个摄像头，用于拍摄咖啡机的实时照片，并在桌面上显示给所有用户，记录壶里剩下的咖啡量，这节省了用户去房间喝咖啡和发现咖啡机是否已经空的时间。1994 年，Steve Mann 发明了一种叫作"Wearcam"的便携式设备，它可以装在穿着者的衣服里（Mann，1996）。该设备具有普通多媒体计算机所具有的所有功能（如视频处理能力等）和配置（如麦克风、摄像头和自己的 IP 地址）。Wearcam 设备可用于个人视觉助手（PVA）和视觉记忆假体（VMP）

两种应用。前者基于空间视觉滤波，后者基于时间视觉滤波。这两种装有摄像头的设备都被戴在眼睛上，以捕捉周围环境的实时视频，然后将捕捉到的视频传送到万维网（www）。1997年，Paul Saffo发表了一篇关于传感器的文章，文章描述了一些基础技术，如微机械、压电材料、微机电系统（MEMS）、超大规模集成电路（VLSI）视频以及其他一些有助于传感器发展的技术。2000年，LG集团推出了世界上第一台互联网冰箱，它可以追踪冰箱里的食物，并检查食物是否已经补充（Osisanwo等，2015）。2003年，射频识别（RFID）在美国武装部队的Savi计划中得到了广泛的应用（Want，2006）。2005年，《卫报》、《逻辑美国人》和《波士顿环球报》等媒体都提到了大量关于物联网及其未来发展方向的文章。同样是在这一年，Raf Haladjian和Olivier Mevel发明了一种能够使用Wi-Fi的机器人兔子Nabaztag，它可以预测天气状况，测量空气质量，阅读RSS中的文本、电子邮件和新闻标题（Kuyoro等，2015）。2008年，智能对象互联网协议（IPSO）联盟组织成立，旨在促进互联网协议（IP）在"智能对象"中的使用，并增强物联网的能力。同样在这一年，美国联邦通信委员会（FCC）批准了"白色频谱"。最终在2011年，为了将更多的设备连接到互联网上，IPv6被推出，IPv6的启用和低功率传输协议（LPWAN）带来了物联网系统的革命。

物联网的应用涉及人类生活的各个领域（Afzal等，2019），其中一些分布在工业、农业、交通监控、智慧家居、废物管理、智慧城市，最重要的是在智慧医疗保健领域。医疗保健的历史揭示了传感器在医疗保健领域的长期应用，嵌入医疗设备中的微型传感器用于洞察难以检测、诊断和治疗的生理健康状态，物联网与传感器技术的结合在很大程度上增强了医疗保健领域的范围。物联网系统涉及先进的数据处理方法、传输技术和机器学习方法，使医疗保健变得更加智能和安全。

本章其余部分的组织如下。在12.2节中，介绍了一个基于物联网的医疗保健系统的框架、它在现实生活中的作用以及基于物联网的医疗系统环境中的一些挑战。在12.3节中，将介绍基于物联网的医疗系统中的主要安全挑战。在12.4节中，将介绍一种现代的法医解决方案以及传统的安全方法，以解决12.3节中提出的安全挑战。这里我们主要关注针对电子病历的最严重的安全攻击形式，即数据修改攻击。在12.5节中，在总结结束本章的同时，讨论了医疗保健中物联网领域的开放性问题。

12.2　基于物联网的医疗保健框架

当今社会的医疗服务比以往任何时候都昂贵，而且，随着世界人口的增长，慢性病的数量也在增长。除此之外，在世界上的一些地区，由于缺乏有效和可靠的通信系统，大部分社会成员得不到医疗保健服务，而且这些地区的人们容易患慢性病。虽然科学技术不能阻止人口老龄化，但至少可以使医疗保健在可及性方面更容易获得。例如，我们都知道医疗诊断增加了医院账单的很大一部分，科学技术可以将常规体检从医院转移到患者家中，这项技术能更有效地发挥作用，为患者提供更好的治疗。

图 12.1 显示了在养老院、老年家庭和智慧家居中的智慧医疗保健应用程序。智慧医疗的工作原理对所有应用程序都是一样的，患者或老年人佩戴可穿戴传感器，持续测量生理参数。传感器的激活可以通过患者或其家庭成员的智能手机来完成。连接到智能手机的本地处理单元（LPU），可穿戴传感器通过智能手机进行低功耗数据传输。此外，患者数据通过 Wi-Fi、蜂窝网络或任何 5G 技术等无线传输技术被转发到数据库服务器或云。大多数时候，服务器能够通过使用高级算法或机器学习技术来自动执行疾病诊断。

从图 12.1 中可以看出，服务器或云可以向健康专家发送任何紧急通知，或者健康专家可以在需要时从服务器获取详细信息。患者和健康专家之间可以进行交流，反之亦然。这种架构对于居住在家中或养老院的老年人非常有用，因为他们需要持续的关注和监控，疗养院的患者也是这种智慧医疗的受益者。

在家庭护理应用中，附在患者身体上的传感器感知健康相关参数，并将其传输给患者的家人或护士。传感器可以通过 ZigBee 模块直接与本地家庭站通信，在后端网络开发的应用程序有助于分析患者的数据。在医院应用程序中，传感器的部署方式与疗养院和家庭护理应用程序相同。区别在于，在这里，一组患者由护士使用 PDA 进行监控（Kumar 和 Lee，2012；AbdElnapi 等，2018 年）。

智慧医疗保健系统对治疗的质量和效率有无与伦比的好处，以下是这种系统的一些优点：

（1）通过互联网连接的智能设备对患者进行实时监控，在糖尿病、心力衰竭、哮喘等紧急情况下挽救生命。智能手机应用程序从智能设备中收集信

第 12 章
非法 EPR 修改：物联网医疗系统的主要威胁及通过盲取证方法的补救措施 | 245

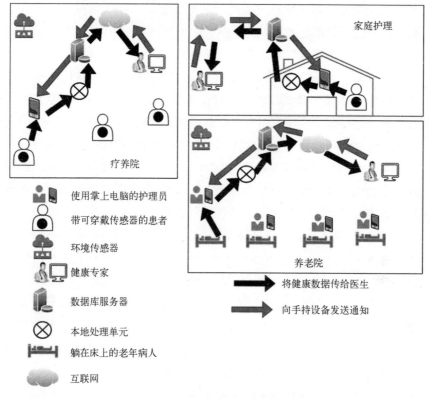

图 12.1 基于物联网的医疗系统框架

息，并将其传输给医生。物联网设备采集氧气、血糖、血压、心电图等各种健康参数数据并存储在云端。

（2）跟踪和警报：在患者面临生命危险时，应用程序能否及时发出警报至关重要。物联网智能设备能收集患者的重要数据，并将其传输给医生，以便进行实时跟踪，并通过移动应用程序和其他设备发送报告，报告提供了关于患者在特定时间和地点的健康状况的重要数据。因此，物联网有助于实时监测、跟踪和预警，并帮助医生进行更准确的治疗。

（3）远程医疗援助：可能会出现下面这样的情况，患者需要与远在数公里之外的医生联系。在这种情况下，医生可以通过智能手机应用程序检查患者的情况，并使用 GPS 确定患者的位置。医生也可通过移动通信，发送一些吃药的建议。通过这种方式，患者的护理可以远程完成。

（4）物联网研究：设备能够收集关于患者健康状况的大量数据，这些数据可以在研究过程使用，手工收集这些数据需要很多年时间。这些数据可用来为健康相关统计研究提供有力支撑。这样,物联网在收集过程中节省了时间,在医学研究领域产生了很大的影响。

尽管智慧医疗保健系统有许多好处,但也面临如下挑战:

(1) 在物联网领域,数据安全和隐私是主要挑战之一。智能物联网设备实时收集和发送数据,但大多数物联网设备没有适当的标准和数据协议,这使得攻击者或网络罪犯能够入侵医疗保健系统,获取患者和医生的个人数据,这些攻击者会滥用患者的信息来购买药品、医疗设备和制造假身份证。

(2) 在医疗保健部门部署多个物联网设备时,由于物联网设备的种类不同,这样会造成障碍。因为这些设备有不同的通信协议,从而导致不正确的数据整合过程。

(3) 如前所述,由于协议的通信标准不同,整合数据变得困难。然而,数据的密度如此之大,以至于医生很难根据患者的健康状况做出高质量的决定。

(4) 在目前最先进的技术条件下,借助物联网服务,可以极大地改善普通大众的医疗服务,这对全世界的发展中国家来说尤其如此。有了这样的服务,医疗诊断和治疗所涉及的费用有望减少。因此,物联网在医疗保健领域已得到迅速发展,引起了全世界巨大的研究兴趣。

现在我们将讨论医疗保健中的一些应用:

(1) 助听设备:这些设备是为听力有损失的患者设计的,智能手机使蓝牙与可听设备兼容成为可能,多普勒实验室就是一个例子。

(2) 可摄入传感器:这些传感器只有一根针大小,可用于监测患者的身体状况,如果有任何异常将发送警告。甚至这些传感器也可以帮助糖尿病患者,因为它们可以帮助提供疾病的早期预警。

(3) 情绪调节装置:这些都是增强精神状态的设备,帮助我们在一天的时间里保持情绪。它们会向我们的大脑发送能量电流,提升我们的精神状态。

(4) Audemix 是一种 IoT 设备,通过减少与患者在跟踪病情过程中的手动对话,减轻了医生的工作负担。该设备包括一个收集患者数据的语音命令,每周可以为医生节省大约 15 个小时的时间。

12.3 物联网医疗保健的安全挑战

如今,物联网在医疗保健领域为患者提供了巨大的便利,允许医生对他们进行密切监测、诊断甚至治疗，即使是在偏远的极端地点。医疗部门的物联网还使得在医学研究领域使用患者记录和诊断进行数据统计，与医生对患者的治疗并行。医生、护士和医务人员可以从附在人体上的医疗设备中自动收集信息，并为患者做出正确的治疗决策。

然而，在医疗保健领域，这种物联网应用框架面临的最严重威胁是与以电子形式存储/传输的患者数据的安全和隐私保护相关的安全问题。在这种情况下，由于电子病历（EPR）是通过不安全的通道进行通信的，因此很容易受到非法入侵和隐私泄露攻击。

医疗公司往往忽视了通过公共渠道（如互联网）连接的医疗设备的安全性。在没有适当检测的情况下，患者很有可能因零日攻击而受伤或死亡。近年来，大量医疗设备遭劫持（James 和 Simon，2017；Meggitt，2018）迫使此类设备制造商制定特别指南，要求严格遵守网络安全规则，解决当前的主要网络漏洞问题（Mukhopadhyay 和 Suryadevara，2014；Khan 和 Salah，2018）。

针对目前物联网医疗系统中存在的一系列安全挑战和漏洞，我们将在下一节中讨论一些主要的挑战和漏洞，然后以现代法医解决方案为例子讨论解决这些问题的方法。

12.3.1 基于物联网的医疗系统中的安全攻击

1. 窃听攻击

在医疗保健中，当患者的数据需要从他/她的身体发送给医生时，网络攻击者可以窃听患者的数据，从而导致患者的隐私受到侵犯。攻击者可以在 Facebook 和 Twitter 等社交媒体上发布这些数据，如图 12.2 所示。

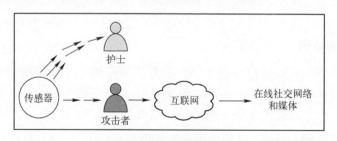

图 12.2 窃听攻击

监视和窃听患者的数据可能是对患者隐私的常见威胁。攻击者可以通过监听患者的生命体征，从通信通道中轻松识别患者的健康方面的相关数据。

如果攻击者拥有强大的接收天线,则可以更容易地捕获消息。攻击者捕获的消息帮助他/她识别患者的物理位置,并可能试图伤害他/她。这些消息还可以包含有用的信息,如消息 ID、源和目标地址,帮助攻击者获取患者的相关信息。

2. 数据修改攻击

在无线医疗应用中,人体传感器感知人体的重要参数,并将这些数据传输给医务人员或医院数据库。在发送这些数据时,攻击者可以访问这些数据(患者的医疗信息)并修改这些数据。随后,他/她可以冒着生命危险,将修改后的数据传输到医院数据库。当数据在传输过程中,可能发生两种类型的攻击:①拦截;②消息(数据)修改。

在拦截中,攻击者试图攻击无线医疗传感器网络,帮助他/她访问传感器节点信息,如节点 ID、传感器节点类型和加密密钥。在信息修改中,患者的重要数据被攻击者篡改。这可能会在整个过程中误导相关用户。例如,攻击者可以修改由心电图传感器传输给医院工作人员的数据,从而导致向患者提供的药物过量。此外,修改后的数据可能引发假警报,或提供病人健康状况的假结果。

3. 伪装和重放攻击

在医疗保健应用程序中,攻击者可以通过攻击节点,在将患者数据传输到远程服务器时故意发送错误的路由数据包。攻击者可以访问受害者节点,从而生成可能的伪装。伪装节点现在可以作为一个真正的节点,通过向远程站点发送一个假警报来中断应用程序。"伪装节点"可以捕获患者重要的生理数据,然后对实时医疗应用程序构成重放威胁。"伪装节点"不会对患者新接收到的数据进行操作,而是一遍又一遍地重播旧消息,从而导致对患者的非正确治疗。

4. 假冒攻击

通过这种攻击,攻击者可以获取患者的个人信息。在医疗保健过程中,患者通常会在医院里走动。因此,医生或护士必须掌握患者的位置,以便在紧急情况下为他们提供服务。攻击者可以通过干扰无线电信号,从而获得有关患者位置的相关信息,从而攻击个人数据。

此外,攻击者还可以获得与在健身俱乐部锻炼的患者的健康状态相关的信息。传感器捕获的数据可用于发现患者的当前活动,攻击者可以更改这些数据,从而向患者发送错误消息或错误的训练,从而对患者造成伤害。例如,无线传感器网络（WSN）正在监测一名在健身俱乐部锻炼的运动员，附着在他/她的身体上的传感器会感知心率，感知时间和位置，并向基站发送与健康相关的数据反馈。攻击者可以更改这些数据，使运动员在兴奋剂测试中受到怀疑而毁掉运动员的整个职业生涯。

5. 物联网设备的漏洞

2015 年，两名安全研究人员在网上曝光了大约 6.8 万个医疗系统，其中 1.2 万个系统属于一家医疗机构。我们发现，这些通过互联网连接的系统运行在一个非常旧的 Windows XP 版本上，存在很多漏洞。

物联网增加了医疗行业的数据安全和责任风险。现在，医生可以通过对植入式心律转复除颤器（ICD）进行编程，轻松地监测病人的心脏状况。该设备可以将患者的心率数据传送给医生，并通过电击来获取心率信息。一个恶意的攻击者可以通过使设备发生故障来中断设备，从而给病人的生命带来风险。

黑客可以通过篡改医疗物联网设备对个人造成伤害。他们侵入设备窃取信息，了解更大的医疗系统的架构。"医疗劫持"，即设备被攻击者劫持，是大多数医疗保健组织中最易遭受的攻击。医疗劫持对医院造成严重伤害的例子有很多。在一家医院里，黑客用恶意软件入侵了血气分析仪，窃取了密码，并将数据发送到了东欧。在另一个案例中，放射科的图像存储系统被黑客攻击，他们进入主网络，被黑客攻击的数据被发送到一个特定地点。在另一家医院，一个药物泵被黑客入侵，通过劫持医院网络来获取信息。由于医疗设备缺乏安全性，黑客很容易从这些设备中窃取大量数据。

医疗设备的另一个例子是胰岛素泵，它可以附着在患者的身体上为其注射胰岛素。2008 年，一款名为 Animas OneTouch Ping 的设备问世，它可以被穿在衣服里面。这个装置带有一个无线遥控器，患者可以用它来泵出一剂胰岛素。攻击者可以破坏胰岛素泵，使胰岛素剂量过大。我们无法阻止黑客访问该设备，但当这种情况出现时，患者可以收到警告。

另一种被称为输液泵的设备也暴露在各种网络病毒中。该装置为病人提供适当的营养和药物，恶意攻击者可以通过访问并改变药物剂量来伤害患者。

在本章中，我们只关注物联网医疗保健中的数据修改攻击。

12.3.2 物联网医疗中的数据修改攻击

在基于信息技术的医疗保健系统中，专家（医生）根据 EPR（Håland,

2012），对患者进行诊断，EPR 包含患者的血压、血糖水平、磁共振成像（MRI）、CT 扫描、X 线、超声报告等各种医疗信息，医生根据这些医疗信息对患者进行精准的治疗。所以，这些医疗信息对患者和医生都是非常敏感的。因为在物联网中通过一个不安全通道传输 EPR 时，患者可能会有不好的愿望修改 EPR，误导医生进行错误的治疗，进而对患者的生命构成威胁。图 12.3 显示了大脑及其篡改版本的 MRI 图像。图 12.3（a）是真实的 MRI 图像，左侧发现肿瘤。图 12.3（b）是一个简单的复制-移动攻击 MRI 图像，肿瘤区域被复制粘贴到同一图像的另一侧。从图 12.3（a）中可以看出，MRI 图像中有两个肿瘤。然而图 12.3（c）中没有发现肿瘤，这是由于另一种复制-移动攻击，一些正常的区域被复制粘贴到肿瘤区域来隐藏肿瘤。所以，在开始治疗过程之前，需要检查 EPR 的真实性。在本章的 12.4 节中，我们提出了一些检测 EPR 真实性的方法。

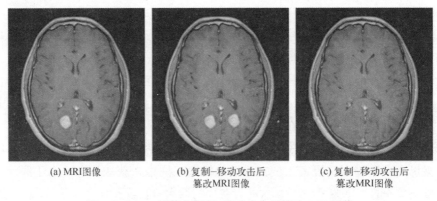

(a) MRI 图像　　(b) 复制-移动攻击后篡改 MRI 图像　　(c) 复制-移动攻击后篡改 MRI 图像

图 12.3　MRI 图像和复制-移动攻击后篡改 MRI 图像

12.3.3　医疗保健面临的挑战

近年来，尽管对医疗保健服务的需求有所增加，但人们仍然遵循以医院为中心的传统医疗模式，即患者就医。患者经常到医院接受医生的检查，以治疗慢性疾病、检查疾病进展，并通过治疗采取必要的预防措施。大多数医院采用以疾病和医生为中心的模式，不将患者作为医疗保健过程的一部分。下面将介绍当今医疗保健过程中的一些挑战（Amaraweera 和 Halgamuge，2019）：

（1）由于残疾和患病人口不断增加，医生很难在有限的时间内对每个患者进行适当的治疗。由于筛查时间太短，患者的日常饮食、睡眠、体育锻炼、社会生活等往往被医生忽略，但是所有这些活动对诊断和治疗都很重要。

（2）医生缺乏检查患者健康状况和给予适当治疗（如锻炼、药物和饮食）的设备和器材，这些事情对一个患者获得适当的医疗护理同样重要。

（3）世界各地的老年人数量正在快速增长，医疗保健必须为老年人口提供足够的资源和设施。

（4）世界上大部分人口生活在城市环境中，由于大城市人口的增加，对医疗设施的需求也随之增加。与此同时，传染性疾病在人口稠密的城市中也容易得到传播。

（5）随着人口和疾病的增加，对保健设施的需求也在增加，从而增加了对保健外科医生、工作人员、牙医和负责改善农村和城市地区医疗生态系统的医疗护理工作人员的需求。为应对上述挑战，可以采取扩大医院和保健部门的基础设施的办法。

（6）患者治疗和药物成本的上升是当今医疗保健领域面临的主要挑战之一。物联网在这方面起到了很大的帮助作用，它使各种医疗设备能够连接和收集数据。这些数据存储在云中，医院、医生和分析实验室可以使用它们进行治疗。不同的医疗保健应用程序具有不同的服务质量、延迟和存储需求，因此将网络层分为两个子层，即Fog层和云层。本地缓冲由Fog层处理，数据管理、应用程序服务和到Fog层的连接由云层处理。此外，设备的安全性需要通过提供安全硬件、路由协议和为工作人员提供适当的管理安全数据的培训来提高。

12.4 物联网医疗保健系统中数据修改的安全解决方案

在本节中，我们将介绍数据（EPR）修改检测的最新解决方案，特别是在MRI、CT扫描和X射线等数字医学图像中主动和被动的安全防护措施。主动措施包括传统的安全解决方案，例如水印（Cox等，2000）、指纹嵌入（Paul等，2016）和哈希创建（Harran、Farrelly和Curran，2018）。被动措施是一种新形式的安全解决方案，其被称为数字取证（Reith、Carr和Gunsch，2002）。

首先，我们将介绍和讨论目前使用的主动安全解决方案，其主要用于EPR数据修改检测。之后，我们将重点介绍与物联网安全相关的EPR保护和修改检测的被动取证技术。

12.4.1 主动解决方案：医学图像的数字水印

数字水印（Cox 等，2000）是将一段外部信息［称为水印（哈希或指纹）］嵌入到需要保护的数据（如数字图像、文本、音频或视频）中的方法。一般来说，数字水印嵌入的过程和随后的认证使用相同的数据，一般包括以下四大模块/步骤（图 12.4）：①水印生成；②水印嵌入；③水印提取；④身份验证。

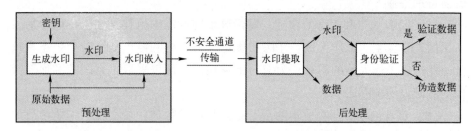

图 12.4　数字水印的一般框图

生成器基于原始数据和密钥生成指定应用程序的水印（哈希或指纹），水印嵌入器将在数据中嵌入水印，有时基于一个嵌入密钥。

然后通过水印提取模块提取嵌入的水印，用于对数据进行身份验证。嵌入的水印数据通过不安全/公共通道传输，接收器接收传输的数据并执行水印提取，接收端使用原始数据来计算得到同一个水印，同样在接收端对提取和计算出的水印进行匹配，进行数据认证。如果它们不匹配，则认为接收的数据是伪造的。在接下来的部分中，我们提出了一种使用水印处理检查医学图像（CT扫描）的真实性的方法（Memon 和 gillani，2011）。

在水印技术中，水印的生成是一个关键步骤，而水印的生成过程因应用的不同而有所不同。2011 年，Memon 和 Gilani 使用 3 种不同的关键元素［消息认证码（MAC）、医院标识和患者信息］为胸部 CT 扫描医学图像生成水印，生成的水印嵌入到 CT 扫描图像中。水印生成和嵌入过程的框图（Memon 和 Gilani，2011）如图 12.5 所示。

12.4.1.1　使用哈希函数生成 MAC

消息认证是数据安全领域的一项重要技术，它用于验证接收数据的来源和数据的真实性。消息认证码（MAC）是任何身份验证技术的关键元素。有许多技术可以从一段数据中生成 MAC，其中之一是哈希函数（Deepakumara

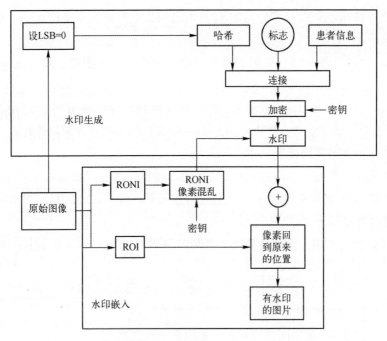

图 12.5 水印生成和嵌入过程框图（Memon 和 Gilani，2011）

等，2001）。哈希函数（Bakhtiari 等，1995）是一个数学函数，它将大数据（可能大小不同）映射为小数据（固定大小），称为哈希。哈希可以用作数据身份验证器。

在当前的技术状态下，有许多哈希函数可用，如 RIPEMD160、SHA384、SHA224、SHA1、MD2 和 MD5（Satoh 和 Inoue，2007）。然而，消息摘要算法（MD5）和安全哈希算法（SHA-1）是迄今为止用于计算 MAC 的两种最著名的哈希算法。2011 年，Memon 和 Gilani 使用 MD5 哈希算法（Rivest，1992）计算 MAC 值，结合计算出的 MAC 值，Memon 和 Gilani 使用医院标识和患者信息生成水印如下：

(1) 将大小为 $m×n$ 的灰度标识（图像）转换为二进制向量 L，$L=[l(i)$，$l \in \{0,1\}, 1 \leq i \leq m×n]$。

(2) 为患者信息文本文件的每个字符生成 ASCII 代码。

(3) 将 ASCII 码转换成相应的二进制码，并生成二进制向量 P，这样的话，$P=[p(i), p \in \{0,1\}, 1 \leq i \leq M]$，其中，$M=C×b$，$C$ 是用于记录患者数据的字符数，b 用于表示每个 ASCII 码的位数。

(4) 将输入图像中每个像素的最低有效位（LSB）设置为零。

(5) 使用消息摘要算法 MD5 计算哈希函数，生成 S 个字符长的字符串作为输出。

(6) 将从步骤 (5) 获得的每个字符串转换为二进制向量 D，这样的话，$D = [d(i), d \in \{0,1\}, 1 \leq i \leq S \times b]$。

(7) 将所有的二进制向量 L、P 和 D 连接到新的向量 W 中，这构成了该方案的水印。另外，L、P 和 D 分别表示标志、患者信息和原始图像的水印。

12.4.1.2 水印预处理

如果攻击者拥有水印的先验信息，那么他/她就可以很容易地修改水印。因此，水印 W 需要在直接嵌入之前进行预处理。Wu 等（2005）对水印进行预处理的方法如下：

(1) 使用密钥 k 生成伪随机二进制向量 B，B 的大小与 W 相同，B 表示如下：

$$B = [b(i), b \in \{0,1\}, 1 \leq i \leq N] \tag{12.1}$$

式中：N 为水印 W 的大小（以"bit"为单位）。

(2) 在 W 和 B 之间执行异或运算以获得最终水印：

$$W^* = W \oplus B \tag{12.2}$$

最后，将水印 W^* 嵌入到主机图像中，如图 12.5 所示。

12.4.1.3 水印嵌入过程

一般来说，医学图像可以分为两个区域：①感兴趣区域（ROI），它包含更多关于患者的有用信息；②不包含任何重要信息的非感兴趣区域（RONI）。基本上，水印嵌入到 RONI 以提供更好的安全性，但并不损害敏感诊断信息（Navas、Thampy 和 Sasikumar，2008）。因此，在嵌入水印之前，首先需要在医学图像中分离 RONI 和 ROI。通常，ROI 在医学图像中被认为是一个矩形（Navas、Thampy 和 Sasikumar，2008；Smitha 和 Navas，2007）。但在某些情况下，ROI 并不是一个矩形，例如，在 CT 扫描的人体胸部区域图像中，肺的形状实质上是椭圆形的。2008 年，Memon 和 Gilani 通过在 CT 扫描图像中绘制逻辑椭圆来提取 ROI，他们使用了一种分割算法来分离胸部 CT 扫描图像中的 ROI 和 RONI，将图像的 ROI 和 RONI 分离后，将水印嵌入到 RONI 部分。水印嵌入过程的步骤（Memon 和 Gilani，2011）可以总结如下：

(1) 生成如 12.4.1.1 节所述的水印。

(2) 使用式（12.2）加密水印 W。

(3) 进行 ROI 提取，分离 ROI 和 RONI。

（4）在 RONI 使用一个密钥混淆像素。

（5）将生成的水印 W^* 和混乱的像素嵌入 RONI 的 LSB 中。

（6）对 RONI 像素执行重新混杂操作，以获取像素的实际位置。

（7）合并 ROI 和 RONI 以获得加水印的图像。

12.4.1.4 水印提取和认证过程

接收机接收嵌入水印的图像，并从接收的图像中提取水印，水印提取过程与水印嵌入过程是相反的。水印检测和认证过程的框图如图 12.6 所示。

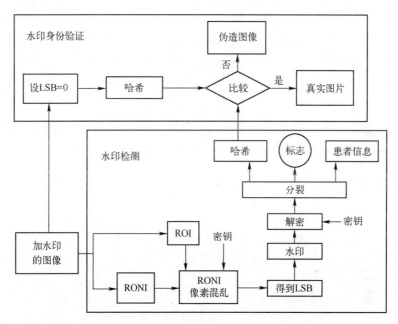

图 12.6 水印检测与认证过程框图（Memon 和 Gilani，2011）

为了提取水印并检查接收图像的真实性，需要执行以下步骤（Memon 和 Gilani，2011）：

（1）利用分割技术将嵌入的水印图像划分为 ROI 和 RONI 两部分。

（2）在水印嵌入过程中使用相同的密钥将像素在 RONI 中进行混叠嵌入。

（3）从置乱的 RONI 像素中提取 LSB 来估计预处理后的水印。

（4）使用 P（患者信息的二进制向量，在 12.4.1.1 节中描述）对估计的水印 W^* 解密，以估计水印 W。

（5）将估计的水印 W 分割为 L'、P' 和 D'，其中 L'、P' 和 D' 分别表示标识、患者信息和主机图像的估计水印。

（6）如果主机图像 D 的原始水印与估计的水印 D' 匹配，则接收到的图像是真实的。否则，将检测到接收到的图像被篡改。

该方案采用了传统的安全机制来保护 EPR 的完整性。患者信息的水印用于将患者信息安全地存储在主机图像中。这是因为，如果 EPR 信息和医学图像在两个单独的文件中发送，攻击者可能会随意篡改其中一个文件，从而导致错误的诊断。

另外，利用医院标识的水印，我们可以在只有 RONI 区域被篡改时检查图像的真实性。但是，如果攻击者在没有添加水印的 ROI 区域对图像进行篡改，我们无法通过医院标识的水印检测出伪造的图像。在本例中，使用嵌入式 MAC，我们可以检测图像是否是伪造的，如图 12.6 所示。

然而，水印技术需要一定的预处理步骤，在这个过程中，水印被生成并嵌入到主机图像中。为此，我们需要专门的水印嵌入硬件芯片和嵌入式软件，这增加了整个过程的成本。此外，哈希或水印嵌入等技术会降低数据的质量。为了克服这些限制，被动安全解决方案的新分支，即数字取证，已经出现。接下来将讨论在物联网医疗保健中保护 EPR 完整性的取证解决方案。

12.4.2 被动解决方案：用于医学图像真实性检测的法医解决方案

取证安全措施由物联网领域的被动威胁检测机制组成，它完全依赖于基于后处理的数据分析和调查。因此，这些解决方案不需要假定为预防攻击而采取的预防措施。相反，他们的操作完全是基于后处理。一旦攻击已经发生，这样的解决方案将提供一种有效的方法来检测攻击的存在。图 12.7 给出了一个表示被动取证技术工作原理的框图。

图 12.7　数字取证过程框图

在本章中，我们提出了一种法医解决方案，用于检测医疗保健图像（如 MRI 或 CT 扫描图像）中的非法修改。这类图像很容易受到一种特定形式的攻击，即区域复制或复制-移动伪造，也就是将图像的特定部分复制并移动到同一图像中的其他区域，恶意地重复或模糊图像中的敏感物体。医疗保健图像大多由规则/统一的纹理或模式组成，因此很容易出现这种恶意修改。

在本章中，我们提出了 Dixit 和 Naskar（2019）研究的一种基于图像关键点的医疗保健图像复制-移动伪造检测方案。

1. 基于关键点的图像复制-移动伪造检测

2019 年，Dixit 和 Naskar 最初使用尺度不变特征变换（SIFT）提取图像关键点（Lowe，2004），同时使用图像的最大稳定极值区域（MSER）去除冗余关键点（Matas 等，2004），然后进行两级匹配操作，对图像内的伪造区域进行定位。

在第一级，基于广义 2 近邻（g2NN）测试（Amerini 等，2013）执行关键点匹配操作，然后利用聚集层次聚类对匹配的关键点进行聚类（Amerini 等，2013），用于检测图像重复区域。为了优化错误匹配，基于图像相似性方法进行了二级匹配操作。

2. 预处理、特征提取和选择

图像高对比度关键点的数量直接影响基于关键点的复制-移动（区域复制）检测方案的效果（Amerini 等，2011；Amerini 等，2013；Pan 和 Lyu，2010），较少的高对比度提取的关键点会降低检测效果。因此，通过增加高对比度提取的关键点的数量（Dixit 和 Naskar，2019），将测试图像转换为相反的颜色空间（Van De Sande、Gevers 和 Snoek，2009），使用如下公式：

$$\begin{cases} O_1 = \dfrac{R-G}{\sqrt{2}} \\ O_2 = \dfrac{R+G-2B}{\sqrt{6}} \\ O_3 = \dfrac{R+G+B}{\sqrt{3}} \end{cases} \quad (12.3)$$

式中：O_1、O_2 为含色信息通道；O_3 为强度（亮度）通道。R、G 和 B 是 RGB 图像的红、绿、蓝通道像素强度。因此，在将 RGB 图像转换为对手的颜色空间后，从每个对手通道中提取 SIFT 特征（Lowe，2004），提取的 SIFT 可能包含大量冗余的 SIFT 特征，增加了特征匹配的计算量。为了去除冗余的 SIFT 特征，Dixit 和 Naskar（2019）按照 Matas 等（2004）的方法，将测试图像划分为 MSER，因此，SIFT 特征被捆绑在每个 MSER 中。SIFT 特征被认为是属于至少一个 MSER 的特征，其余的特征被丢弃。同样地，考虑至少包含一个 SIFT 特征 MSER，其余的将被丢弃。

提取和选择 SIFT 特征和 MSER 实验结果（Ardizzone、Bruno 和 Mazzola，2015）分别如图 12.8（a）和（b）所示（SIFT 特征和 MSER 分别表示为"+"和一个椭圆）。使用一个 128 维的特征向量来描述每个 MSER。

(a) SIFT特征和MSER　　　　　　　　(b) 束特征

图12.8　提取和选择SIFT特征和MSER实验结果（Dixit和Naskar，2019）

3. 第一级匹配：特征匹配和匹配关键点聚类

在执行上一步之后，提取出一组束特征，即，$F=(f_1,f_2,f_3,\cdots,f_n)$，其中，$f_i=(k_1,d_1)$由空间域中的关键点坐标$k_i=(x,y)$和MSER的特征描述符$d_i$组成。接下来，利用基于特征描述符的图像的每个关键点k_i和其他$n-1$个关键点之间的欧几里得距离（ED），按升序计算相似性向量$S_i=\{s_1,s_2,s_3,\cdots,s_{n-1}\}$。为了找到这两个相似的特征，使用了广义2近邻（g2NN）测试（Amerini等，2011）。如果最近和第二近邻描述符（关键点）之间的欧几里得距离之比小于阈值T，则认为这两个特征相似。特征匹配的所有步骤如下：

（1）对于每个束特征f_i，计算关键点k_i和k_j之间的欧几里得距离向量S_i（$1\leq j\leq n$并且$j\neq i$）。因此，每个束特征f_i的欧几里得距离向量的大小为（$n-1$）。

（2）计算一个新的欧几里得距离向量L_i，它包含按升序排列的欧几里得距离向量S_i。

（3）如果关键点k_i满足以下条件，则匹配关键点k_i和$L_i(p)$对应的关键点。

$$\frac{L_i(p)}{L_i(p+1)}<T \tag{12.4}$$

式中：p为向量L_i的位置指数。

（4）否则，关键点k_i与$L_i(p)$对应的关键点不匹配并将被拒绝。

但是，上述特征匹配算法存在很高的误报率，特别是当测试图像本身包含非常相似的纹理区域时。换句话说，在一幅图像中同一区域内会找到多个匹配的关键点，这是因为区域内纹理的相似度很可能是相同的。如果我们能够在匹配的关键点之间创建一个或多个组，并且两个匹配的关键点属于两个不同的组，那么我们可以说这两个关键点是彼此的重复。为了在匹配的关键点之间创建组，Dixit 和 Naskar（2019）使用了可以匹配关键点的聚类层次聚类技术（Amerini 等，2011）。聚类技术的工作原理如下：

（1）最初，每个匹配的关键点作为一个单独的集群。因此，集群总数为 M（M 表示匹配关键点的个数）。

（2）利用质心联动方法（Ding 和 He，2002）对每个聚类计算一对欧几里得距离矩阵 $Edist(C_i, C_j)$，如下：

$$Edist(C_i, C_j) = \|\bar{x}_{C_i} - \bar{x}_{C_j}\| \tag{12.5}$$

式中：$Edist(C_i, C_j)$ 为集群 C_i 与 C_j 之间的欧几里得距离；$\bar{x}_{C_i} = \dfrac{1}{p}\sum_{l=1}^{p} xC_i(l)$，$\bar{x}_{C_j} = \dfrac{1}{q}\sum_{l=1}^{q} xC_j(l)$，其中，$p$ 和 q 分别表示集群 C_i 与 C_j 中关键点的个数，$xC_i(l)$ 和 $xC_j(l)$ 分别表示集群 C_i 与 C_j 中第 l 个关键点。

（3）找出两个集群 R 和 S，使 $Edist(R, S)$ 对于当前集群中的所有对集群都是最小的。

（4）合并集群 R 和 S，形成一个新的单一集群，并从 Edist 中删除相应的数据。

（5）如果所有匹配的关键点都属于一个集群，则停止。否则，重复步骤（2）~（5）。

如果获得多个集群，则测试图像被视为复制-移动攻击伪造的图像。图 12.9 显示了经过一级匹配，然后对匹配的关键点进行聚类后得到的结果。图 12.9（a）为人工伪造的图像，聚类后的输出如图 12.9（b）所示。由于 SIFT 特征的固有特性，这种一级匹配极易出现误匹配。为了解决这个问题并优化误报，在 Dixit 和 Naskar（2019）中，进行第二级匹配，下一节将对此进行描述。

4. 第二级匹配：通过图形相似性分析优化误报

为了减少误报，采用图形相似性匹配方法，将每个集群（或组）视为一个属性图。设一个用 $G=(V, E)$ 表示的图（表示集群），其中 V 和 E 分别是顶点（这里是关键点）和边（这里是两个关键点之间的距离）的集合。图 12.10（b）给出了聚类后图形的实验结果（图 12.10（a））。接下来，执行图形相似性匹配算法，考虑每个图一次有 3 个节点，计算相似性得分。如果有 3 个节点（一个来自 G_1，另一个来自 G_2）的任意两个组合的分数匹配，则这些匹配的节点将被检测为彼此在图像中的重复。否则，测试节点被视为误报。去除误报后的实验结果如图 12.10（c）所示，下面给出了图形相似性匹配算法的所有步骤：

(a) 伪造图像　　　　　　　　(b) 聚类后的输出图像

图 12.9　伪造图像和聚类后的输出图像（Dixit 和 Naskar，2019）

(a) 聚类运算后　(b) 聚类后的图　(c) 去除假阳性后　(d) 匹配的节点　(e) 伪造区域的本地化
　　的结果　　　　的形成　　　　的图形

图 12.10　实验结果（Dixit 和 Naskar，2019）

（1）对于每个集群，创建一个图形 $G=(V,E)$，其中顶点 V 表示集群内的关键点，边 E 表示对应的两个关键点之间的距离。

（2）对于第 i 个图 G_i 的每个三节点组合，计算图形相似性得分 GS_i^t，如下所示：

$$GS_i^t = \frac{T_1 \times \sum_{k=1}^{3} \sum_{l=1}^{3} d_i^t(k) - d_i^t(l) + T_2 \times \sum_{k=1}^{3} \sum_{l=1}^{3} \sqrt{x_i^t(k) - x_i^t(l)^2 + y_i^t(k) - y_i^t(l)^2}}{T_1 + T_2}$$

(12.6)

式中：GS_i^t 为第 i 个图形的第 t 个三节点组合的图形相似点；$d_i^t(k)$ 和 $d_i^t(l)$ 分别为第 i 个图形的三节点中的第 k 个和第 l 个节点的描述符；$(x_i^t(k), y_i^t(k))$ 和 $(x_i^t(l), y_i^t(l))$ 分别为第 i 个图形的第 t 个三节点组合的第 k 个节点和第 l 个节点的定位坐标；T_1 和 T_2 为用户定义的阈值参数（$T_1=1$ 和 $T_2=1$）（Dixit 和 Naskar，2019）。

（3）同样（如步骤（2）），计算第 j 个图 G_j 的每个三节点组合的图形相似性评分 GS_j^t。

(4) 如果 $GS_i^p \approx GS_j^q$，则检测 G_i 和 G_j 的第 p 和第 q 个三节点组合为重复。
(5) 重复步骤（2）~（4），直到所有的图形完成。

第二级匹配后的实验结果如图 12.10（d）所示。

5. 复区域检测和定位

Dixit 和 Naskar（2019）使用匹配节点图像 I_{match} 和测试图像 I_{test} 之间的相关图（Amerini 等，2013）来识别原始区域和在两个检测到的伪造区域之间定位伪造区域。相关图给出了 I_{match} 和 I_{test} 之间的相关性，并帮助我们生成一个二值图像映射，该映射将测试图像的伪造区域本地化，如图 12.10（e）所示。相关图采用式（12.7）计算（Amerini 等，2013）：

$$C_{\text{map}}(p) = \frac{\sum_{j \in \omega(p)}(I_{\text{test}}(j) - \bar{I}_{\text{test}}) \times (I_{\text{match}}(j) - \bar{I}_{\text{match}})}{\sqrt{\sum_{j \in \omega(p)}(I_{\text{test}}(j) - \bar{I}_{\text{test}})^2 \times (I_{\text{match}}(j) - \bar{I}_{\text{match}})^2}} \quad \forall p \in I_{\text{test}}$$

(12.7)

式中：$\omega(p)$ 为在测试图像 I_{test} 的中心像素 p 处具有 7 个相邻像素的区域；$I_{\text{match}}(i)$ 和 $I_{\text{test}}(i)$ 分别为 I_{match} 和 I_{test} 的第 i 个像素强度；$\bar{I}_{\text{match}}$ 和 $\bar{I}_{\text{test}}$ 分别为 I_{match} 和 I_{test} 的平均像素强度。

本节提出的技术（Dixit 和 Naskar，2019）能够检测普通的复制-移动伪造和几何攻击的复制-移动伪造，以及对数字图像中的复制-移动伪造攻击进行后处理。

在本节中，我们介绍了一种用于检测物联网医疗系统中数据（EPR）修改攻击的主动和被动技术。与数据修改检测一起，数字水印在公共通信信道传输过程中存储了嵌入在医学图像中的患者信息。然而，这种主动技术的缺点是需要专门的硬件或嵌入式软件，而且发送方和接收方都必须在技术上与该技术兼容。另一方面，被动取证技术完全基于后处理，不需要任何预处理信息。因此，发送方或接收方不需要技术兼容性。EPR 数据来自不同的来源和不同的地点。因此，提出一个物联网解决方案是一个挑战，因为所有发送方和接收方在技术上都是兼容的。在这种情况下，被动取证技术对于非法的 EPR 修改检测形成了一套理想的解决方案。

12.5 结　　论

在本章中，我们讨论了物联网及其在日常生活中的应用。基于信息技术的医疗保健正在极大地改变向患者提供医疗保健服务的方式，我们提出了一个基于信息技术的医疗保健系统的广泛框架，并对它的优点和主要安全挑战进行了分析介绍。物联网医疗保健领域的主要安全挑战之一是数据修改攻击，我们以一种主动和一种被动安全机制的形式介绍了数据（特别是EPR）修改检测的可能解决方案。

在主动安全措施中，我们提出了一种检测图像真实性的水印方案，该方案对高斯噪声、中值滤波、JPEG压缩、复制移动和直方图均衡攻击具有较强的鲁棒性。接下来，我们以被动取证技术的形式，提出了一种针对非法EPR医疗保健图像修改的安全解决方案。本书提出的取证技术在普通复制-移动伪造、几何变换复制-移动伪造以及其他后处理操作（如高斯噪声、模糊和亮度增强）的复制-移动伪造上都得到了验证。

除了数据修改攻击之外，在基于信息技术的医疗保健系统领域还存在其他一些挑战，其中可扩展性是物联网系统面临的主要挑战之一。这种系统的基础设施应该设计成可以实时、无缝地接收和批量处理大规模数据的方式，需要在不影响系统性能的情况下安全地处理和维护这些数据。物联网医疗保健的其他主要困难包括缺乏EPR框架集成和缺乏互操作性。此外，物联网中的大多数医疗保健数据都缺乏通用的安全实践或标准。另外，在物联网系统中进行网络犯罪和入侵检测的问题亟须法医学学科的密切关注。

参考文献

AbdElnapi Noha M M, Nahla F Omran, Abdelmageid A Ali, et al., 2018. A Survey of Internet of Things Technologies and Projects for Healthcare Services [C]. 2018 International Conference on Innovative Trends in Computer Engineering (ITCE), Aswan, Egypt: 48-55.

Amerini Irene, Ballan Lamberto, Caldelli Roberto, et al., 2013. Copy-Move Forgery Detection and Localization by Means of Robust Clustering with J-Linkage [J]. Signal Processing: Image Communication, 28 (6): 659-669.

Amerini Irene, Lamberto Ballan, Roberto Caldelli, et al., 2011. A Sift-Based Forensic Method for Copy—Move Attack Detection and Transformation Recovery [J]. IEEE Transactions on Information Forensics and Security, 6 (3): 1099-1110.

Ardizzone Edoardo, Alessandro Bruno, Giuseppe Mazzola, 2015. Copy—Move Forgery Detection by Matching Triangles of Keypoints [J]. IEEE Transactions on Information Forensics and Security, 10 (10): 2084-2094.

Bakhtiari S, Safavi-Naini R, Pieprzyk J, 1995. Cryptographic Hash Functions: A Survey [J].

Technical Report, Department of Computer Science, University of Wollongong, vol. 4: 95-109.

Bilal Afzal, Muhammad Umair Mujahid, Ghalib Shah, et al., 2019. Enabling IoT Platforms for Social IoT Applications: Vision, Feature Mapping, and Challenges [J]. Future Generation Computer Systems, 92 (2): 718-731.

Cox I J, Miller M L, Bloom J A, 2000. Watermarking Applications and Their Properties [C]. Proceedings International Conference on Information Technology: Coding and Computing (Cat. No. PR00540), Las Vegas, NV, USA: 6-10.

Deepakumara J, Heys H M, Venkatesan R, 2001. FPGA Implementation of MD5 Hash Algorithm [C]. In: Canadian Conference on Electrical and Computer Engineering. Canadian Conference on Electrical and Computer Engineering. Conference Proceedings (Cat. No. 01TH8555), Toronto, ON, Canada, vol. 2: 919-924.

Ding C, He Xiaofeng, 2002. Cluster Merging and Splitting in Hierarchical Clustering Algorithms [C]. IEEE International Conference on Data Mining, Proceedings, Maebashi City, Japan: 139-146.

Dixit Rahul, Naskar Ruchira, 2019. Region Duplication Detection in Digital Images Based on Centroid Linkage Clustering of Key-Points and Graph Similarity Matching [J]. Multimedia Tools and Applications, 78 (10): 13819-13840.

Harran Martin, William Farrelly, Kevin Curran, 2018. A Method for Verifying Integrity & Authenticating Digital Media [J]. Applied Computing and Informatics, 14 (2): 145-158.

Håland E, 2012. Introducing the Electronic Patient Record (EPR) in a Hospital Setting: Boundary Work and Shifting Constructions of Professional Identities [J]. Sociology of Health & Illness, 34 (5): 761-775.

James A, Simon M B, 2017. MEDJACK. 3 Medical Device Hijack Cyber Attacks Evolve [C]. In: RSA Conference, San Francisco.

Khaled Salah, Minhaj Khan, 2017. IoT Security: Review, Blockchain Solutions, and Open Challenges [J]. Future Generation Computer Systems, 82: 395-411.

Kumar Pardeep, Sanggon Lee, Hoonjae Lee, 2012. Security Issues in Healthcare Applications Using Wireless Medical Sensor Networks: A Survey [J]. Sensors, 12 (1): 55-91.

Kuyoro S, Osisanwo F, Akinsowon O, 2015. Internet of Things (IoT): An Overview [C]. In: 3rd International Conference on Advances in Engineering Sciences & Applied Mathematics, London, UK: 53-58.

Lee I, Lee K, 2015. The Internet of Things (IoT): Applications, Investments, and Challenges for Enterprises [J]. Business Horizons, 58 (4): 431-440.

Lowe David G, 2004. Distinctive Image Features from Scale-Invariant Keypoints [J]. International Journal of Computer Vision, 60 (2): 91-110.

Mann Steve, 1996. Wearable, Tetherless Computer-Mediated Reality: WearCam as a Wearable Face-Recognizer, and Other Applications for the Disabled. TR 361, M. I. T. Media Lab Perceptual Computing Section, Cambridge, Ma.

Matas Jiri, Chum Ondrej, Urban Martin, et al., 2004. Robust Wide-Baseline Stereo from Maximally Stable Extremal Regions [J]. Image and Vision Computing, 22 (10): 761-767.

Meggitt Sinclair, 2018. MEDJACK Attacks: The Scariest Part of the Hospital [scholarly project], Tufts University, Massachusetts.

Memon Nisar Ahmed, Asif Gilani, 2011. Watermarking of Chest CT Scan Medical Images for Content Authentication [J]. International Journal of Computer Mathematics, 88 (2): 265-280.

Memon Nisar Ahmed, Gilani S A M, 2008. NROI Watermarking of Medical Images for Content Authentication [C]. 2008 IEEE International Multitopic Conference, Karachi, Pakistan: 106-110.

Mukhopadhyay S C, Suryadevara N K, 2014. Internet of Things: Challenges and Opportunities [J]. Mukhopadhya S. (eds) Internet of Things, Smart Sensors, Measurement and Instrumentation, vol 9. Springer, Cham, Switzerland.

Navas K A, Thampy S Archana, Sasikumar M, 2008. EPR Hiding in Medical Images for Telemedicine [J]. International Journal of Biomedical Sciences, Citeseer, 3 (1): 44-47.

Osisanwo F, Kuyoro S, Awodele O, 2015. Internet Refrigerator--A Typical Internet of Things (IoT) [C]. In: 3rd International Conference on Advances in Engineering Sciences & Applied Mathematics (ICAESAM' 2015), London, UK.

Pan Xunyu, Lyu Siwei, 2010. Region Duplication Detection Using Image Feature Matching [J]. IEEE Transactions on Information Forensics and Security, 5 (4): 857-867.

Paul Y U, Sadler B M, Verma Gunjan, et al., 2016. Fingerprinting by Design: Embedding and Authentication [M]. Digital Fingerprinting, Springer, New York: 69-88.

Reith Mark, Carr Clint, Gunsch Gregg, 2002. An Examination of Digital Forensic Models [J]. International Journal of Digital Evidence, 1 (3): 1-12.

Rivest R L, 1992. The Md5 Message-Digest Algorithm- RFC 1321. MIT Laboratory for Computer Science and RSA Data Security, Inc.

Romkey John, 2016. Toast of the IoT: The 1990 Interop Internet Toaster [J]. IEEE Consumer Electronics Magazine, 6 (1): 116-119.

Satoh Akashi, Inoue Tadanobu, 2007. ASIC-Hardware-Focused Comparison for Hash Functions MD5, RIPEMD-160, and SHS [J]. Integration, the VLSI Journal, 40 (1): 3-10.

Smitha B, Navas K A, 2007. Spatial Domain-High Capacity Data Hiding in ROI Images [C]. 2007 International Conference on Signal Processing, Communications and Networking, Chennai, India: 528-533.

Stafford-Fraser Q, 1995. The Trojan Room Coffee Pot: A (non-technical) biography, https://www.cl.cam.ac.uk/coffee/qsf/coffee.html.

Suvini P Amaraweera, Malka N Halgamuge, 2019. Internet of Things in the Healthcare Sector: Overview of Security and Privacy Issues [M]. Security, Privacy and Trust in the IoT Environment, Springer, Cham: 153-179.

Van de Sande Koen, Theo Gevers, Cees Snoek, 2009. Evaluating Color Descriptors for Object and Scene Recognition [C]. IEEE Transactions on Pattern Analysis and Machine Intelligence, IEEE, 32 (9): 1582-1596.

Want Roy, 2006. An Introduction to RFID Technology [J]. IEEE Pervasive Computing, 5 (1): 25-33.

Wu Xiaoyun, Hu Junquan, Gu Zhixiong, et al., 2005. A Secure Semi-Fragile Watermarking for Image Authentication Based on Integer Wavelet Transform with Parameters [C]. 2005 ACSW Workshops - the Australasian Workshop on Grid Computing and e-Research (AusGrid 2005) and the Third Australasian Information Security Workshop (AISW 2005), Newcastle, NSW, Australia: 75-80.

第13章 物联网基础与应用

Suchismita Chinara，Ranjit Kumar，Soumya Nandan Mishra

13.1 简 介

在我们开始之前，让我们想象一些日常生活中的事件。当你离开家的时候，你发现在角落里的伞上有一个闪烁的灯，表明今天会下雨，所以你就一定会一天都带着雨伞。准备去办公室时，你衣柜里的正式服装区域会响起一声铃声，表示今天是你与客户会面的日子，你需要从正式服装区选择合适的服装。现在问题来了，伞知道下雨了吗，衣柜知道和客户见面了吗？答案是肯定的；雨伞通过你的智能手机了解天气情况，并提供相应的指示。同样，衣柜也会查看你的电子邮件，了解你的会议情况。你的生活现在不是变得更简单和舒适了吗？那么它涉及的技术是什么呢？几年前，一个类似的概念非常流行，它被命名为普适计算。这是计算机科学的概念，使计算的可用性在任何地方和任何时间超越桌面计算。在这种情况下，设备可能连接到互联网上以提供相关的服务，也可能没有连接到互联网。相反，物联网中的对象通过互联网相互连接，提供与普适计算相似的服务。因此，物联网是一个物理设备和智能设备的网络，它们广泛地相互连接，并且通过互联网上的一系列无线网络彼此可以到达。

"物联网"这个名字直到20世纪90年代末才被正式创造出来。物联网的主要实例之一是20世纪80年代中期位于卡耐基梅隆大学的一台可口可乐机。社区开发商和技术人员会通过互联网连接到冷藏设备上，以确认是否有饮料供应，并在前往之前检查饮料是否冰凉。

1999年，麻省理工学院（MIT）自动识别实验室（auto-ID labs）执行董事凯文·阿什顿（Kevin Ashton）在为宝洁公司做演讲时，率先描绘了物联网，但这个名词直到2010年才被引起广泛关注。2011年，"物联网"被市场研究公司Gartner列为一种新兴现象。进入世纪之交，物联网有了更大的发展,从消费品到其他工业构件,物联网的使用也渗透到日常用品中。据预测,在不久的将来,物联网消费品将超过工业品,如图 13.1 所示。

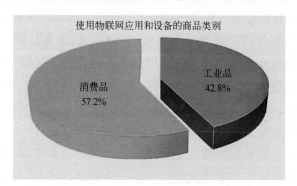

图 13.1　消费和工业领域物联网产品预测

物联网设备包括机械和电气操作的计算机设备、数字化机器、特定对象、动物和人类,这些设备配备了不同的、明显的标识符。物联网系统的目标是控制和自动化我们周围的一切,使处理事情变得更加快捷和实时,并收集更多的数据用于进一步的分析和预测。物联网能够在一个集成的网络上传输信息、资源和有价值的数据,而不需要任何人与人或人与计算机直接交互。物联网的主要组成要素包括:传感器/设备、连通性、数据处理和用户界面。

如图 13.2 所示,传感器/设备被嵌入到物联网设备中,从周围环境收集数据。传感器可以像温度传感器一样简单,也可以是一个复杂的运动传感器摄像机。物联网设备可以嵌入多个同构或异构传感器,有时候,物联网设备还嵌入了执行器。前面示例中的伞有一个用于检查天气的传感器和使闪光灯闪烁的执行器,作为传感分析的结果。传感器确保物理可识别对象的响应能力更强,并能使用其能力,以确保回收数据,执行给定的指令。

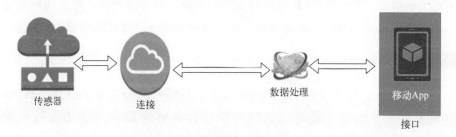

图 13.2　物联网的主要组成部分

连通性是物联网系统的主要组成部分，它在多个设备之间协调工作。需要将物联网设备感知到的数据转发到云基础设施或服务器进行进一步的分析和处理，它需要传感器和云环境之间的可靠连接。连通性由协议和技术组成，这些协议和技术利用两个物理对象来交换信息。随着电信行业的蓬勃发展、全球互联网使用的进步以及所有设备增强的可用性，连接问题已经变得既经济又高效。一些连接技术包括蜂窝网络、卫星网络、Wi-Fi、蓝牙和低功耗广域网（LPWAN），都有各自的规范和限制。因此，在选择物联网的最佳连接时，要考虑诸如功耗、连接范围、带宽和兼容性等参数。

物联网设备收集的数据需要进行处理，以获得所需的输出，否则，就没有价值。物联网系统中的数据处理可以是一个简单的任务，例如检查 AC/加热器的温度读数是否在可接受的范围内。有时，通过视频处理来识别闯入你家的入侵者是一项复杂得多的任务。数据处理涉及数据分析算法的有效运行，并要求能提供实时输出。

用户界面（UI）提供了物联网系统和最终用户之间的桥梁，UI 可以使用警报、电子邮件或文本通知与最终用户进行通信。用户界面有时允许用户跟踪物联网系统，例如，用户可以通过 Web 服务器查看家里的视频记录，以识别安装在家里的摄像头捕捉到的入侵者。UI 还可以支持复杂的任务，如远程关闭任何设备或控制给家中无人照料的老人喂药。

13.2 挑 战

在物联网系统中，设备连接到互联网，随时随地从服务器到服务器传送信息，因此，存在着这些设备被黑客入侵的潜在风险，比如，对监控的担忧，对隐私的担忧以及许多已经引起公众关注的威胁。尽管物联网有提高人类生活水平的潜力，并且在 21 世纪得到了蓬勃发展，但与此同时，物联网框架也面临着诸多挑战，必须认真进行研究。下面将介绍一些这样的挑战。

13.2.1 可扩展性

随着被连接事物的数量呈指数级增长，物联网网络需要具有可扩展性。物联网的基本原理是通过互联网连接任何能够收集和共享数据的东西（Gupta、Christie 和 Manjula，2017）。物联网中的一切都是独一无二的，被虚拟地识别和拟人化，然而，连接的事物的数量是没有极限的。因此，需要为物联网设计的框架和模型必须能够容纳任何数量的东西。未来的预测是，作为有效载荷的产生者和接受者，人类将是少数。相反，网络通道内将充斥着各种事物产生的流量，从而形成一个更加复杂的物联网。英特尔进行的一项研究指出，大约40%的市场份额已经被包括机器人、机械、供应链和设备在内的制造业所消耗；另外30%的份额由医疗保健行业占据，其中包括移动健康监测、电子记录保存、疾病预测和药品保障；零售和安全系统占据了其他市场份额。一个可扩展的物联网应该能够从一个较小的系统移动到一个较大的系统，能够适应环境的变化和在变化的环境中具有可用的应用程序。

13.2.2 技术标准化

如今，物联网设备围绕着每个人，智能灯、自动暖通系统、声控产品、智能停车、交通监控等已经非常普遍。然而，物联网系统中产品和协议的标准化并没有跟上物联网在商业和零售部门采用的步伐。由于缺乏标准化的规范和文件，物联网设备被认为是无意义的活动。用于结构设计的低边界和廉价材料会带来可怕的后果，物联网系统的标准化是一项复杂而富有挑战性的任务（Gupta、Christie 和 Manjula，2017）。物联网系统在制造微控制器、传感器、驱动器和连接设备的规格方面需要最高的精度，因此，物联网实现标准化还需要几个国际组织之间的高度协作。工业互联网联盟（IIC）就是这样一个组织，其成立于2014年，旨在鼓励设备之间的互联（工业互联网联盟，天日期），它的目标是将跨国公司、政府和学术界聚集在一起，共同设计面向现实世界的物联网测试平台。另一个成立于1986年的组织–互联网特别小组（IETF）现在正慢慢转向物联网网络（互联网工程工作小组，天日期），他们定义了在低功耗无线个人区域网络（6LoWPAN）上支持IPV6的协议（Olsson，2014），以及在低功耗和损耗网络上的路由协议（ROLL）（Brandt 和 Porcu，2010）。另一个名为物联网安全基金会（IoTSF）的非营利组织的座右铭是"建设安全、购买安全、获得安全"（物联网安全基金会，天日期），它旨在通过不同的课程和培训创建物联网安全指南。物联网标准化涵盖了平台、连通性、商业模式和应用程序等主要领域，如图13.3所示。

13.2.3 互操作性

电气和电子工程师协会（IEEE）将互操作性定义为两个或多个系统或事物之间交换数据的手段。根据 CIO ReviewIndia 报告，互操作性使物联网占总

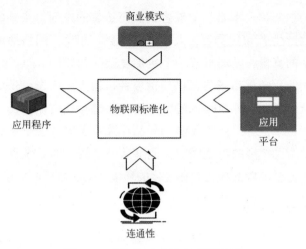

图 13.3 需要标准化的物联网领域

经济价值的 40%（Noura、Atiqzzaman 和 Gaedke，2017 年）。不同事物之间交换的数据具有不同的语言、数据格式、数据模型，尤其是复杂的相互关系。这导致事物之间的互操作性非常复杂，连接到现有物联网系统的新事物可能具有无法预料的数据结构和协议。例如，智能咖啡壶可以与人类机器人交流和分享信息，要求机器人将热咖啡倒进杯子，并将其送给坐在客厅角落轮椅上的残疾人。对任何人来说，这一行为可能像是一个故事，但物联网为当今世界提供了这样一个平台。由于异构设备之间的互连性和互操作性，这一切都是可能的。互操作性可以是设备级、网络级、语法级或语义级。设备级互操作性处理通过标准化接口向现有物联网平台添加任何设备/事物来访问设备的问题。在前面的例子中，咖啡壶可以使用 ZigBee 从其服务器获取指令，机器人可以使用 Wi-Fi 与外部世界进行通信，两者都可以使用蓝牙进行通信。因此，设备级的互操作性使这些异构设备能够理解和转换所有这些不同的通信技术。网络级互操作性与协议互操作性有关，存在一组路由协议，如 RPL、CORPL 等，供设备用于网络接口。"The Fog of Things"（Yu 等，2018）还提供了云系统中的网络互操作性。SDN（Software Defined Networking）是新的基于软件的解决方案，用来解决网络互操作性。语法级互操作性处理设备在交换数据和信息期间使用的数据的格式和结构。JSON、REST 和 SOAP 体系结构等 Web 技术提供了更好的互操作性。语义级互操作性涉及使设备能够共享信息含义所需的技术（Noura、Atiquzzaman 和 Gaedke，2017）。

13.2.4 软件复杂性

软件复杂性是物联网框架的另一个挑战。为了统一物联网中的接口设备，标准化设备的协议和规范，需要建立相应的基础设施，这就在很大程度上提高了软件的复杂性。

13.2.5 数据容量和数据解读

大量的数据是由物联网设备如传感器、执行器、网络等产生的。大数据及其分析将是物联网系统的核心研究问题，而数据容量及数据解读将是面临的主要挑战（Irmak 和 Bozdal，2017）。

13.2.6 容错

到目前为止，我们了解到物联网是几个异构设备之间的互联，连接的设备可以是传感器、执行器、网关节点或任何连接组件，这些设备可能单独使用不同的技术。例如，一些设备可能使用 Wi-Fi 技术，而另一些设备可能使用 IEEE 802.15.4 技术实现其功能。因此，将各种技术放在一个平台上可能会导致设备级或连接级故障。设备级故障是指网络中传感器或执行机构的故障，如果可能的话，设备发生故障必须更换新设备，或者必须有备份设备来承担故障设备的作用。连接级故障是一个重大挑战，设备通常在物联网网络中进行无线连接，在某些情况下，连接中断可能导致严重破坏，如医疗保健、灾害管理和紧急服务。在这些应用程序中，转发不会受到危害。研究人员正在研究物联网的容错路由协议（Chaithra 和 Gowrishankar，2016），以便继续向终端用户提供所需的服务。在医疗保健等某些敏感的物联网应用程序中，容错是一个重大挑战，因为即使出现任何故障，系统也需要尽可能正常地工作，研究人员对容错体系结构的设计给予了极大的关注（Gia 等，2015），特别是在医疗保健领域。

13.2.7 网络

一般来说，网络的主题在互联网领域具有非常重要的意义，因为它包含了许多用于管理网络的重要因素。在物联网领域，事物是无法预测的，因为物体的运动是不确定的；根据用户的适宜性，移动会随时间和地点的变化而变化。物联网对象还可以从一个网络传输信号到另一个网络。这就导致了动态网关的复杂性和难以跟踪识别和定位偶尔改变位置的设备。我们越是朝着一个互联的世界迈进，使系统、传感器、可穿戴设备和其他设备在一个单一通道中连接的挑战变得越来越复杂。为了从不同的集线器中收集和聚集信息，需要一种方法，以稳定和平衡的方式将具有一定处理能力和接口的小工具连接在一起。

13.2.8 隐私和安全问题

隐私和安全是互联网的重要支柱，也是物联网的主要挑战。随着时间的推移，物联网发展方向从数以百万计的设备增加到数百亿。连接到网络的设备越多，安全漏洞被利用的机会就越大。

由于真实性、可靠性和保密性是重点关注的方面，因此有一些重要的先决条件会导致对特定任务的不公平访问。与其他国家相比，印度的信息系统仍然是脆弱和昂贵的。从印度的角度来看，分布式存储活动仍处于新兴阶段（Abomhara 和 Køien，2014）。

13.3　物联网及其应用

总的来说，物联网代表了互联网络设备可持续性的独特概念，用于分析、收集和使用全球各地的数据，并在各种平台上共享数据。物联网将其连接范围从智能可穿戴设备延伸到智慧家居、从医疗保健到交通监控、从智能停车到智慧城市。物联网将利益的根源扩展到每一项交易的基本层面，通过增加物联网的存在，增加舒适度，简化个人或日常例行任务，物联网使我们在日常生活的各个方面都收获了信心，以下部分将介绍物联网的一些应用。

13.3.1 智慧家居

随着物联网系统的落地生根，它伴随着最受欢迎和最重要的应用，即智慧家居或家庭自动化系统，向我们走来。一个家庭之所以被称为智能家庭，是因为它提供了一个更好的生活水平，提供了节能、安全、灵活和舒适的环境。追求智慧家居的人数与日俱增，拥有智慧家居的目的是在没有太多人为干预的情况下控制所有电器和电子设备。在设计智慧家居时，有很多参数可以考虑。其中，温度传感器、自动暖通空调、入侵者检测系统和语音检测设备（echo bot）考虑得很少，照顾家里的老人或残疾人是智慧家居的另一个主要目标。图 13.4 所示为一款智慧家居，其功能包括协助屋内老人的智能脚垫、安防报警装置、温度监控、灯光控制、门控、环境监控、暖通空调控制等。所有这些产品都被高效地连接在一起，让业主的生活更加安全舒适。

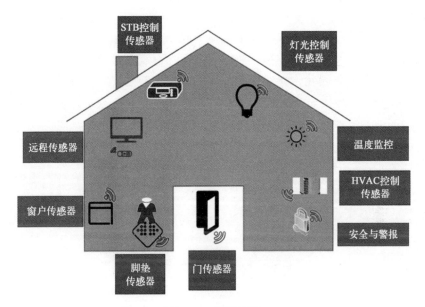

图 13.4　智慧家居

许多家庭已经开始使用基于传感器的设备来减轻生活负担。即使是现代的洗衣机也会根据衣物的洗涤强度设定一系列的平行洗涤和旋转洗涤。同样，冰箱也可以连接到智能手机上，通知主人冰箱里是否有食物。2018 年，Badabaji 和 Nagaraju 设计了一种通过智能手机应用程序控制家用电器的智慧家居系统，它还包括来自网络摄像头的实时视频流，用于检测家中的入侵者。一个基于服务器的家庭应用程序可以很容易地处理家中传感器收集的数据并存储在本地的数据库中。

13.3.2　智能可穿戴设备

像智慧家居一样，智能可穿戴设备是潜在物联网应用的另一个热门组件。目前市面上有几款消费者可穿戴设备，比如苹果的智能手表和索尼的 Smart B-Trainer。这些可穿戴设备已经变得如此新奇和流行，每年都有数千种不同版本的可穿戴设备进入市场。可穿戴设备也以辅助技术（AT）的形式出现，例如，丰田公司开发了一种可穿戴设备，以增强盲人在商场和机场等室内场所的行动能力，这种可穿戴设备可以戴在肩膀上，通过摄像头输入信息来识别人的周围，它通过声音或振动来指导盲人。同样，美国美敦力医疗公司的血糖监测设备是另一款可穿戴设备，它被戴在皮肤下，以持续跟踪身体的血糖水平。

这些可穿戴设备可以与衣服结合在一起，也可以作为配饰戴在身上。可穿戴式健康监测设备提供心率、血糖、温度和血氧水平等生物计量测量。这些可穿戴设备能够感知、存储和跟踪生物特征参数。有时，这些可穿戴设备有助于预测未来糖尿病和流感等疾病的发生。图13.5显示了一些已经变得非常流行的现有可穿戴设备。

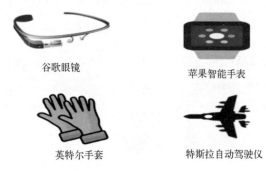

图13.5 物联网小工具

一些先进的基于物联网的可穿戴设备甚至可以检测到你穿着夹克坐在车内，它会相应地调整车内温度。一些生物测量可穿戴设备可以提供与第三方共享或不共享的传感数据，例如，你可能希望与需要定期检查的医生分享你的生物测量数据，而你可能不希望与你的同事分享同样的数据。因此，这一规定对分享或不分享可穿戴传感器数据给你周围的事物（或人）都是开放的。有时，可穿戴设备还有助于设计智慧家居。佩戴者在看电视时，可调节室内光线强度，它甚至可以阻止可能会产生眩光的窗口的光线，对电视或液晶显示器的背光也可以调整。最重要的是，可穿戴设备可以与家中所有其他设备通信，为观看者提供最佳体验。专注于可穿戴技术的品牌有苹果（Apple Watch）、谷歌（谷歌Glass）、英特尔（Intel）、拉尔夫·劳伦（Ralph Lauren，PoloTech衬衫）、特斯拉（Tesla，自动驾驶仪）、黑莓（Blackberry，智能手表）、Chui（万能钥匙）、华为（Huawei，带GPS的智能手表）和三星（Samsung，健身追踪器）。Kaa物联网平台使可穿戴技术具有随时可用的物联网功能和应用，它还提供可扩展的云功能，以确保可穿戴设备之间的无损通信，并通过数据分析和可视化工具赋予它们权力。无论可穿戴设备未来的发展方向如何，它们将始终与物联网集成，以提供广泛的功能。

13.3.3 智慧城市

智慧城市的物联网应用范围从水资源分配到废物管理、从智慧医疗到环境监测、从污染控制到城市安全等。智慧城市的最终目标是消除城市人的各种不适和问题。此外，智能监管和监督、更好的自动交通、以最有效的方式管理能源、最大限度地减少环境退化等是智慧城市建设中需要考虑的一些实际例子。全世界都在投资数十亿美元，鼓励物联网技术用于发展智慧城市。2015年，白宫推出了"智慧城市"这个流行词汇，目的是促进城市、联邦机构、大学和私营部门之间的技术合作。密苏里州堪萨斯城已与斯普林特和思科公司签署协议，建立最大的智慧城市，同时改善市政服务，并通过收集和分析市民在该市的行为数据，提供有关市民的各种信息。中国在物联网领域投入大量财力，并在2020年建成智慧城市。阿里巴巴、华为、联想和小米等公司都在积极参与这项使命。日本的藤泽市由松下公司建造，目前正利用物联网技术将其打造为一座智慧城市，这座城市使用智能路灯监测和回收雨水作为一些智慧特色。瑞典马尔默绿色数字城市项目计划通过智能环境监测系统实现整个城市的无碳化，这些项目还计划到2030年，让整个城市都用上可再生能源。总而言之，任何智慧城市的目标都是提供智慧城市基础设施，使其能够利用信息和通信技术（ICT）收集和处理数据，如智能电网、智能电表、智慧家居、智慧医疗保健和智能交通。图13.6显示了智慧城市的一些方面。

1. 环境监测

水、空气和食品的污染程度正在迅速扩大，原因是企业、城市化、人口密集和车辆使用等因素会影响人类健康。部署无线传感器网络（WSN）可以感知、存储、分析和传播关于各种自然资源的信息，如湖泊、河流和水域的水位，城市空气中的气体浓度，土壤湿度和肥力。类似地，例如，由于滑坡可能发生的位置变化，也可以通过传感技术和物联网应用检测到。大坝和桥梁等结构的变化可以检测和监测，以保障公民的安全（Lazarescu，2013）。红外辐射探测也是智慧城市环境监测的一部分。对靠近核电站的地方，要不断利用传感器，进行质量测量和安全检查，确保附近居民的生活安全。物联网可以成为跟踪和监测环境特征的非常有力的支撑技术。

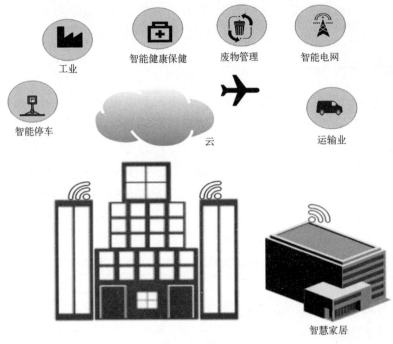

图 13.6　智慧城市

2. 废物管理

预计到 2050 年，大部分人口将走进城市，从而建立更多的城市。随着城市人口的增长，废物的种类也会增加。因此，废物管理对于提高社会经济水平和环境质量至关重要。2017 年，Anagnostopoulos 等编制了废物管理模型，包括废物收集规划、废物运输到特定地点以及废物回收等步骤。垃圾收集规划包括垃圾车路径选择算法的设计和垃圾车路径的动态调整。如今，即使是空的垃圾桶，卡车也要去收集，这就造成了人力的浪费。垃圾桶内的物联网设备将能够通过任何 LPWAN 技术连接到计算机服务器，并可以通知服务器内部是否装有垃圾。计算机服务器可以收集所有的信息并优化卡车垃圾收集的路线。同样，为废物类型选择具体投放地点也需要明智的决策。回收是废物管理的一个重要组成部分，以建立一个可持续发展的环境。2006 年，Ghose、Dikshit 和 Sharma 设计了一个基于物联网的固体废物回收管理信息平台，用于废物的有效管理。图 13.7 显示了智慧城市的废物管理。2017 年，Anagnostopoulos 等研究了俄罗斯圣彼得堡市的垃圾清理问题，并提出了具体的解决方案，以节省垃圾收集车消耗的大量燃料，并有效避免垃圾收集车在高峰时段造成的交通拥堵。

图 13.7　废物管理

3. 交通监控

物联网可以用来控制日益严重的全球交通拥堵问题。交通拥堵会造成不必要的燃料消耗，浪费司机的时间，增加驾驶压力。交通系统需要得到特别关注，并在发生医疗紧急情况和事故时提供智能解决方案。交通问题、过度拥挤和不可预见的旅行时间是常见的问题。物联网通过在静态监测状态下利用动态定位和控制来解决交通拥堵问题，它管理和响应附近地区的其他车辆，知道他们的实时位置，并预测交通运动和通过地区的车辆数量。通过了解车辆的位置和运动情况，人们可以选择一条更短的替代路线，这样他们就不会被困在特定的区域。物联网非常有用的一些方面包括在任何医疗紧急情况下（如救护车的移动、自然灾害、重要人物的到来，以及任何种类的恐怖袭击或类似情况）在特定区域需要进行的交通分流。物联网通过一种经济和创新的技术，利用通勤者的实时位置，实现基于互联网的交通控制，以控制基于智能信号的集中交通控制（Prakash 等，2018）。

随着智能手机行业的发展，追踪物联网设备发出的信号以及采取措施缓解道路交通拥堵已经变得非常简单。为了使人们从测量位置绕道，城市交通警察局可以采取一些有效的措施。对消防队来说，帮助受灾地区的人们，转移他人的注意力，确保公众的安全，是很有帮助的。多年以来，交通一直是一个巨大的问题，物联网已经帮助从一个安排在道路上的传感器，也就是从数十个摄像头中收集有用的信息，然后传输到一个集中的系统来控制城市的交通信号灯使车辆顺畅通行（Janahan 等，2018）（图 13.8）。

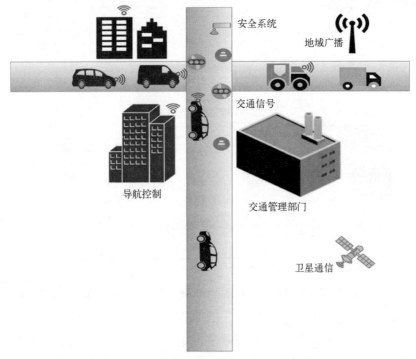

图 13.8　交通监控

4. 智慧医疗保健

物联网在医疗保健中的应用是对人类的一种帮助，它改变了传统技术，使人们开始关注健康监测和治疗。医疗保健领域的物联网应用范围从远程监控设备到集成到先进设备中的微型传感器，它有潜力改善医生的治疗和患者与护理人员之间的互动时间。从个人健康传感器到手术机器人，物联网应用可以在医疗保健领域带来一场革命。基于信息技术的医疗保健可以包括的一些重要特征是：①远程健康监测；②对患者的实时位置跟踪；③提前预测疾病的发生；④危重和紧急护理。

由于缺乏健康专家或无法在紧急情况下与他们联系，偏远地区的人们遭受了很大的痛苦。物联网应用可以帮助患者的生理参数及时准确到达医生，从而使疾病得到有效及时的诊断。物联网和 ICT 的使用可以让医生及时治疗患者。通过配备传感器和物联网设备的医疗设备和工具，例如监测设备、轮椅、心脏泵和喷雾器，均可以实现远程监测。在紧急情况下，还可以通过物联网应用程序对患者进行基于 GPS 的位置跟踪。智慧医疗保健包括通过分析家庭健康史来预测疾病的发生，以及在进行危重和紧急护理的情况下，医院在患者到达医院之前就能收到患者的简单情况，以便患者能够及时得到基本护理。患者在乘坐救护车赶往医院时，物联网的使用可以使患者和护理人员之间建立连接，以给予患者持续的监护。图 13.9 描述了智慧城市中基于物联网技术的医疗保健。

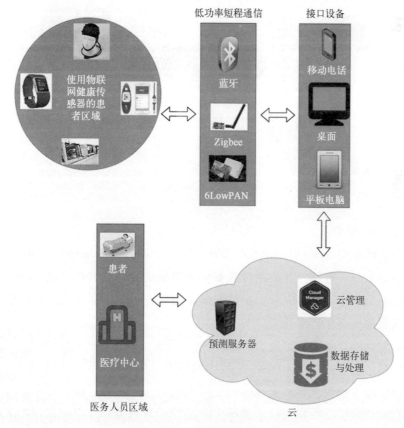

图 13.9　智慧医疗保健

5. 智能电网

智能电网使用智能自主控制器、先进算法和数据管理技术作为电力企业和消费者之间的有效通信手段，以便在智慧城市中实现高效和公平的能源分配（Fang 等，2011），它可以自动提取用户和电力供应商的行为信息，用于能源分配的分析和决策。智能电网中的物联网应用提高了能源部门的效率、可靠性和经济效益。图 13.10 显示了物联网在智能电网中的使用。

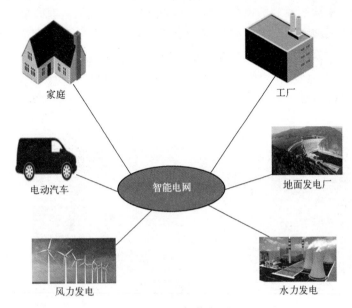

图 13.10　智能电网

6. 智能零售

物联网解决方案的应用已经占领了零售领域，以增加销售，减少盗窃，进行高效的库存管理，并为消费者提供愉快的购物体验。智慧城市的许多商店都配备启用了 IoT 的技术，如预测设备维护、智能商品运输、需求驱动仓库、联网消费者和智能商店（图 13.11）。

预见性的设备维护防止了设备故障和缺陷，从而提高了设备的使用寿命。智能商品运输包括基于 GPS 的商品移动跟踪，在运输过程中优化商品路线，这样可以减少燃料成本和交通拥堵。需求驱动的仓库可以根据供求计划实现仓库自动化调整。物联网技术能够实时监控销售机会，并跟踪错过的店内销售。使用射频识别（RFID）是零售行业库存管理的一个行之有效的解决方案。在配备了支持物联网设备的智能商店中，信标在向顾客发送诸如折扣、

图 13.11　智能零售

优惠和特殊活动等信息方面发挥着关键作用。信标使用低能量蓝牙连接来发送推送通知,最终的结果是商店获得更好的投资回报(ROI)。商店里的智能货架都配备了 RFID 标签、RFID 阅读器和天线。通过这些,智能货架帮助跟踪库存,这样可以在任何一件商品的库存不足或任何一件商品放在了错误的货架上时,发出警示消息。为了节省顾客在结账时的等待时间,也为了节省商店在收银台招聘多名员工的成本,自动结账可以是一个智能的解决方案,它通过 RFID 阅读器自动验证商品,并自动从客户的移动支付应用程序中扣款,为所有人提供更好的购物体验。此外,机器人现在正在取代人类,在比人类承担了更大的工作量的同时,节省了商店员工的工资成本。

13.3.4　智能停车

如今,因为缺乏足够的停车位,随之出现的一个最重要的问题是停车。一个家庭的车辆数量远远超过了人口数量,如果这一趋势持续下去,那么商场、办公室、商店、机场、公交终点站、火车站等停车需求的上升将引起极大关注。随着科技的进步,汽车等交通工具为低收入群体提供了便利,但是城市化地区和办公室正面临着拥堵和停车问题,许多人花费他们的时间、精力和燃油试图找到一个停车位。

停车位的问题可以通过物联网设备来解决,这些设备可以通过互联网连接的计算机网络和传感器来跟踪、监控和管理。

智能停车是一种停车策略,它将技术和创新结合在一起,通过寻找一种更快、更容易的停车方式,最大限度地减少燃料和时间的消耗。互联网设备利用设备的传感器来发现停车位的占用情况，摄像头则向这些设备发送信号来计算车辆数量和空闲停车位。

移动应用将帮助用户注册停车服务，如果用户指定了进入和退出时间，然后物联网设备传感器嵌入在人行道和摄像头将可以允许用户免费停车的空间和位置发送到移动设备，用户可以暂时预订停车场的票，从而节省大量的时间。对于每个停车位，利用红外技术检测停车位数量，将空闲车位部署在屏幕和互联网上，或者通过 Wi-Fi 模块与贴在其上的传感元件进行通信（图 13.12）。

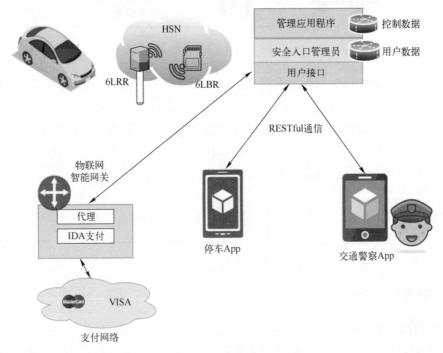

图 13.12　智能停车

13.3.5　智慧农业

在农业领域使用传感器虽然是一个相当老的概念，但在这种传统的方法中，很难获得实时传感器数据。传感器将稍后提取的数据存储在本地内存中以供处理（Verdouw 等，2016）。但随着物联网进入农业，先进的传感器被使用，它们通过云连接起来，为分析和决策提供实时数据。通过收集到的数据做出准确的决策，它可以帮助农民减少开支，提高产量。物联网在农业中的应用有助于了解气候条件、进行精准农业、建造智能温室，以及正确的数据分析。

到 2050 年，全球人口还没有达到 100 亿，而为如此庞大的人口提供营养丰富的食物将是一项严峻的考验。嵌入物联网应用和加强智慧农业的程序，可以明显地减轻养活人口的负担。

挑战极端的天气条件和气候破坏可能会阻止人们从事广泛和集约化的农业，以满足食品工业的需求。

拥有物联网技术的智慧农业将使农民和耕种者减少浪费，提高产量。农民还可以检查肥料的使用情况，并调节限制灌溉机械的使用情况（图 13.13）。

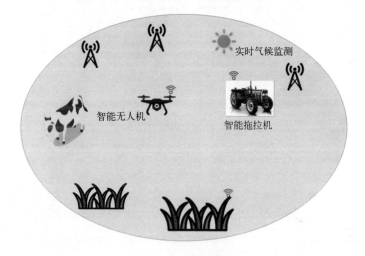

图 13.13 智慧农业

13.3.6 鱼类养殖

鱼类养殖业是指养殖各种海洋物种，如贝类、饵料鱼、软体动物、藻类、海菜、鱼卵等。池塘、河流、海洋、湖泊等的水质、pH 值、温度、酸碱度和其他参数各不相同。虽然鱼可以适应广泛的温度变化，但温度的突然升高或下降会导致鱼因呼吸停止或麻痹而死亡。溶解在水中的氧气量取决于它的温度，因此，温度监测是鱼类养殖业的一个重要问题。虽然物联网的应用还没有深入到水产养殖领域，但它有可能给水产养殖业带来革命。使用物联网传感器监测水质参数可实现远程养殖（图 13.14），但主要挑战之一是获得高性能和低成本的传感器，因为这些水敏传感器非常昂贵，很难连接到物联网世界（Dupont、Council 和 Dupont，2018）。同样，在水中部署和连接这些传感器进行通信也是一项复杂的任务。研究人员仍在致力于鱼类养殖的物联网应用，以实现经济实惠且易于部署的技术（Dupont、Cousin 和 Dupont，2018；Janet、Balakrishnan 和 Rani，2019）。

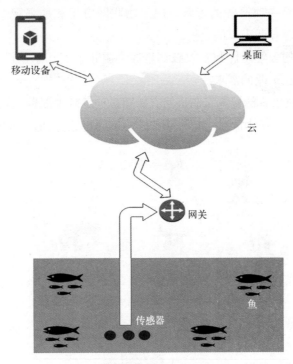

图 13.14　鱼类养殖

13.3.7　灾害管理

自然灾害、灾难、飓风和食物对世界各地造成的创伤，严重影响着自然美景和自然资源，破坏家园和农作物，导致人类生命损失。自然灾害无法阻止，但物联网技术在提高灾害意识方面非常实用，例如自然灾害预测和预警系统，以控制灾难性影响（Sharma 和 Kaur，2019）。每当灾难降临到人们身上，救援队、政府都需要根据数据协调对策，并找到合格的专业人员来指挥救灾。与救援行动合作的政府部门和其他负责机构应掌握物联网和其他网络驱动技术，以获得及时准确的数据，以便更好地利用这些数据开展必要的救援工作和行动。使用物联网和当前技术可以帮助他们更恰当地应对灾害的变化，以确保最大程度的安全。为了快速准确地做出反应，政府和应急小组应借助移动设备组成一个强大的通信系统（图 13.15）。

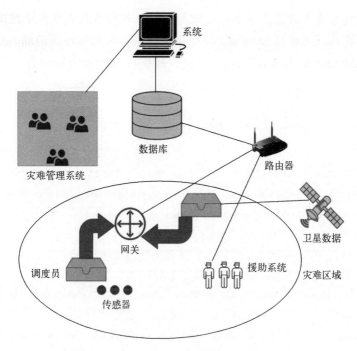

图 13.15　灾害管理

利用物联网技术测量冲击波可以防止地震造成的损失。地面的加速运动会引起地震的早期预警，根据冲击强度，设备可以发出警告级别，可以与人们沟通，以便采取必要的措施。监测来自监测站的地震波以及固定在类似高层建筑、塔楼和摩天大楼的典型基础设施中的传感器数据，对于区分地震时和正常情况下的波形非常有用。同样，森林火灾可以通过在树木上安装温度传感器来检测热量参数并与自然条件进行比较来检测火灾的发生。温度、湿度或水位的任何中断，可能对环境的生存能力造成危险影响，可以向最近的记录站或森林官员发出信号，以便他们做出必要的安排，控制森林火灾。

13.4　结　论

这一章简明地描述了物联网的发展。通过物联网实现普适计算的过渡面临着许多与之相关的挑战。本章描述了物联网的挑战，包括可扩展性、安全性和标准化。尽管存在这些挑战，物联网的应用几乎已经进入了生活的每一个领域。智慧家居、智慧医疗保健、智慧城市和灾害管理是使生活更安全和舒适的一些最重要的领域。

本章将有助于研究者发现自己的兴趣领域和研究与之相关的挑战。物联网的应用仍在其他许多领域发展，如鱼类养殖、农业和环境监测。本章将帮助这些领域的研究人员进行深入研究，并找到改善社会和经济条件的解决方案。

参 考 文 献

Abomhara Mohamed, Geir M Køien. 2014. Security and Privacy in the Internet of Things: Current Status and Open Issues [C]. 2014 International Conference on Privacy and Security in Mobile Systems (PRISMS), Aalborg, Denmark: 1-8.

Anagnostopoulos Theodoros Thodoris, Arkady Zaslavsky, Kostas Kolomvatsos, et al., 2017. Challenges and Opportunities of Waste Management in IoT-Enabled Smart Cities: A Survey [J]. IEEE Transactions on Sustainable Computing, 2 (3): 275-289.

Anders Brandt, Buron J, Porcu G, 2010. Home automation routing requirements in low-power and lossy networks [J]. Computer Science, Engineering.

Badabaji Swapna, Nagaraju V Siva, 2018. An IoT Based Smart Home Service System [J]. International Journal of Pure and Applied Mathematics, 119 (16): 4659-67.

Chaithra S, Gowrishankar S, 2016. Study of Secure Fault Tolerant Routing Protocol for IoT [J]. International Journal of Scientifc and Engineering and Research, 5 (7): 1833-1838.

Dupont Charlotte, Philippe Cousin, Samuel Dupont, 2018. IoT for Aquaculture 4.0 Smart and Easy-To-Deploy Real-Time Water Monitoring with IoT [C]. 2018. Global Internet of Things Summit (GIoTS), Bilbao, Spain: 1-5.

Fang Xi, Satyajayant Misra, Guoliang Xue, et al., 2011. Smart Grid-The New and Improved Power Grid: A Survey [J]. IEEE Communications Surveys and Tutorials, 14 (4): 944-980.

Ghose Mrinal Kanti, Anil Kumar Dikshit, S K Sharma, 2006. A GIS Based Transportation Model for Solid Waste Disposal-A Case Study on Asansol Municipality [J]. Waste Management 26 (11): 1287-1293.

Gia Tuan Nguyen, Amir-Mohammad Rahmani, Tomi Westerlund, et al., 2015. Fault Tolerant and Scalable IoT-Based Architecture for Health Monitoring [C]. IEEE Sensors Applications Symposium (SAS'15), Zadar, Croatia: 1-6.

Gupta Anisha, Rivana Christie, Prof R Manjula, 2017. Scalability in Internet of Things: Features, Techniques and Research Challenges [J]. International Journal of Computational Intelligence Research, 13 (7): 1617-27.

Industrial Internet Consortium. n. d. https://www.iiconsortium.org.

Internet Engineering Task Force. n. d. https://www. ietf. org.

IoT Security Foundation. n. d. https://www. iotsecurityfoundation. org.

Irmak Emrah, Mehmet Bozdal. 2017. Internet of Things (IoT): The Most Up-To-Date Challenges, Architectures, Emerging Trends and Potential Opportunities [J]. International Journal of Computer and Applications, 179 (40): 20-27.

Janahan Senthil Kumar, Veeramanickam Murugappan, Arun Sahayadhas, et al. , 2018. IoT Based Smart Traffic Signal Monitoring System Using Vehicles Counts [J]. International Journal of Engineering and Technology 7 (2.21): 309.

Janet J, Balakrishnan S, Sheeba Rani S, 2019. IOT Based Fishery Management System. International Journal of Oceans and Oceanography, 13 (1): 147-152.

Lazarescu, Mihai Teodor, 2013. Design of a WSN Platform for Long-Term Environmental Monitoring for IoT Applications [J]. IEEE Journal on Emerging and Selected Topics in Circuits and Systems, 3 (1): 45-54.

Noura Mahda, Mohammed Atiquzzaman, Martin Gaedke, 2017. Interoperability in Internet of Things Infrastructure: Classifcation, Challenges, and Future Work [J]. In: International Conference on Internet of Things as a Service, Taichung, Taiwan: 11-18.

Olsson Jonas, 2014. 6LoWPAN Demystifed. Texas Instruments, 13.

Prakash Bethapudi, Mia Roopa Naga, B Sowjanya, et al. , 2018. An Iot Based Traffic Signal Monitoring and Controlling System Using Density Measure of Vehicles [J]. International Journal of Research, 5 (12), 1173-1177.

Saha Himadri Nath, Supratim Auddy, Subrata Pal, et al. , 2019. Disaster Management Using Internet of Things [C]. 2017 8th Annual Industrial Automation and Electromechanical Engineering Conference (IEMECON), Bangkok, Thailand.

Verdouw Cor, Sjaak Wolfert, Bedir Tekinerdogan, et al. , 2016. Internet of Things in Agriculture [J]. CAB Reviews: Perspectives in Agriculture, Veterinary Science, Nutrition and Natural Resources, 11 (35): 1-12.

Yu Ruozhou, Xue Guoliang, Vishnu Teja Kilari, et al. , 2018. The Fog of Things Paradigm: Road Toward On-Demand Internet of Things [J]. IEEE Communications Magazine, 56 (9): 48-54.

第 14 章 物联网的物理层安全方法

Rupender Singh, Meenakshi Rawat

14.1 简 介

今天,"物联网"已经成为每个让人类生活更舒适的设备必备的理念。物联网技术能够在智慧城市、医疗设备、汽车技术、工业环境等各种新兴应用中提供无处不在的连接和信息聚集(Zhang Junqing 等,2017;Heng Sovannarith 等,2017;Nguyen Tri Gia 等,2017)。大多数物理设备都可以通过不同的传感器进行通信(Mukherjee Amitav,2015)。换句话说,物联网为这些设备提供了一个无线通信平台(Nair Aparna K 等,2016;Abomhara Mohamed 等,2014)。由于无线技术的广播性和随机性,需要解决物联网应用的安全问题(Granjal Jorge 等,2015;Zhou Liang 等,2011;Jing Qi 等,2014;Zhang Kuan 等,2014;Skarmeta Antonio 等,2014;Roman Rodrigo 等,2011;Suo Hui 等,2012)。因此,为了使物联网更加安全,每年都要花费数百万美元。图 14.1 显示了 2014—2018 年在物联网安全方面的费用支出情况。目前,为了保证隐私性和安全性(Mahajan Prena 等,2013),采用了非对称加密算

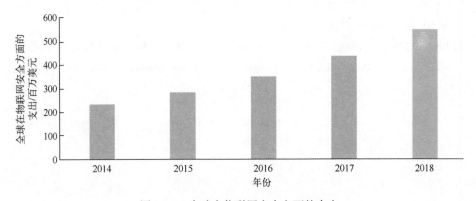

图 14.1 全球在物联网安全方面的支出

法（RSA）和对称加密算法（AES）等传统加密算法。遗憾的是，这些技术没有与无线通信的物理现象相关联，因为这些技术都是基于物理层允许无错误传输的假设。近年来，许多研究人员利用信息理论的安全性来研究无线信道的随机性，以保证发射机和接收机之间的安全通信。基于信息理论的方法将以最严格的形式在物理层链路上提供安全通信，这已被全世界广泛接受。表 14.1 列出了本章所用缩写的命名法。

表 14.1 缩略词

缩写	含义
ABEP	平均误比特率
AES	高级加密标准
ASC	平均保密容量
AWGN	加性高斯白噪声
BER	误码率
CDF	累积分布函数
CSI	信道状态信息
DSR	双阴影 Rician
EGC	等增益合并
IoT	物联网
ITS	智能交通系统
M2M	机器对机器
MIMO	多输入多输出
mm-Wave	毫米波
MRC	最大比合并
MSE	最大稳定极值区域
PDF	概率密度函数
PLS	物理层安全
SC	选择性合并
SDoF	安全自由度
SEE	安全能量效率
SINR	信号与干扰加噪声比
SIMO	单输入多输出
SNR	信噪比
SOC	安全中断容量
SOP	安全中断概率

续表

SOR	安全中断区域
SPSC	非零安全容量概率
SR	安全域
RSA	Rivest-Shamir-Adleman
V2V	车辆到车辆

14.1.1 保密的常规系统模型

完全保密概念由 Shannon 使用信息理论方法首次提出（Shannon Claude E, 1949），如图 14.2 所示。通常，这 3 个节点被称为 Alice、Bob 和 Eve，其中两个节点 Alice 和 Bob 是合法用户，而第三个节点 Eve 充当对手。在该安全系统中，两个合法用户共享一个不可重复使用的密钥 k 对消息 U 进行加密，并使用密码 C 对消息 U 进行加密，使窃听者（Eve）能够听到该消息。在此，如果加密信息的后验概率等于 U 的先验概率，则可以实现完全保密。因此，在数学上可以写成

$$H(U/C) = H(U) \tag{14.1}$$

式中：$H(U/C)$ 为窃听者在给定密码 C 的情况下对 U 的模糊或条件熵；$H(U)$ 为消息 U 的熵。

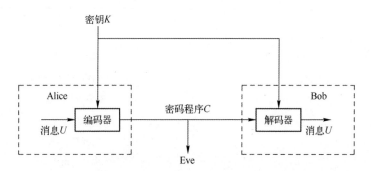

图 14.2　Shannon 提出的安全系统模型

式（14.1）可以用相互信息表示为

$$I(U, C) = 0 \tag{14.2}$$

式中：$I(U, C)$ 为相互信息，因为 U 和 C 是相互独立的，所以我们得到式（14.2）。

1975 年，Wyner 提出了一种实现完全保密的窃听信道的构想（Wyner，1975），两个分别称为 Alice 和 Bob 的合法用户互相秘密地共享他们的信息，而另一个叫 Eve 的对手试图窃听秘密信息，如图 14.3 所示。在这个模型中，Alice-Eve 信道可以通过假设它是 Alice-Bob 信道的降级版本来估计。在发射机处，消息 $U_k=[U_1,U_2,U_3,\cdots,U_k]$ 被编译成编码 $X_n=[X_1,X_2,X_3,\cdots,X_n]$，合法接收机接收到 $Y_{M_1}^n=[Y_{M_1},Y_{M_2},Y_{M_3},\cdots,Y_{M_n}]$，这个编码信息还作为降级消息，$Y_E^n=[Y_{E_1},Y_{E_2},Y_{E_3},\cdots,Y_{E_n}]$ 通过无线窃听信道发送给窃听者。他们提供了机密容量方面的安全性能，机密容量可以定义为从 Alice 到 Bob 的极端安全传输速率，在这个速率下 Eve 无法获取任何信息。

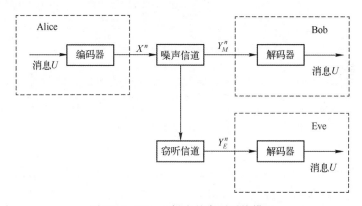

图 14.3 Wyner 提出的窃听系统模型

14.1.2 实际窃听信道场景

Csiszár 将 Wyner 的研究延续到非降级信道（Csiszár，1978），如图 14.4 所示。在该系统模型中，发送方向接收方和窃听方发送相同的机密信息，同时使窃听方尽可能不知道该机密信息。进一步的研究对加性高斯白噪声（AWGN）进行了分析，表明与窃听者的信道容量相比，在主信道容量较高的条件下可以获得安全通信。在这种情况下，如果马尔可夫链 $R \to X \to Y_M Y_E$ 保持不变，则保密容量 C_S 定义为

$$C_S = \max_{R \to X \to Y_M Y_E} I(R, Y_M) - I(R, Y_E) \tag{14.3}$$

其中 R 作为辅助变量，是有意设计的。此外，假设对手信道是真实信道的降级版本，则保密容量 C_S 降为

$$C_S = \max_{R \to Y_M \to Y_E} I(X, Y_M) - I(X, Y_E) \tag{14.4}$$

我们可以注意到，由于马尔可夫链的原因，这里不需要信道预定义，因此辅助变量 R 消失了。

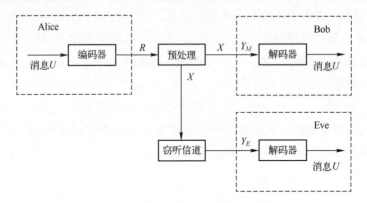

图 14.4　Csiszár 提出的实际窃听模型

不久之后，Cheong 和 Hellman 研究了高斯离散无记忆降级窃听信道的保密容量（Cheong 等，1978）。他们指出，通过分别最大化合法链路和窃听链路的信道容量 C_M 和 C_E，很容易将保密容量 C_S 重新定义为

$$C_S = C_M - C_E \tag{14.5}$$

如果发射机在 Alice-Bob 信道和敌方信道中分别发送具有 σ_M^2 和 σ_E^2 噪声方差的功率 P，则保密容量 C_S 可以写为

$$C_S = \frac{1}{2}\log_2\left(1+\frac{1}{\sigma_M^2}\right) - \frac{1}{2}\log_2\left(1+\frac{1}{\sigma_E^2}\right) \tag{14.6}$$

一般情况下，敌方的信道容量预计小于 Alice-Bob 信道容量，因此保密容量 C_S 可以表示为

$$C_S = [C_M - C_E]^+ \tag{14.7}$$

其中，$[z]^+ = \max(0, z)$。

此外，许多研究者对复杂 AWGN 信道的保密容量进行了研究，并分别以合法信道和窃听者信道的信道增益 h_M 和 h_E 来表示其保密容量 C_S：

$$C_S = \left[\log_2\left(1+\frac{P|h_M|^2}{\sigma_M^2}\right) - \log_2\left(1+\frac{P|h_E|^2}{\sigma_E^2}\right)\right]^+ \tag{14.8}$$

14.1.3　多输入多输出系统

近年来，随着无线通信技术的日益发展，通信系统正从单输入单输出（SISO）向多输入多输出（MIMO）技术转变，即所有节点都配置多个天线。

在该技术中，在所有节点上安装多天线有助于提高系统的可靠性和效率。实践证明，MIMO 技术在安全通信中可以发挥重要作用。Hero（Hero，2003）是第一个提出使用 MIMO 技术进行安全通信的。本研究考虑 MIMO 非法信道，其中合法用户（Alice 和 Bob）和非法接收方（Eve）均提供多根天线，如图 14.5 所示。对于该系统，保密容量 C_S 的数学表达式可以表示为

$$C_S = \max_{\rho_X > 0, \text{tr}(\rho_X) < P} \frac{\log\det(1 + H_M \rho_X H_M^H)}{\log\det(1 + H_M \rho_X H_E^H)} \tag{14.9}$$

式中：ρ_X 为发送信号的协方差矩阵 X；P 为功率约束；$H_M = C^{N_M \times N_T}$、$H_E = C^{N_E \times N_T}$ 分别为合法信道和敌方信道的 MIMO 信道增益。

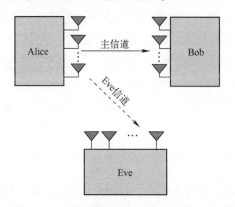

图 14.5　MIMO 通信系统与 MIMO 窃听信道

14.2　相关研究

近十几年来，人们致力于物联网应用的物理层安全研究。图 14.6 显示了 2010—2019 年发表的有关物联网和物联网安全的文章数量，可以观察到每年都呈指数增长（Hero，2003）。这些研究考虑了不同的无线衰落信道，并给出了 PLS 保密性分析。研究了 Rayleigh 分布函数、Nakagami-n 分布函数、Nakagami-q 分布函数、威布尔分布函数、κ-μ 分布函数、α-μ 分布函数和 α-η-κ-μ 分布函数等短期衰落条件的影响（Simmons 等，2016；Romero-Jerez 等，2017；Jameel 等，2017；Lei 等，2016；Mathur 等，2018）。然而，这些衰落分布都不能模拟实际出现的通信条件，例如毫米波通信、设备到设备（D2D）通信、车辆到车辆（V2V）通信、体域网和物联网。因此，实际场景可以用

所谓的复合衰落条件来模拟,这些条件能够模拟多径和阴影的同时发生。在这种情况下,Lei 和他的同事(Lei 等,2016)考虑了广义 K(GK)衰落分布来表征信道链路,并进行了保密性分析。他们利用混合伽马分布,研究了 PLS 的保密性能,导出了平均保密容量(ASC)、非零保密容量概率(PNSC)和安全中断概率(SOP)的表达式(Lei 等,2016)。对单输入多输出(SIMO)系统进行了类似的分析(Lei 等,2016)。在 Nakagami-m/gamma 复合衰落信道上分析了相关信道的 PLS 保密度量 SOP(Alexandropoulos 等,2018)。广义衰落分布,即所谓的 κ-μ 阴影复合衰落分布,也已被研究(Sun 等,2018;Srinivasan,2018)。Sen 等(Sun 等,2018)分析了 SOP 和 SPSC 的保密性能,并根据 Meijer G-函数推导出了新的解析表达式,Srinivasan 和 Kalyani(Srinivasan,2018)利用矩阵匹配方法导出了 SPSC。

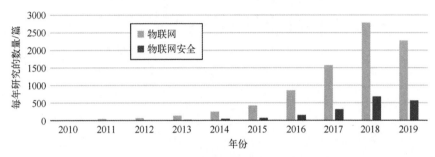

图 14.6 截至 2019 年 7 月公布的物联网及物联网安全相关项目数

14.3 加密技术与物理层安全

图 14.7 说明了加密技术和物理层安全性之间的根本区别。加密技术是保护信息免受窃听的传统方法。一般来说,为了提供数据安全性,加密是在上层完成的。加密的基本思想是利用一个**密钥**将传输的信息转换成密文。数据是从密文中提取的,在合法的接收者处使用相同的密钥。例如,非对称加密算法(Rivest-Shamir-Adleman,RSA)或对称加密算法高级加密标准(AES)是最流行的加密技术。不幸的是,密码容易被窃听,因为窃听者可以利用无线通信的广播特性来截获密钥。相比之下,物理层安全通过利用无线信道的随机性和在物理层而不是上层使用适当的信道编码来提供更好的安全传输。值得注意的是,物理层安全性确保了可实现的传输保密性,而不考虑窃听者的计算能力。除了许多优点外,物理层安全也有一些缺点。由于物理层的安

全性可以用平均信息（Bloch 等，2011）来衡量，因此很难保证概率为 1 的机密性。此外，实际渠道与理论渠道的行为也有所不同。

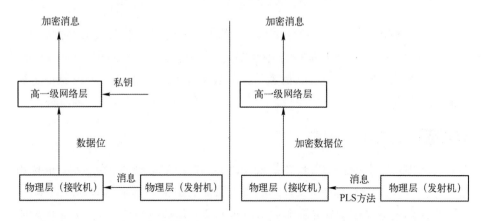

图 14.7　加密技术与 PLS 方法的比较（Bassily 等，2013）

14.4　窃听的分类

非法接收者总是试图用自己的能力去窃听安全信息。物理层保密中的窃听按其能力可分为两类：主动窃听和被动窃听。

14.4.1　主动窃听

在主动窃听中，合法的发送器接收到敌方的信道状态信息（CSI），并且能够检测到非法的接收机。窃听者通过发送欺骗信号来攻击物理层的安全性，从而迷惑合法的接收者。合法接收者截获这些伪造信息，导致保密性能下降。这些攻击也被称为伪装攻击（Shiu 等，2011）。在这种情况下，窃听者还可以充当干扰器。非法接收器向合法接收器发送噪声信号，这使得传输的信息不可信。

14.4.2　被动窃听

在被动窃听中，由于合法的发送器无法感知到窃听者的 CSI，因此不可能检测到非法接收器。在这种情况下，窃听者可以听到信息而不会中断合法用户之间的通信。因此，我们必须以这种方式设计信号以防止窃听。

14.5 物理层安全性能指标

传统加密算法的保密性能可以通过测量传输过程中的攻击总量来评估。另外，各种物理层安全度量可以用来描述不同信道条件下的保密性。然而，这些指标评估的准确性会受到信道特性知识的限制。以下章节将讨论信道属性的各种情况。

14.5.1 信道状态信息

在物理层安全中，信道状态信息（CSI）扮演着重要的角色。CSI 也称为信道增益，它描述了无线通信链路的信道属性可用于发射机或接收机的场景。有关信道的信息提供了从发射机到接收机的信号传输行为的知识。CSI 还阐明了类似的信道效应，如散射、衰落和功率随距离的衰落。这是一种估计信道的方法，它通过自适应多信道条件下的 CSI，为系统提供可靠的数据传输提供了可能。在物理系统中，发射机可用的 CSI 与接收机可用的 CSI 不同。一般来说，前一种情况称为 CSIT，而后者称为 CSIR。

此外，CSI 有两种类型：瞬时 CSI 和统计 CSI。

1. 瞬时 CSI

已知瞬时信道条件的情况称为瞬时 CSI，瞬时 CSI 可以看作是滤波器的脉冲响应。在瞬时 CSI 条件下，发送信号可以自适应脉冲，而接收信号可以在高速数据传输时达到最小误码率（BER）。当所有无线网络节点的瞬时 CSI 可用于其他无线网络节点时，该场景被称为完全 CSI。

2. 统计 CSI

统计 CSI 描述了信道的统计特性，如已知衰落条件、空间相关性、视线（LOS）分量和平均信道增益。在统计 CSI 场景中，该信息可用于优化在瞬时 CSI 情况下使用的传输。该场景被称为部分 CSI，其中已知几个无线网络节点的瞬时 CSI，而其他节点提供统计 CSI。

接下来我们将讨论完整 CSI 和部分 CSI 的各种场景。我们首先考虑发射机可用的完整 CSI 的情况。在这种情况下，发射机可以根据不同的衰落系数实现不同的编码方案。

现在，考虑当发射机接收到真实信道的 CSI 时这种情况。在这种情况下，可以设计长度为 2^{nR} 码字的窃听码，其中 R 为传输速率。假设 R 被识别为瞬时

主信道容量 C_M，每箱分配 2^{nR_e} 码字，其中 R_e 为窃听者的含糊率。因此，很容易将安全通信速率表示为 $R_S=R-R_e=C_M-R_e$，通常将其设置为常量，这意味着 $R_e=C_M-R_S$ 根据主信道条件而变化。只要安全通信速率小于瞬时保密容量的速率，即 $R_S<C_S$，窃听者的信道就会比主信道估计的差，即 $C_E<R_e$，此时发送器通过使用窃听码来保证完全保密。否则，如果 $R_S>C_S$，则 $C_E>R_e$，主信道上的机密性就会受到损害。

CSI 为设计者提供了选择最佳传输策略的灵活性和选择正确的物理层安全性能指标的机会。为了使可实现的保密速率最大化，需要有真实信道和非法信道的瞬时 CSI。一旦授权接收机和敌方的完整 CSI 都可以访问，则可以通过最大化合法接收机的信噪比（SNR），同时最小化窃听者的 SNR 来实现安全通信。然而，由于估计误差或窃听者的模糊性，很难获得物理系统的完整 CSI。接下来，我们将讨论物理层安全的一些其他保密性能措施。

14.5.2 保密速率

由于保密容量的获取比较复杂，并且发射机信号 X 的概率分布产生了一个优化问题，因此，我们在这种情况下定义了保密速率。真实信道和窃听信道的可实现率之差称为保密速率（Wang 等，2016）。数学表达式可以写成

$$R_S=[R_M-R_E]^+ \tag{14.10}$$

式中：R_M 为真实信道可实现的保密速率；R_E 为敌方信道链路可实现的保密速率。最大保密速率 R_S 是指保密容量 C_S。

14.5.3 遍历保密容量/速率

一般来说，只能为具有预定属性的信道定义保密容量。因此，如何评估时变衰落信道的保密能力是一个具有挑战性的课题。因此，我们需要遍历保密能力来描述衰落信道，在这种情况下，安全消息可以通过信道实现来捕获信道的遍历特征。遍历保密容量可以定义为衰落信道中安全通信的平均能力，这种安全通信能力可以根据 CSI 的大小通过适应能力和速率来保证。

Gopala 等（Gopala 等，2008）对系统的保密性进行了研究，得出了合法信道和敌方信道的 CSI，已知且只有真实信道的 CSI 可访问的情况下的遍历保密容量。当已知全部 CSI 时，可以得到合法信道和非合法信道的概率密度函

数（PDF），而当部分 CSI 已知时，只能得到合法信道的概率密度函数（PDF）。从数学上讲，全 CSI 的遍历保密容量可以表示为（Gopala，2008）

$$\overline{C}_S^{\text{Full}} = \max_{E\{P\mid h_M\mid^2,\mid h_E\mid^2\}\leq \overline{P}} E[C_M - C_E]^+$$

$$= \max_{P\mid h_M\mid^2,\mid h_E\mid^2} \int_0^\infty \int_{h_E}^\infty \{\log[1 + \mid h_M\mid^2 P(\mid h_M\mid^2,\mid h_E\mid^2)] -$$

$$\log[1 + \mid h_E\mid^2 P(\mid h_M\mid^2,\mid h_E\mid^2)]\} \times$$

$$f(\mid h_M\mid^2)f(\mid h_E\mid^2)d\mid h_M\mid^2 d\mid h_E\mid^2 \tag{14.11}$$

式中：h_M 和 h_E 分别为合法信道链路与非合法信道链路的信道系数；$\overline{P}$ 为平均发射功率；$f(\mid h_M\mid^2)$ 和 $f(\mid h_E\mid^2)$ 为合法信道分布和窃听信道分布的概率密度函数。同理，可以计算局部 CSI 的遍历保密容量，即

$$\overline{C}_S^{\text{Partial}} = \max_{E\{P\mid h_M\mid^2\}\leq \overline{P}} E[C_M - C_E]^+$$

$$= \max_{P\mid h_M\mid^2} \int_0^\infty \int_{h_E}^\infty \{\log[1 + \mid h_M\mid^2 P(\mid h_M\mid^2)] -$$

$$\log[1 + \mid h_E\mid^2 P(\mid h_M\mid^2)]\}^+ \times$$

$$f(\mid h_M\mid^2)f(\mid h_E\mid^2)d\mid h_M\mid^2 d\mid h_E\mid^2 \tag{14.12}$$

注意，保密容量不能小于可实现的遍历保密速率。由式（14.11）和式（14.12）还可以看出，两式相似，但得到的 CSI 决定了功率控制策略的优化，最优传输方案只能在 $\mid h_M\mid^2 > \mid h_E\mid^2$ 时使用。

14.5.4 安全中断概率

安全中断概率（SOP）是物理层安全的关键保密措施之一，它被广泛用于描述发射机（Alice）无法获得合法用户（Bob）和窃听者（Eve）的完美 CSI 的安全通信。SOP 是指当目标保密速率 $R_S > 0$ 大于当前保密速率 CS 时，事件可以计算的概率。所以 SOP 可以在数学上定义为（Singh 等，2019）

$$P_{\text{out}}(\gamma_{\text{th}}) = P(C_S \leq R_S) \tag{14.13}$$

在式（14.13）中，R_S 可以使用 $R_S = \log_2(1+\gamma_{\text{th}})$ 计算得到，其中，γ_{th} 为阈值信噪比（SNR），式（14.13）也可以表示为

$$P_{\text{out}}(\gamma_{\text{th}}) = P[\gamma_M \leq (1+\gamma_E)(1+\gamma_{\text{th}}) - 1] \tag{14.14}$$

式（14.13）和式（14.14）解释了合法用户之间通过主信道进行的不安全传输，并且合法接收器无法解码接收到的信号。

在某些情况下，由于复杂的数学积分很难获得 SOP。因此，SOP 的下限

定义为

$$P_{\text{out}}(\gamma_{\text{th}}) = P[\gamma_M \leq (1+\gamma_E)(1+\gamma_{\text{th}})-1] \geq$$
$$\text{SOP}^L(\gamma_{\text{th}}) \equiv P[\gamma_M \leq (1+\gamma_{\text{th}})\gamma_E] \quad (14.15)$$

14.5.5 非零安全容量概率

另一个重要的保密度量是非零安全容量概率（SPSC），它可以根据达到非零保密容量即 $C_S>0$ 时事件的概率来计算。当 $R_S=0$ 时，SPSC 可以用 SOP 表示。作为基准保密指标之一，SPSC 解释了 $C_M>C_E$ 的场景。只要不与窃听者（Eve）和合法接收者（Bob）共享相同的信息，就可以从随机性中提取出非零保密容量。很明显，在这种情况下，发送者（Alice）无法感知到窃听者（Eve）的完美 CSI。SPSC 在数学上可以定义为（Singh 等，2019）

$$\text{SPSC} = P(C_S>0) = P(\gamma_M>\gamma_E) \quad (14.16)$$

有趣的是，将 $R_S=0$ 代入式（14.13）中，用 SOP 表示 SPSC 为

$$\text{SPSC} = 1-P_{\text{out}}(0) \quad (14.17)$$

14.5.6 安全中断容量

在中断概率 ε_0 为一定值下的最大可达安全速率 R_S 定义了安全中断容量（SOC）。中断概率为某一值 ε_0 时，最大可达保密率 R_S 相关的数学表达式为（Prabhu 等，2011）

$$P_{\text{out}}(R_S) = \varepsilon_0 \quad (14.18)$$

因此，最大可达安全速率 R_S 由式（14.18）获得：

$$R_S = P_{\text{out}}^{-1}(\varepsilon_0) \quad (14.19)$$

式中：$P_{\text{out}}^{-1}(\varepsilon_0)$ 为式（14.18）的反函数。

14.5.7 安全区域/安全中断区域

安全区域（SR）被用来描述复合多径/阴影衰落等长期衰落场景的安全性能，SR 可以定义为保密能力永远不为负的几何区域。假设窃听者（Eve）位于坐标为 (x_E,y_E) 的点上，则安全区域可以表示为（Marina，2010）

$$\text{SR} = \{(x_E,y_E), C_E(x_E,y_E)<C_M\} \quad (14.20)$$

式中：C_M 为合法信道链路的容量；$C_E(x_E,y_E)$ 为窃听者的信道容量，窃听者的位置在 (x_E,y_E)。很明显，只有当 Eve 从安全区域消失时，式（14.20）才能满足。Chang 等（Chang 等，2012）提出了一个安全区的概念，在这个概念

中，Eve 不可能出现在发射机附近的某个半径范围内。

安全中断区域（SOR）是由 Li 等（Li 等，2012）首次提出的。它也被定义为在给定的保密速率下，安全中断概率不能高于预定的中断概率 ε 的几何区域。因此，SOR 在数学上表示为

$$\text{SOR} = \{\chi_E \mid \text{Pout}(C_S \leq R_S) \leq \varepsilon\} \tag{14.21}$$

式中：χ_E 为通知窃听者相对于合法发射机的位置向量。

14.5.8 安全自由度

对于多个窃听者存在的场景，不能定义安全区域。在这种情况下，He（He 等，2011）和 Koyluoglu（Koyluoglu 等，2008）提出了一种新的保密性能指标称为安全自由度（SDoF），它可以被定义为渐近安全率 R_S^∞ 与渐近信噪比（SNR）λ 之比，SDoF 的数学表达式可以表示为（He 等，2013）

$$\text{SDoF} = \lim_{\lambda \to \infty} \frac{R_S(\lambda)}{\log_2(\lambda)} \tag{14.22}$$

14.5.9 其他保密性能指标

除了上述保密性能指标外，还有一些常规的保密性能指标可以用来表征物理层安全的保密性能，如平均信噪比（SNR）、均方误差（MSE）、安全能量效率（SEE）、平均误比特率（ABEP），信号与干扰加噪声比（SINR）。

1. 平均信噪比

无线通信中最常见、应用最广泛的性能指标是信噪比。一般来说，信噪比与数据检测相关，因为它是在接收机的输出处测量的。由于衰落的影响，无线链路的信噪比受到热噪声的严重影响。然后，最合适的性能指标是平均信噪比，可以通过取衰落信道的平均密度 PDF 来计算。从数学上讲，平均信噪比可以表示为（Simon 等，2005）

$$\bar{\gamma} \triangleq \int_0^\infty \gamma f(\gamma) \, d\gamma \tag{14.23}$$

式中：γ 为信噪比；$f(\gamma)$ 为衰落信道的概率密度函数（PDF）。

2. 均方误差

在无线通信中，均方误差（MSE）被定义为误差平方的平均值。它可以在接收机的输出端测量，并通过求实际发送信号和估计信号之间的平方差的平均值来计算。如果 $\hat{X} = g(\theta)$ 是接收信号 X 的估计量，则 MSE 可计算为（Roberts 等，2017）

$$\mathrm{MSE} = E[(X - \hat{X})^2] = \int_0^\infty (X - \hat{X})^2 f(x) \mathrm{d}x \qquad (14.24)$$

式中：$f(x)$ 为 X 的概率密度函数（PDF）；$E(\cdot)$ 为期望函数。

3. 信号与干扰加噪声比

信号与干扰加噪声比（SINR）（Haenggi 等，2009）或者信号对噪声加干扰功率比（SNIR）（Franceschetti 等，2007）是提供信道容量上限的性能指标。发射功率与干扰功率和噪声功率之和的比值定义了 SINR。对于零噪声功率，SINR 降低到 SIR，而对于零干扰，SINR 降低到 SNR。从数学上讲，SINR 可以表示为（Haenggi 等，2009）

$$\mathrm{SINR} = \frac{P}{I+N} \qquad (14.25)$$

式中：P、I 和 N 分别为发射功率、干扰功率和噪声功率。

4. 平均误比特率

平均误比特率（ABEP）是表征无线系统行为本质的最有力的性能指标，ABEP 被定义为传输过程中出现比特错误的概率。由于条件 BEP 是瞬时信噪比的非线性函数，ABEP 是最具挑战性的性能指标之一。从数学上讲，ABEP 可以表示为（Peppas，2012）

$$\overline{P}_b(E) \triangleq \int_0^\infty P_b(E/\gamma) f(\gamma) \mathrm{d}\gamma \qquad (14.26)$$

式中：$P_b(E/\gamma)$ 为 AWGN 信道上的条件 BEP；$f(\gamma)$ 为衰落信道的概率密度函数（PDF）。

5. 安全能量效率

最近的研究提出了一种新的性能指标，称为安全能源效率（SEE）（Derrick 等，2012），该指标考虑了能耗和功率分配方案，安全容量和无线系统消耗的能量之间的比率定义了 SEE。从数学上讲，SEE 可以表示为（Derrick 等，2012）

$$\mathrm{SEE} = \frac{C_S}{\xi^T} \qquad (14.27)$$

式中：ξ^T 为无线系统消耗的总能量；C_S 为安全容量。

14.6 无线衰落信道

无线信道物理层保密性能的研究是一项复杂的研究，因为无线信道受到各种时变效应（如多径衰落和阴影衰落）的严重影响。由于散射、衍射和障碍物的反射，发射信号无法通过直接路径到达接收器。因此，发送信号采用多个路径到达接收器，并且通过这些路径接收的信号被同相相加。如果将接收信号的幅度和相位视为随机变量，则接收信号的功率也将是随机变量。这些随机波的产生是因为无线通信传输具有广播性质，并且对保密性能有重大影响。因此，人们提出了各种分集技术，如最大比合并（MRC）、选择合并（SC）、切换保持合并（SSC）和等增益合并（EGC）等。例如，图14.8显示了在真实接收器和敌方处都具有MRC分集的窃听信道模型（Singh，2019）。尽管衰落对系统性能有负面影响，但它对物理层安全也有建设性的影响。单独的衰落可以被用作保证安全通信的工具，即使对手的信道比真实信道更有效（Chen等，2013；Barros等，2006）。散射、衍射和反射等衰落效应可通过使用不同的分布函数来表征，例如Rayleigh分布函数、Nakagami-n分布函数、Nakagami-m分布函数、威布尔分布函数、κ-μ分布函数、α-μ分布函数和α-η-κ-μ分布函数等。然而，这些通道都不具备捕捉非均匀漫散射环境的能力。因此，引入了复合（长期）衰落分布，它能够描述非均匀随机涨落。一般而言，复合（长期）衰落信道是指复合多径/阴影衰落信道。复合多径/阴影衰落信道的概率密度可以通过将多径衰落的条件概率密度平均于阴影衰落概率密度函数来计算：

$$p(\gamma) = \int_0^\infty p(\gamma/\theta) \cdot p(\theta) d\theta, \quad \gamma \geq 0 \tag{14.28}$$

式中：$p(\gamma/\theta)$为多径衰落的条件概率密度函数PDF；$p(\theta)$为阴影的概率密度函数PDF。对于复合威布尔/对数正态衰落信道，$p(\gamma/\theta)$和$p(\theta)$可以写成（Singh等，2019）

$$p(\gamma/\theta) = \frac{\beta\Lambda}{2}\left(\frac{1}{\theta}\right)^{\beta/2}\gamma^{\beta/2-1}\exp\left(-\Lambda\left(\frac{\gamma}{\theta}\right)^{\beta/2}\right), \quad \gamma \geq 0 \tag{14.29}$$

式中：β为形状参数并测量衰落严重性；$\Lambda = \Gamma(1+2/\beta)^{\beta/2}$；$\Gamma(\cdot)$为伽马函数（Gradshteyn等，2007）：

$$p(\theta) = \frac{1}{\sigma\theta\sqrt{2\pi}}\exp\left(-\frac{(\ln\theta-\mu)^2}{2\sigma^2}\right), \quad \theta \geq 0 \tag{14.30}$$

式中：μ和σ分别为确定相关$\ln\theta$的均值和标准差的参数。

近年来，人们提出了新的衰落分布来描述移动到移动（M2M）、体域网（BAN）、物联网（IoT）和车辆对车辆（V2V）通信等实际场景，接下来我们将讨论其中的一些。

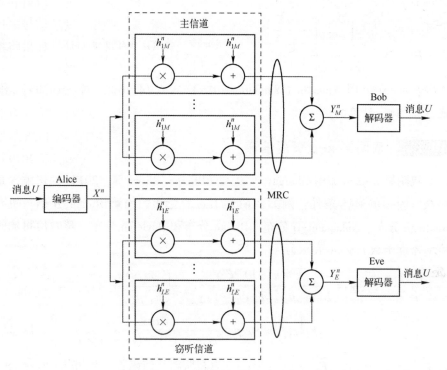

图 14.8 物理层安全的 MRC 窃听模型（Singh 等，2019）

14.6.1 α-η-κ-μ 衰落信道

α-η-κ-μ 分布是 Yacoub 提出的（Yacoub 等，2016），当前信噪比的概率密度函数 $f(\gamma)$ 可以写成（Lei 等，2016）：

$$f(\gamma) = \frac{\alpha \gamma^{\frac{\alpha\mu}{2}-1}}{2^{\mu+1}\Gamma(\mu)\overline{\gamma}^{\frac{\alpha\mu}{2}}}\exp\left(-\frac{\gamma^{\frac{\alpha}{2}}}{2\overline{\gamma}^{\frac{\alpha}{2}}}\right)\sum_{r=0}^{\infty}\frac{r!c_r}{(\mu)_r}L_r^{\mu-1}\left[2\left(\frac{\gamma}{\overline{\gamma}}\right)^{\frac{\alpha}{2}}\right] \quad (14.31)$$

式中：α 为信道非线性的参数；η 为多径簇同相总功率与正交散射波之比计算得到的参数；κ 为决定散射波主成分功率与总功率之比的参数；μ 为多径簇数量的参数；$L_n^m(\cdot)$ 为拉盖尔多项式（Gradshteyn 等，2007）；$\Gamma(\cdot)$ 为伽马函数（Gradshteyn 等，2007）；$(a)_n$ 为 Pochhammer 符号（Wolfram）；c_r 为借助于 Mathur 等（Mathur 等，2018）中定义的 p 和 q，使用 Yacoub（Yacoub，2016）式（14.15）、式（14.30）和式（14.31）计算的。

此外，根据式（14.30），γ 的累积分布函数（CDF）计算如下：

$$F(\gamma) = \frac{\left(\frac{\gamma}{\bar{\gamma}}\right)^{\frac{\alpha\mu}{2}} \exp\left(-\frac{\gamma^{\frac{\alpha}{2}}}{2\bar{\gamma}^{\frac{\alpha}{2}}}\right)}{2^{\mu+1}\Gamma(\mu+1)} \sum_{r=0}^{\infty} \frac{r!m_r}{(\mu+1)_r} L_r^{\mu}\left(2\frac{(\mu+1)}{\mu}\left(\frac{\gamma}{\bar{\gamma}}\right)^{\frac{\alpha}{2}}\right) \quad (14.32)$$

式中：m_r 为使用 Yacoub（Yacoub，2016）式（14.16）、式（14.33）和式（14.34）计算的。

14.6.2 双阴影 κ-μ 衰落信道

双阴影 κ-μ 分布由 Bhargav 等引入（Bhargav Nidhi 等，2018），它包含其他众所周知的衰落条件，例如双阴影 Rician 分布、阴影 Rician 分布、阴影 Rayleigh 分布、Nakagami-q 分布、Rician 分布和 Rayleigh 分布。瞬时信噪比的概率密度函数 $f(\gamma)$ 可表示为

$$f(\gamma) = \frac{\bar{\gamma}^{m_t}(m_t-1)^{m_t}\xi^{\mu}\gamma^{\mu-1}}{B(m_t,\mu)[\gamma\xi+(m_t-1)\bar{\gamma}]^{m_t+\mu}} \left(\frac{m_d}{m_d+\mu\kappa}\right)$$

$$\times\, _2F_1\left\{m_d, m_t+\mu;\mu;\frac{\xi\mu\kappa\gamma}{(m_d+\mu\kappa)[\gamma\xi+(m_t-1)\bar{\gamma}]}\right\} \quad (14.33)$$

式中：$\xi=\mu(\kappa+1)$；$_2F_1(\cdot,\cdot;\cdot;\cdot)$ 为高斯超几何函数（Wolfram Research，2019）；m_d 为 Nakagami-m 参数；m_t 为 Nakagami-m 的逆函数。

此外，根据式（14.33），γ 的累积分布函数（CDF）可以写成

$$F(\gamma) = \sum_{i=0}^{\infty} \frac{(m_d)_i(m_t+\mu)_i\xi^{\mu+i}\mu^i\kappa^i\gamma^{\mu+i}}{(\mu)i!B(m_t,\mu)(m_d+\mu\kappa)^i(\mu+i)[\bar{\gamma}(m_t-1)]^{\mu+i}}$$

$$\times \left[\frac{m_d}{(m_d+\mu\kappa)}\right]^{m_d} {}_2F_1\left[m_t+\mu+i,\mu+i;\mu+1+i;-\frac{\xi\gamma}{\bar{\gamma}(m_t-1)}\right]$$

$$(14.34)$$

对于 $\mu\to 1$ 和 $\kappa\to k$ 的特殊情况，可由式（14.33）计算出双阴影 Rician（DSR）的概率密度函数为

$$f^{\text{DSR}}(\gamma) = \frac{\bar{\gamma}^{m_t}m_t(m_t-1)^{m_t}(1+k)^i}{[\gamma(1+k)+(m_t-1)\bar{\gamma}]^{m_t+1}}\left[\frac{m_d}{(m_d+k)}\right]^{m_d}$$

$$\times\, _2F_1\left\{m_d, m_t+1;1;\frac{k(1+k)\gamma}{(m_d+k)[\gamma(1+k)+(m_t-1)\bar{\gamma}]}\right\} \quad (14.35)$$

式中：k 为 Rician 参数。

通过式（14.35），可以得到 γ 的累积分布函数（CDF）为

$$F^{\mathrm{DSR}}(\gamma) = \frac{\overline{\gamma}^{m_t} m_t (m_t-1)^{m_t} (1+k)^i k^i \gamma^{i+1}}{(1)_i i! (m_d+\kappa)^i (i+1) [\overline{\gamma}(m_t-1)]^{i+1}}$$

$$\times \left[\frac{m_d}{(m_d+\kappa)}\right]^{m_d} {}_2F_1\left[m_t+1+i, 1+i; 2+i; -\frac{(1+k)\gamma}{\overline{\gamma}(m_t-1)}\right] \quad (14.36)$$

14.7 阴影对保密性能的影响

可以发现,信道的随机性会直观地导致系统的安全性能恶化。物理层安全性指标高度依赖于衰落参数,如形状参数、均值和方差。大多数物联网应用,如 V2V 通信和智能交通系统(ITS)需要车辆之间的安全通信。这引起了我们对实际衰落场景下物理层安全性能的讨论。

这里,考虑三节点系统模型,其中每个节点配备一个天线,如图 14.9 所示。在这三个节点中,有两个节点是合法用户 Alice 和 Bob,第三个节点被称为 Eve。Alice 正试图通过主信道与 Bob 秘密通信,Eve 正试图通过窃听信道听到秘密信息。假设两个信道链路,即主信道和窃听信道,都承受相同的衰落。

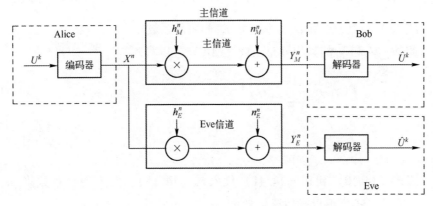

图 14.9 单窃听 SISO 系统模型(Singh 等,2019)

Alice 一直在努力把秘密信息 U^k 传递给 Bob。为了增强真实信道链路的保密性,秘密消息 U^k 被加密成码字 X^n。如果 y_M 和 y_E 分别表示 Bob 和 Eve 接收到的信号,那么,y_M 和 y_E 可以写成

$$y_M(i) = h_M(i)x(i) + n_M(i) \quad (14.37)$$

$$y_E(i) = h_E(i)x(i) + n_E(i) \quad (14.38)$$

式中：$h_M(i)$ 和 $h_E(i)$ 分别为合法和非法信道链路上时变准静态复合威布尔/对数正态阴影衰落系数；$n_M(i)$ 和 $n_E(i)$ 分别为 Bob 和 Eve 处均值为零的复高斯噪声，方差为 σ_M^2 和 σ_E^2。通道系数 $h_M(i)$ 不依赖于输出，称为 CSI。这里还需要注意的是，考虑准静态衰落时，衰落系数在保密信息传输过程中没有变化（即 $h_M(i)=h_M$，$\forall i$；$h_E(i)=h_E$，$\forall i$）。

1. 真实信道和敌方信道经历复合威布尔/对数正态阴影衰落

由于真实信道和敌方信道都受到复合威布尔/对数正态阴影衰落的影响，因此合法接收机和敌方信噪比 SNR 的概率密度函数 PDF 可以表示为（Singh 等，2019）

$$f(\gamma_M) = \frac{\beta \Lambda_\beta}{2\sqrt{\pi}} \sum_{i=1}^{N} \omega_i \Psi_{\gamma_M}(\gamma_M, \xi_i), \quad \omega_i > 0 \tag{14.39}$$

$$f(\gamma_E) = \frac{\beta \Lambda_\beta}{2\sqrt{\pi}} \sum_{i=1}^{N} \omega_i \Psi_{\gamma_E}(\gamma_E, \xi_i), \quad \omega_i > 0 \tag{14.40}$$

式中：β 为形状参数；ω_i 为具有 $\sum_{i=1}^{N} \omega_i = 1$，$\xi_i = \exp\left[-\frac{\beta}{2}(\sigma_M t_i \sqrt{2} + \mu_M)\right]$，$\zeta = \exp\left[-\frac{\beta}{2}(\sigma_E t_i \sqrt{2} + \mu_E)\right]$ 的采样点对应的权重；t_i 为 N 阶 Hermite 多项式的根，$\Lambda_n = \Gamma(1+2/n)^{n/2}$；$\mu_b$ 和 σ_b 为 $b = \{M, E\}$ 的阴影系数。

此外，γ_M 和 γ_E 的累积分布函数（CDF）可以写成

$$F(\gamma_M) = \frac{1}{\sqrt{\pi}} \sum_{i=1}^{N} \omega_i \left(1 - \frac{\Psi_{\gamma_M}(\gamma_M; \xi_i)}{\xi_i \gamma_M^{\frac{\beta}{2}-1}}\right), \quad \omega_i > 0 \tag{14.41}$$

$$F(\gamma_E) = \frac{1}{\sqrt{\pi}} \sum_{i=1}^{N} \omega_i \left(1 - \frac{\Psi_{\gamma_E}(\gamma_E; \xi_i)}{\xi_i \gamma_E^{\frac{\beta}{2}-1}}\right), \quad \omega_i > 0 \tag{14.42}$$

将式（14.10）和式（14.41）代入式（14.15），对于随机系数集 $\{\mu_M, \mu_E, \sigma_M, \sigma_E\}$，$SOP^L$ 可以被估算出来：

$$SOP^L(\gamma_{th}) = \frac{1}{\sqrt{\pi}} \sum_{j=1}^{N} \omega_j - \frac{1}{\pi} \sum_{i=1}^{N} \sum_{j=1}^{N} \frac{\omega_i \omega_j \zeta_i}{\zeta_i + \xi_j (1 + \gamma_{th})^{\frac{\beta}{2}}} \tag{14.43}$$

相类似地，SPSC 可以通过式（14.17）和式（14.43）得到

$$SPSC = 1 - \frac{1}{\sqrt{\pi}} \sum_{j=1}^{N} \omega_j + \frac{1}{\pi} \sum_{i=1}^{N} \sum_{j=1}^{N} \frac{\omega_i \omega_j \zeta_i}{\zeta_i + \xi_j} \tag{14.44}$$

图 14.10 展示了作为主信道参数 μ_M 和窃听信道参数 μ_E 时函数 SOPL 的行

为。可以观察到,当衰落严重程度从 1.5 增加到 4.5 时,Alice-Bob 信道链路逐渐容易被窃听。当衰落强度从 1.5 增加到 4.5 时,高级窃听信道($\mu_M < \mu_E$)的 SOP^L 上升了 6%,当 Alice-Bob 信道链路更强($\mu_M > \mu_E$)时,SOPL 下降了 30%。这是因为与低衰落相比,Alice 可以在高衰落区与 Bob 秘密通信。图 14.11 显示了作为 Alice-Bob 信道参数 μ_M 和窃听信道参数 μ_E 时函数 SPSC 的行为。正如预期的那样,对于高级 Alice-Bob 信道链路($\mu_M > \mu_E$),随着衰落严重程度的增加,可以观察到 SPSC 的改进,而对于高级窃听信道($\mu_M < \mu_E$),可以观察到 SPSC 的恶化。

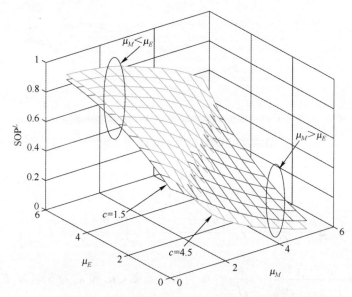

图 14.10 作为主信道参数 μ_M 和窃听信道参数 μ_E 的函数时 SOP^L 行为(Singh 等,2019)

2. 主信道和窃听信道经历复合 κ-μ/伽马阴影衰落

由于真实信道和敌方信道都受到复合 κ-μ/伽马阴影衰落的影响,因此合法接收机和敌方信噪比 SNR 的概率密度函数 PDF 可以表示为(Zhang 等,2013)

$$f(\gamma_M) = \sum_{p=0}^{\infty} \frac{\xi_{Mp}}{p!} \gamma_M^{\left(\frac{\mu_M+b+p}{2}-1\right)}$$

$$H_{0,2}^{2,0}\left[\frac{\mu_M(1+\kappa_M)}{\Omega_M}\gamma_M \middle| \left(\frac{b-\mu_M-p}{2},1\right)^{-}\left(\frac{-b+\mu_M+p}{2},1\right)\right] \quad (14.45)$$

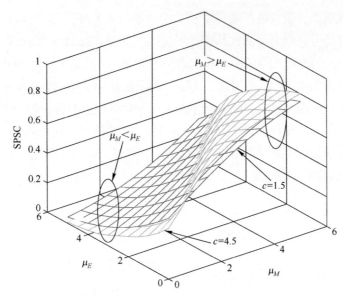

图 14.11 作为主信道参数 μ_M 和窃听信道参数 μ_E 的函数时 SPSC 行为（Singh 等，2019）

$$f(\gamma_E) = \sum_{p=0}^{\infty} \frac{\xi_{Ep}}{p!} \gamma_E^{\left(\frac{\mu_E+b+p}{2}-1\right)}$$

$$H_{0,2}^{2,0}\left[\frac{\mu_E(1+\kappa_E)}{\Omega_E}\gamma_E \middle| \left(\frac{b-\mu_E-p}{2},1\right)^{-}\left(\frac{-b+\mu_E+p}{2},1\right)\right] \quad (14.46)$$

式中：$\xi_p = \dfrac{\mu^{\mu+b+3p}(1+\kappa)^{\frac{\mu+b+p}{2}}\kappa^p}{\Gamma(\mu+p)\Gamma(b)e^{\mu\kappa}\Omega^{\frac{\mu+b+p}{2}}}$；$b$ 为形状系数；μ_b 和 κ_b 为 $b=\{M,E\}$ 时的阴影系数；Ω_b 为阴影的平均信噪比；$H_{p,q}^{m,n}(\cdot)$ 为福克斯的 H 函数，如 Yacoub 所定义（Kilbas 等，2004，式（1.1））。

同样，γ_M 和 γ_E 的累积密度函数 CDF 可以写成

$$F(\gamma_M) = \sum_{p=0}^{\infty} \frac{\xi_{Mp}}{p!}\left[\frac{\Omega_M}{\mu_M(1+\kappa_M)}\right]^{\frac{\mu_M+b+p}{2}} H_{1,3}^{2,1}\left[\begin{array}{ccc}(1,1)\\(b,1) & (\mu_M+p,1) & (0,1)\end{array}\right]$$

$$(14.47)$$

$$F(\gamma_E) = \sum_{p=0}^{\infty} \frac{\xi_{Ep}}{p!}\left[\frac{\Omega_E}{\mu_E(1+\kappa_E)}\right]^{\frac{\mu_E+b+p}{2}} H_{1,3}^{2,1}\left[\begin{array}{ccc}(1,1)\\(b,1) & (\mu_E+p,1) & (0,1)\end{array}\right]$$

$$(14.48)$$

将式（14.45）和式（14.47）代入式（14.15），SOP^L 可估算为

$$\text{SOP}^L = \sum_{p,t=0}^{\infty} \frac{\xi_{Ep}\xi_{Mp}}{p!t!} \left[\frac{\Omega_M}{\mu_M(1+\kappa_M)}\right]^{\frac{\mu_M+b+t}{2}} \left[\frac{\Omega_E}{\mu_E(1+\kappa_E)}\right]^{\frac{\mu_E+b+p}{2}}$$

$$\times H_{3,3}^{2,3}\left[\theta \left| \begin{array}{ccc} (1,1) & (1-b,1) & (1-\mu_E-p,1) \\ (b,1) & (\mu_M+t,1) & (0,1) \end{array}\right.\right] \quad (14.49)$$

式中：$\theta = \dfrac{\mu_M \Omega_E (1+\kappa_M)}{\mu_E \Omega_M (1+\kappa_E)}(1+\gamma_{th})$。

将 $\gamma_{th}=0$ 代入式（14.49），我们得到 SPSC 为

$$\text{SOPC} = 1 - \left\{\sum_{p,t=0}^{\infty} \frac{\xi_{Ep}\xi_{Mp}}{p!t!} \left(\frac{\Omega_M}{\mu_M(1+\kappa_M)}\right)^{\frac{\mu_M+b+t}{2}} \left(\frac{\Omega_E}{\mu_E(1+\kappa_E)}\right)^{\frac{\mu_E+b+p}{2}}\right.$$

$$\left.\times H_{3,3}^{2,3}\left[\theta \left| \begin{array}{ccc} (1,1) & (1-b,1) & (1-\mu_E-p,1) \\ (b,1) & (\mu_M+t,1) & (0,1) \end{array}\right.\right]\right\} \quad (14.50)$$

在图 14.12 和图 14.13 中，分别在 $\Omega_M > \Omega_E$ 和 $\Omega_M < \Omega_E$ 情况下，对固定的 $\{\kappa_E=2, \mu_E=1, \gamma_{th}=5\text{dB}, b=1\}$，作为主信道参数 κ_M 和 μ_M 的函数，将 SOP^L 和 SPSC 的行为分别进行对比。在图 14.12 中，可以观察到，当 $\Omega_M > \Omega_E$ 时，SOPL 随着 $\{\kappa_M, \mu_M\}$ 的增加而减少，当 $\Omega_M < \Omega_E$ 时变化不大。类似地，我们可以观察到 SPSC 随着 $\{\kappa_M, \mu_M, \Omega_M\}$ 的增加而提高。此外，我们还可以发现，较大的 Ω_E 值会产生较高的 SOP^L 和较低的 SPSC。这些结果证实了优越的 Alice–Bob

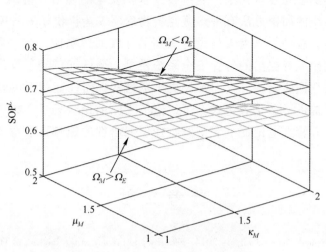

图 14.12　SOP^L 与单个窃听器的比较

信道链路（$\Omega_M > \Omega_E$）的 PLS 性能有所改善，而优越的 Alice-Eve 信道链路（$\Omega_M < \Omega_E$）则恶化了 PLS 的性能。

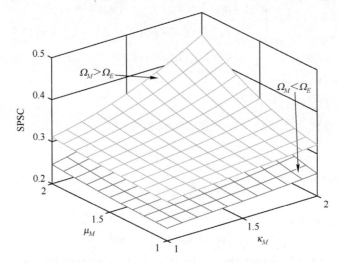

图 14.13　SPSC 与单个窃听器的比较

14.8　结　论

安全通信已成为未来无线技术（如 5G、IoT 和 V2V 通信）发展的必要条件。传统的密码技术无法为这些技术提供安全的通信。相比之下，物理层安全比传统的加密方法有许多优点。物理层安全提供了一种基于信息论的安全机制，有助于研究人员设计实用的无线通信系统。在本章中，我们讨论了不同研究者提出的各种安全系统模型，还详细讨论了物理层安全的不同保密安全性能指标。我们不仅提供了这些保密性能指标的理论方面的知识，而且提供了数学表达式，还讨论了不同的窃听场景，如主动窃听和被动窃听，并特别地论证了衰落对物理层保密性的影响。本章还讨论了各种衰落情况。

参 考 文 献

Abomhara Mohamed, Køien Geir M, 2014. Security and privacy in the Internet of Things: Current status and open issues [C]. 2014 International Conference on Privacy and Security in Mobile Systems (PRISMS), Aalborg, Denmark: 1-8.

Alexandropoulos George, Peppas K, 2018. Secrecy outage analysis over correlated composite Nakagami-m /gamma fading channels [J]. IEEE Communications Letters, 22 (1): 77–80.

Barros J, Rodrigues MRD, 2006. Secrecy capacity of wireless channels [C]. 2006 IEEE International Symposium on Information Theory, Seattle, WA, USA: 356–360.

Bassily Raef, Ekrem Ersen, He Xiang, et al., 2013. Cooperative security at the physical layer: A summary of recent advances [J]. IEEE Signal Processing Magazine, 30 (5): 16–28.

Bhargav Nidhi, Silva Carlos Rsfael Nogueira da Silva, Cotton Simon L, et al., 2018. On shadowing the κ-μ fading model, IEEE Transactions on Wireless Communications.

Bloch Matthieu, Barros João, 2011. Physical-Layer Security: From Information Theory to Security Engineering [M]. Cambridge University Press, Cambridge.

Chang Namseok, Chae Chan-Byoung, Ha Jeongseok, et al., 2012. Secrecy rate for MISO Rayleigh fading channels with relative distance of eavesdropper [J]. IEEE Communications Letters, 16 (9): 1408–1411.

Chen Xiaoming, Lei Lei, 2013. Energy-efficient optimization for physical layer security in multiantenna downlink networks with QoS guarantee [J]. IEEE Communications Letters, 17 (4): 637–640.

Cheong S K Leung-Yan, Hellman Martin, 1978. The Gaussian wire-tap channel [J]. IEEE Transactions on Information Theory, 24 (4): 451–456.

Csiszár Körner J, 1978. Broadcast channels with confdential messages [J]. IEEE Transactions on Information Theory, 24 (3): 339–348.

Derrick Wing Kwan Ng, Ernest Lo, Schober Schober, 2012. Energy-efficient resource allocation for secure OFDMA systems [J]. IEEE Transactions on Vehicular Technology, 61 (6): 2572–2585.

Franceschetti M, Meester R, 2007. Random Networks for Communication: From Statistical Physics to Information Systems [M]. 1st edn., Cambridge University Press.

Gopala Praveen Kumar, Lai Lifeng, Gamal Hesham El, 2008. On the secrecy capacity of fading channels [J]. IEEE Transactions on Information Theory, 54 (10): 4687–4698.

Gradshteyn I S, Ryzhik I M, 2007. Table of Integrals, Series and Products, 7th edn., Elsevier, Amsterdam, Academic Press, Burlington, VT.

Granjal Jorge, Monteiro Edmundo, Silva Jorge Sá, 2015. Security for the Internet of things: A survey of existing protocols and open research issues [J]. IEEE Communications Surveys and Tutorials, 17 (3): 1294–1312.

Haenggi Martin, Andrews Jeffrey G, Baccelli François, et al., 2009. Stochastic geometry and random graphs for the analysis and design of wireless networks [J]. IEEE Journal on Selected Areas in Communications, 27 (7): 1029–1046.

He Biao, Zhou Xiangyun, Abhayapala Thushara D, 2013. Wireless physical layer security with imperfect channel state information: A survey [J]. ZTE Comumunications, 11 (3): 11-18.

He Xiang, Yener Aylin, 2011. Gaussian two-way wiretap channel with an arbitrarily varying eavesdropper, 2011 IEEE GLOBECOM Workshops (GC Wkshps), Houston, TX, USA: 845-858.

Heng Sovannarith, So-In Chakchai, Nguyen Tri Gia, 2017. Distributed image compression architecture over wireless multimedia sensor networks [J]. Wireless Communications and Mobile Computing, 2017 (3): 1-21.

Hero Alfred, 2003. Secure space-time communication [J]. IEEE Transactions on Information Theory, 49 (12): 3235-3249.

Jameel Furqan, Wyne Shurjeel, Krikidis Ioannis, 2017. Secrecy outage for wireless sensor networks [J]. IEEE Communication Letters, 21 (7): 1565-1568.

Jing Qi, Vasilakos Athanasios, Wan Jiafu, et al., 2014. Security of the Internet of things: Perspectives and challenges [J]. Wireless Networks, 20 (8): 2481-2501.

Kilbas Anatoly A, Megumi Saigo, 2004. H-Transforms: Theory and Applications, 1st edn., CRC Press.

Koyluoglu Onur Ozan, Hesham El Gamal, Lifeng Lai, et al., 2008. On the secure degrees of freedom in the K-user Gaussian interference channel [C]. IEEE International Symposium on Information Theory, Toronto, ON, Canada: 384-388.

Lei Hongjiang, Ansari Imran Shafique, Gao Chao, et al., 2016. Physical-layer security over generalised-K fading channels [J]. IET Communications, 10 (16): 2233-2237.

Lei Hongjiang, Ansari Imran Shafique, Zhang Huan, et al., 2016. Security performance analysis of SIMO generalized-K fading channels using a mixture gamma distribution [J]. 2016 IEEE 84th Vehicular Technology Conference (VTC-Fall), Montreal, QC, Canada: 1-6.

Lei Hongjiang, Zhang Huan, Ansari Imran Shafique, et al., 2016. Performance analysis of physical layer security over generalized-K fading channels using a mixture gamma distribution [J]. IEEE Communications Letters, 20 (2): 408-411.

Li Wei, Ghogho Mounir, Chen Bin, et al., 2012. Secure communication via sending artifcial noise by the receiver: Outage secrecy capacity/region analysis [J]. IEEE Communications Letters, 16 (10): 1628-1631.

Mahajan Prena, Sachdeva Abhishek, 2013. A study of encryption algorithms AES, DES and RSA for security [J]. Global Journal of Computer Science and Technology, 13 (15): 15-22.

Marina Ninoslav, Hjorungnes Are, 2010. Characterization of the secrecy region of a single relay cooperative system [C]. 2010 IEEE Wireless Communication and Networking Conference, Sydney, NSW, Australia: 1-6.

Mathur Aashish, Ai Yun, Bhatnagar Manav, et al., 2018. On physical layer security of α-η-κ-μ fading channels [J]. IEEE Communications Letters, 22 (10): 2168-2171.

Mukherjee Amitav, 2015. Physical-layer security in the Internet of things: Sensing and communication confdentiality under resource constraints [J]. Proceedings of the IEEE, 103 (10): 1747-1761.

Nair Aparna K, Asmi P Shaniba, Gopakumar Aloor, 2016. Analysis of physical layer security via cooperative communication in Internet of things [J]. Procedia Technology, 24 (7): 896-903.

Nguyen Tri Gia, So-In Chakchai, Nguyen Nhu Gia, et al. , 2017. A novel energy-efficient clustering protocol with area coverage awareness for wireless sensor networks [J]. Peer-to-Peer Networking and Applications, 10 (3): 519-536.

Peppas K, 2012. A new formula for the average bit error probability of dual-hop amplify-and-forward relaying systems over generalized shadowed fading channels [J]. IEEE Wireless Communications Letters, 1 (2): 85-88.

Prabhu Vinay Uday, Miguel R D Rodrigues, 2011. On wireless channels with M-antenna eavesdroppers: Characterization of the outage probability and outage secrecy capacity [J]. 2010 IEEE Global Telecommunications Conference GLOBECOM 2010, Miami, FL, USA.

Roberts C, Vandenplas C, 2017. Estimating components of mean squared error to evaluate the benefts of mixing data collection modes [J]. Journal of Offcial Statistics, 33 (2): 303-334.

Roman Rodrigo, Najera Pablo, Lopez Javier, 2011. Securing the Internet of things [J]. Computer, 44 (9): 51-58.

Romero-Jerez Juan Manuel, Lopez-Martinez FJavier, 2017. A new framework for the performance analysis of wireless communications under Hoyt (Nakagami-q) fading [J]. IEEE Transactions on Information Theory, 63 (3): 1693-1702.

Shannon Claude E, 1949. Communication theory of secrecy systems [J]. The Bell System Technical Journal, 28 (4): 656-715.

Shiu Yi-Sheng, Chang Shih Yu, Wu Hsiao-Chun, et al. , 2011. Physical layer security in wireless networks: A tutorial [J]. IEEE Wireless Communications, 18 (2): 66-74.

Simmons Nidhi, Cotton Simon, Simmons David, 2016. Secrecy capacity analysis over κ-μ fading channels: Theory and applications [J]. IEEE Transactions on Communications, 64 (7): 3011-3024.

Simon Marvin K, Alouini Mohamed-Slim Alouini, 2005. Digital Communication over Fading Channels [M]. 2nd edn. , Wiley, New York.

Singh Rupender, Rawat Meenakshi, 2019. Performance analysis of physical layer security over Weibull/lognormal composite fading channel with MRC reception [J]. AEU-International Journal of Electronics and Communications, 110 (5): 152849.

Skarmeta Antonio, Hernández-Ramos José Luis, Maria Victoria Moreno Cano, 2014. A decentralized approach for security and privacy challenges in the Internet of things [C]. I 2014 IEEE World Forum on Internet of Things (WF-IoT), Seoul, Korea (South): 67-72.

Srinivasan Muralikrishnan, Kalyani S, 2018. Secrecy capacity of $\kappa-\mu$ shadowed fading channels [J]. IEEE Communications Letters, 22 (8): 1728-1731.

Sun J, Li X, Huang M, et al., 2018. Performance analysis of physical layer security over $\kappa-\mu$ shadowed fading channels [J]. IET Communications, 12 (8): 970-975.

Suo Hui, Wan Jiafu, Zou Caifeng, et al., 2012. Security in the Internet of things: A review [C]. 2012 International Conference on Computer Science and Electronics Engineering, Hangzhou, China: 648-651.

Wang Hui-Ming, Zheng Tong-Xing, 2016. Physical Layer Security in Random Cellular Networks [M]. 1st edn., Springer.

Wolfram Research, http://functions.wolfram.com [accessed 20 June 2019].

Wyner A D, 1975. The wire-tap channel [J]. The Bell System Technical Journal, 54 (8): 1355-1387.

W. of Science Thomson Reuters, Web of science [v. 5.21] -all databases. https://webofknowledge.com. [Online; accessed 04 July 2019].

Yacoub Michel Daoud, 2016. The $\alpha-\eta-\kappa-\mu$ fading model [J]. IEEE Transactions on Antennas and Propagation, 64 (8): 3597-3610.

Zhang Junqing, Duong Trung Q, Woods Roger, et al., 2017. Securing wireless communications of the Internet of things from the physical layer, an overview [J]. Entropy, 19 (8): 1-16.

Zhang Kuan, Liang Xiaohui, Lu Rongxing, et al., 2014. Sybil attacks and their defenses in the Internet of things [J]. IEEE Internet of Things Journal, 1 (5): 372-383.

Zhang Lingwen, Zhang Jiayi, Liu Liu, 2013. Average channel capacity of composite $\kappa-\mu$/gamma fading channels [J]. China Communications, 10 (6): 28-34.

Zhou Liang, Chao Han-Chieh, 2011. Multimedia traffic security architecture for the Internet of things [J]. IEEE Network, 25 (3): 35-40.

第 15 章　物联网灌溉系统

Upendra Kumar，Smita Pallavi，Pranjal Pandey

15.1　简　介

　　印度是世界人口第二大国，70%的人口居住在农村地区。因此，农业对国家的生存和发展起着重要的作用。在印度，即使在 21 世纪，灌溉也依赖于季风，而季风地区却通常是缺水的，没有任何科学的灌溉方法。在农业中，根据土壤类型和作物类型，需要水源维系运行。灌溉是农民面临的最重要的问题之一，特别是在地下水位很低或干旱的地区，很少有具有预设指令集的自动灌溉系统。

　　自动化系统有时甚至在下雨天也会启动水泵，这就导致了水资源的浪费。本章重点介绍减少水资源浪费和尽量减少农业中的体力劳动。土壤传感器定期收集水分含量数据，并相应启动水泵。当土壤吸收所需水量足够时，水泵将利用物联网而自动关闭。关于特定时间的含水量和泵状态的数据会被发送到云中，以便将来进行数据分析。土壤状况的数据也可以通过 Android 应用程序进行远程监控。这种生态系统将使种植者能够持续监测土壤的湿度水平，同时通过网络控制水的供应。当土壤含水量达到一定水平以下时，控制洒水器自动开启，从而确保了利用物联网进行农业合理灌溉。图 15.1 显示了物联网连接提供的不同类型的服务网络。

　　对粮食的持续需求引发了对农业问题的讨论，这是印度经济的重要因素之一。印度人口与日俱增，食物是每个人的基本需求。在阅读了几篇关于印度农业问题的文章后，我们发现供水是需要解决的问题。由于地下水灌溉利用效率低下，水位呈指数下降，这是一个值得关注的问题。因此，作为工程师，我们有责任用科学技术解决我们周围的问题。在本章中，灌溉被重新定义为只需将所需水量滴入土壤或作物中。本章的主要目的是通过减少水资源浪费和减少体力劳动来帮助农民减少他们的劳动量。本章是针对多年生植物灌溉用地和园艺用地编写的。

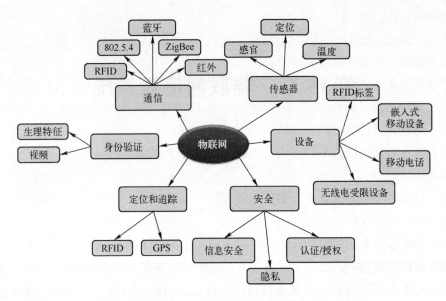

图 15.1 由物联网连接提供的不同类型的服务网络

15.2 与物联网相关的简要文献综述

事实上，"感知设备网络"是在 1982 年被概念化的，当时卡内基利他主义大学的可乐机被一个网络连接的设备取代，用来报告饮料的库存和冷热状态。1991 年的《无所不在的计算》《Omnipresent Computing》一文描述了家电节点的增强，使得物联网不断成为现代精准农业监测的支柱。物联网是由非标准设备组成的集体网络，它通过 Web 保持区域单元互联，促进设备之间的数据交换，从而为物理世界与基于计算机的系统之间的集成铺平道路。它的结果是经济的工作、高生产力、减少人的劳动量，并使人为错误的问题减少到几乎为零。物联网利用廉价、易于安装的传感器和它们提供的大量有洞察力的数据，为诸如土壤耕作和农场库存维护等农业任务释放了大量的生产方法。正是由于农业物联网的存在，才建立了这种多产的安全机制，通过从遥远的地方提供水源维持和能源消耗水平，以提供全天候的土壤和作物健康可见度。

有许多与农业直接相关的问题，如电网、作物、土壤监测、灌溉、杀虫剂、施肥应用和畜牧业（Joaquin 等，2015）。信息和通信技术可以成为一种实用的工具，向农村农业社区展示如何用易于掌握的技术应用取代一些传统技术。为此，物联网已用于协助天气预报、土壤湿度水平、空气流量和压力、温度监测，并提供保持平衡的解决方案。开放市场和实际农场之间的地理距离很长，这也导致农民付出了额外的努力来提高产量，但是，作物管理者的辛勤劳动必须得到回报。Jaguey 等提出了基于 CPS 的农业设计技术（Nisha 等，2014），包括物理层、网络层和决策层三层。此外，Nisha 和 Megala 提出了农业自动化的概念（Vidadala 等，2015），即，使用嵌入式系统，借助 Web 和 GSM 技术来设计一个低成本的系统。土壤湿度传感器和温度传感器嵌入一起，以检测农业用地中的水量。温度、水位和土壤含水量的所有参数都可以通过微控制器在用户的网页上进行监测，记录的信息通过通用分组无线业务（GPRS）发送到远程位置。此外，Fan Tong Ke（2013）提出了基于云计算和物联网的智慧农业，即在云计算的基础上构建农业信息云，然后使用射频识别（RFID）和物联网实现农业信息云。除此之外，在回顾了大量最新的研究工作之后，我们着手构建我们的农业合理化模式，可能取得以下成果：

（1）提供自动灌溉管理系统，实时监测土壤状况。

（2）在恶劣天气条件下，在没有实际存在的情况下持续监测农场。

（3）确保适当管理资源分配，如灌溉用水，以帮助农场实现高产。

（4）在适当的地点和时间进行实时分析，在高度参与的协作环境中实现农业合理化。

David Chaparro（2016）等提出利用遥感土壤湿度和温度趋势预测野火的程度；Joaquín Gutiérrez 等（2014）给出了一个使用无线传感器网络和 GPRS 模块的自动灌溉系统；Ruan Junjin 等（2015）提出了智能灌溉系统的设计与研究；Udaykumar 和 Kumar（2015）开发了一个基于无线传感器网络（WSN）的精准农业系统；Nelson Sales（2015）和 Arsenio 提出了一种用于云上智能灌溉的无线传感器和执行器系统；Sabrine Khriji 等（2014）也给出了基于无线传感器网络的精确灌溉系统；Aravind Anil 等（2012）提出了家庭花园的自动灌溉系统。

15.3　物联网设备

物联网设备分为可穿戴设备和由微控制器/微处理器控制的嵌入式设备。Tizen SDK 是可穿戴设备中最流行的，它具有可穿戴仿真器，从而可以开发可穿戴解决方案。另外，嵌入式系统在 Arduino、Raspberry Pi、Intel Edision 和 Intel Galileo 等工具上执行预定义的特定要求的任务。

15.3.1 云平台

像在线支付网关这样的服务现在可以很容易地与自动售货机内的嵌入式硬件平台集成，它们可以进一步用于检测位置和支付服务，所有这些都通过物联网聚合在一起。一个真实的场景可以是让一个设备在 Web 上被发现，然后分配一个固定的 IP 地址并维护路由器。

Yaler、Axeda 和开放物联网是流行的通信工具，为 Web 服务提供基础设施支持。谷歌将位置服务和云服务整合在一起，因此在社交平台上的升级和个性化搜索更容易实施。因此，我们可以看到云 API 在所有架构级别（从固件到硬件，再到更顶级的架构）的物联网中都有巨大的潜力。

15.3.2 使用物联网的实现

从与无线网络连接的事物的意义上讲，使用物联网实现的系统是合理的。在这些系统中，土壤湿度传感器负责测量土壤的实际水分含量。土壤传感器根据分压器原理工作，含水量值被发送到微控制器，即系统的大脑，微控制器负责根据土壤状况关闭电动机。因此，其中的不同组件通过有线或无线网络连接，这就是物联网。

15.4 物联网安全问题

物联网中的安全问题是最重要的，Web API 或特别是 API 被认为是将这些设备连接到互联网的重要组件。物联网设备可以通过手持设备和现代网站来处理，然而，物联网设备必须考虑以下安全问题：

(1) 隐私；
(2) 与硬件相关的问题；
(3) 与数据加密相关的问题；
(4) 与网络接口相关的问题；
(5) 缺乏网络意识的问题；
(6) 不安全的软件问题；
(7) 与侧通道攻击相关的问题；

(8) 使用功能不佳的物联网设备；

(9) 关于公司保护的问题。

值得一提的是，重要的个人信息是由设备收集的，而且一些设备也通过网络传输这些信息。因此，为了安全的目的，必须使用某种加密方法。此外，必须配备物联网系统，以解决与硬件相关的安全问题，应避免使用未加密的网络服务。另外，简单的默认密码和薄弱的会话管理也是考虑物联网系统安全性时的首要关注点，因为这些因素可能导致高危险性。除此之外，还有许多组织没有正确地处理物联网设备的正确配置，不安全的软件和侧通道攻击也是造成物联网服务易受攻击的原因。

15.5 农业物联网模型的硬件支持

基于物联网的农业（Agri-IoT）模型需要许多硬件组件，下面简要介绍一些最重要的组成部分。

15.5.1 Arduino

Arduino 是最新的、具有集成开发环境（IDE）的开源物理计算平台。Arduino 在 Ivrea 交互设计学院获得了认可，从那时起，Arduino 就不断发展壮大，以适应不断变化的需求和挑战。在全世界的 Arduino 用户已经利用了这个开源平台，并在艺术、医疗、安全、可访问性、机器人和其他领域做出了贡献。Arduino 将 Atmega 微控制器系列与内置的引导加载程序结合在一起，用于即插即用的嵌入式编程。Arduino 软件带有 IDE 和串行通信窗口，可帮助刻录程序并将串行数据传输到 Arduino。图 15.2 显示了 Arduino 板引脚的连接性。表 15.1 显示了 Arduino Uno 技术规范。

表 15.1 Arduino Uno 技术规范

微控制器	AT mega 328 P
操作电压	7~12V
建议输入电压	6~20V
输入电压限值	14（其中 6 个提供 PWM 输出）
数字输入/输出引脚	6
PWM 数字输入/输出引脚	6
模拟输入引脚	

续表

每个 I/O 引脚直流电流值	20mA
3.3V 引脚直流电流值	50mA
闪存	32kB（AT mega 328 P），其中 0.5kB 用于引导加载程序
SRAM	2kB（AT mega 328 P）
EEPROM	1kB（AT mega 328 P）
时钟速度	16MHz
长度	68.6mm
宽度	53.4mm
重量	25mg

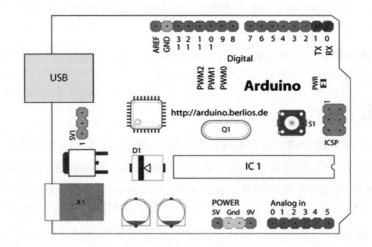

图 15.2　Arduino 板引脚连接

15.5.2　Arduino Uno

Uno 微控制器板基于 ATmega328P，在 5V 下工作，它还具有用于中断、接收和传输数据、双线接口（TWI）通信和 LED 的管脚。

15.5.3　Wi-Fi 网络解决方案（ESP8266）

ESP8266 系列由可提供独立 Wi-Fi 网络解决方案的电路板组成。ESP8266 高度集成的芯片也是一种解决方案，可最大程度地减少空间占用，以节省能源并消除蜂窝/蓝牙及其他干扰。将 ESP8266 嵌入 Arduino Uno 的各种引脚连接如下：ESP8266-01 的 V_{cc} 和 CH_PD 引脚应连接至 Arduino 的 3.3V，ESP8266 的接地引脚应连接至 Arduino Uno 的接地引脚，传输和接收器引脚适用于 Arduino 和 ESP8266-01 之间的串行通信。因此，ESP8266 的 TX 引脚连接到 Arduino 的 RX 引脚，反之亦然。

1. ESP8266 的特性

（1）内置 32bit 微控制器；

（2）工作功率范围为 3.0~3.6V；

（3）具有 2.4GHz Wi-Fi 功能的片上系统（SoC）（802.11b/g/n IEEE 标准）；

（4）内置在 TCP/IP 堆栈中；

（5）SPI 和 UART 通信已启用；

（6）物联网的领先平台；

（7）低成本。

双重功能：

（1）具有独立 IDE 的更好的微控制器；

（2）自包含以承载整个应用程序；

（3）其他微控制器的 Wi-Fi 适配器；

（4）GPIO 与高级版本中的传感器接口；

（5）多个版本。

ESP8266 的应用领域多种多样，如智能电源插头、家庭自动化、工业无线控制、对房屋和婴儿的监控、网络摄像机、无线位置感知设备和定位系统信号的改进以及传感器网络和可穿戴电子设备的类似领域。图 15.3 为 ESP8266 的引脚及框图，图 15.4 为 Arduino Uno 与 ESP8266 的引脚连接及关联情况。此外，图 15.5 说明了 ESP8266 的多个不同的版本。

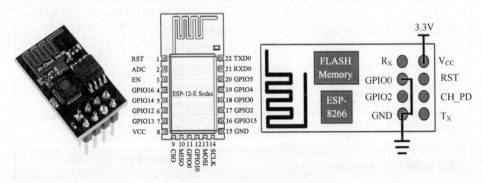

图 15.3　ESP8266 的引脚和框图

ESP8266	Arduino Uno
Vcc	3.3V
CH_PD	
GND	GND
R_X	T_X
T_X	R_X

图 15.4　Arduino Uno 与 ESP8266 的引脚连接及关联情况

　　ESP-01　　　　　　ESP-02　　　　　　ESP-03　　　　　　ESP-06

图 15.5　ESP8266 的多个不同版本

2. AT 命令

在 ESP8266 的默认串行配置模式下，通过 AT 命令进行通信，这些指令基于 Hayes 命令集，如表 15.2 所列。

表 15.2　所有已知 AT 命令索引

功能	AT 命令	响应
运行	AT	OK
重启	AT+RST	OK [System Ready, Vendor: www.ai-thinker.com]
固件版本	AT+GMR	AT+GMR 0018000902 OK
列出访问点	AT+CWLAP	AT+CWLAP+CWLAP：(4,"Rochefort-SurLac",-38,"70:62:b8:6f:6d:58",1)+CWLAP:(4,"LiliPad2.4",-83,"f8:7b:8c:1e:7c:6d",1) OK
加入访问点	AT+CWJAP? AT+CWJAP="SSID","Password"	Query AT+CWJAP? +CWJAP:"RochefortSurLac" OK
退出访问点	AT+CWQAP=? AT+CWQAP	Query OK
获得 IP 地址	AT+CIFSR	AT+CIFSR 192.168.0.105 OK

续表

功能	AT 命令	响应
访问点参数设定	AT+CWSAP? AT+CWSAP=<ssid>,<pwd>,<chl>,<ecn>	Query ssid, pwd chl=channel, ecn=encryption
Wi-Fi 模式	AT+CWMODE? AT+CWMODE=1 AT+CWMODE=2 AT+CWMODE=3	Query STA AP BOTH
设置 TCP 或 UDP 连接	AT+CIPSTART=? (CIPMUX=0) AT+CIPSTART=<type>,<addr>,<port> (CIPMUX=1) AT+CIPSTART=<id><type>,<addr>,<port>	Query id=0~4, type=TCP/UDP, addr=IP address, port=port
TCP 或 UDP 连接	AT+CIPMUX? AT+CIPMUX=0 AT+CIPMUX=1	Query Single Multiple
检查加入设备 IP	AT+CWLIF	
TCP 或 UDP 连接状态	AT+CIPSTATUS	AT+CIPSTATUS? no this fun
发送 ICP 或 UDP 数据	(CIPMUX=0) AT+CIPSEND=<length>; (CIPMUX=1) AT+CIPSEND=<id>,<length>	
关闭 TCP 或 UDP 连接	AT+CIPCLOSE=<id> or AT+CIPCLOSE	
设为服务器	AT+CIPSERVER=<mode>[,<port>]	mode 0 to close server mode; mode 1 to open; port=port
设置服务器超时	AT+CIPSTO? AT+CIPSTO=<time>	Query <time>0~28800 in seconds
波特率*	AT+CIOBAUD? Supported: 9600, 19200, 38400, 74880, 115200, 230400, 460800, 921600	Query AT+CIOBAUD? +CIOBAUD: 9600 OK
检查 IP 地址	AT+CIFSR	AT+CIFSR 192.168.0.106 OK
固件升级（从云）	AT+CIUPDATE	1. +CIPUPDATE: 1 found server 2. +CIPUPDATE: 2 connect server

15.5.4 土壤水分传感器硬件支持

因为我们意识到反射微波辐射可以用于水文和农业遥感，所以我们已经发明了土壤湿度传感器。湿度传感器是一种低技术含量的传感器，它可以记录周围土壤中的水分含量。YL-69 传感器有一个中间件电路，需要连接到 YL-

38 电桥上的两个管脚上，允许记录输出作为传感器探头之间电阻的模拟读数，第二个是数字输出。下一个要实现的硬件是潜水泵，土壤湿度传感器用于测量因蒸发而随时间推移的水分损失。潜水泵有一个密封的电机，整个总成浸没在要从中泵出液体的水箱中。图 15.6 显示了土壤湿度传感器 YL-69 YL-38，图 15.7 显示了潜水泵的外形。

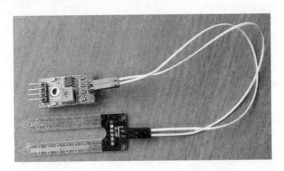

图 15.6　土壤湿度传感器 YL-69 YL-38

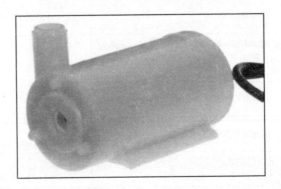

图 15.7　潜水泵

15.5.5　农业物联网实施中使用的软件

本节将描述农业物联网实施中使用的相关软件。

1. Arduino IDE

Arduino 软件或 Arduino IDE 包括一个文本控制台，一个用于编写代码的文本编辑器，一个具有常用功能按钮的工具栏、一个消息区域以及一系列菜单。建立 Arduino 和 Genuino 的通信是为了促进程序及其交互的上传。在此应用程序中，使用 Arduino 软件（IDE）编写了一个程序。此外，.ino 扩展名文件是从 Arduino 软件生成的，并使用文本编辑器进行了编辑。剪切、粘贴、搜索和替换是编辑器的功能，接下来，在保存和导出时，反馈将显示在消息区域中，此区域还显示错误。此外，控制台中还会显示完整的错误消息和其他信息以及文本输出，已配置的板卡和串行端口显示在窗口的右下角，工具栏按钮中提供了验证和上传程序，保存、打开、创建草图以及打开串行监视器功能。

（1）验证：检查代码并验证错误以进行编译。

（2）打开：显示素描簿中所有素描的菜单。

（3）保存：保存草图。

（4）串行监视器：打开串行监视器。

（5）新建：创建一个新草图。

有5个显示附加命令的菜单，如文件、编辑、草图、工具和帮助，菜单是前后相关的。

2. Virtuino Android 应用程序

Virtuino 是一个强大的项目可视化应用程序。它可以通过蓝牙、互联网、Wi-Fi 和 SMS 一次控制多个 Arduino 板。它可以为 LED、图表、开关、计数器和模拟仪器创建可视界面。Virtuino 应用程序负责在手机上显示所有数据，必要时，它会发出警报，并在触发时将 SMS 发送到已注册的手机号码。图 15.8 显示了 Virtuino App，图 15.9 给出了代码定义。除此之外，Virtuino App 的代码窗口如图 15.10 所示。图 15.11 中给出了布尔连接性 App Code 窗口，图 15.12 呈现了 Setup App Code 窗口。

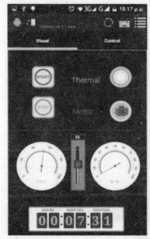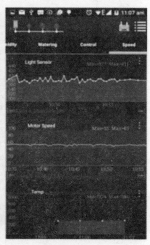

图 15.8　Virtuino App

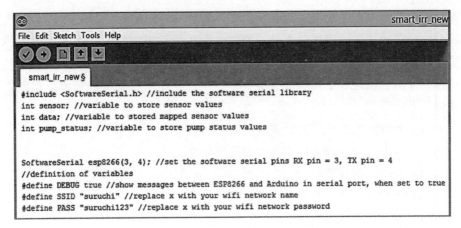

```
#include <SoftwareSerial.h> //include the software serial library
int sensor; //variable to store sensor values
int data; //variable to stored mapped sensor values
int pump_status; //variable to store pump status values


SoftwareSerial esp8266(3, 4); //set the software serial pins RX pin = 3, TX pin = 4
//definition of variables
#define DEBUG true //show messages between ESP8266 and Arduino in serial port, when set to true
#define SSID "suruchi" //replace x with your wifi network name
#define PASS "suruchi123" //replace x with your wifi network password
```

图 15.9　代码定义

```
/*
 * Function to read AT commands to ESP8266
 */
String sendAT(String command, const int timeout, boolean debug)
{
  String response = "";
  esp8266.print(command);
  long int time = millis();
  while ( (time + timeout) > millis())
  {
    while (esp8266.available())
    {
      char c = esp8266.read();
      response += c;
    }
  }
  if (debug)
  {
    Serial.print(response);
  }
  return response;
}

/*
 * Function to connect to wifi network.
 */
```
Done Saving.

图 15.10　Virtuino App 的代码窗口

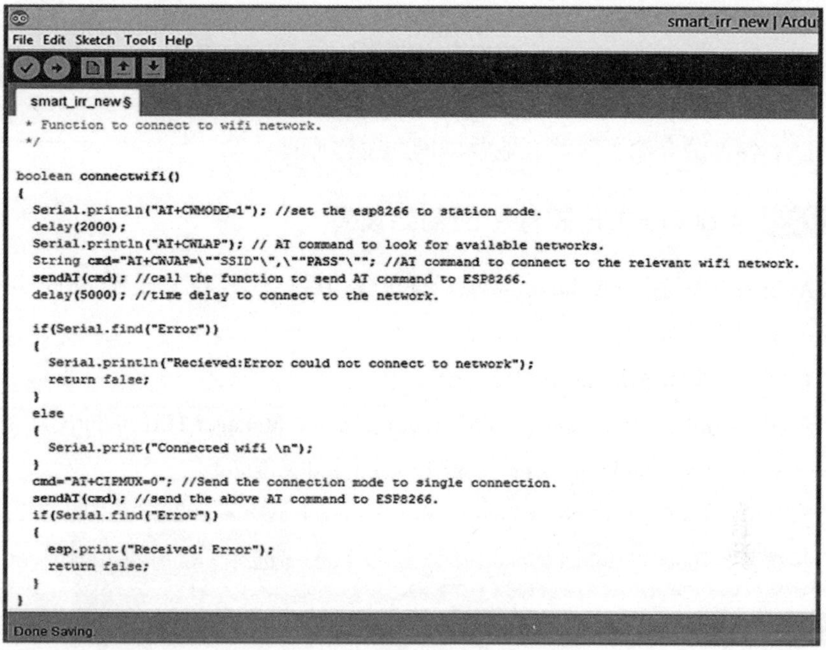

第 15 章 物联网灌溉系统

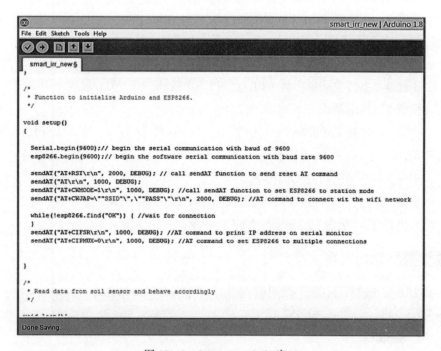

图 15.11 布尔连接性 App Code 窗口

图 15.12 Setup App Code 窗口

15.6 智慧农业的工作原理

以下各部分介绍了智慧农业物联网的工作原理。

15.6.1 Arduino IDE 软件中的初始设置

Arduino IDE 用于 Arduino 编程，编译成功后，代码将上传到 Arduino，此现象的不同步骤如下：

步骤 1：按照 Arduino IDE。

步骤 2：File->Preferences->Additional Boards Manager URLs：http://arduino.esp8266.com/s table/package_esp8266com_index.json。

步骤 3：Tools->Boards->Boards Manager->下载 "esp8266 version 2.2.0"。

步骤 4：Tools->Upload Speed->115200 Port->选择 preferred COM ports。

15.6.2 与 Arduino 的 ESP8266-01 接口

步骤 1：首先上传 BareMinimum code 到 Arduino Uno board。

步骤 2：连接 Arduino Uno 引脚到 ESP8266-12 引脚。这里，程序码被直接上传到 ESP8266 模块，因此 Arduino 开发板用作 Flash Burner。

步骤 3：复位 ESP8266，上传程序码，连接到 GND 引脚。

步骤 4：上传完成后，将 GPIO 0 与 GND 断开。

步骤 5：技术调试。

步骤 6：连接 ESP8266 的 T_x 引脚与 Arduino 的 T_x 引脚，连接 ESP8266 的 R_x 引脚与 Arduino 的 R_x 引脚。

步骤 7：选择恰当的 COM 口。

步骤 8：打开串行监视器并设置波特率 115200 和 NL&CR。

如果响应="确定"，则键入 "AT" 命令。一切正常。

15.6.3 运行代码

为了实现这个目标，我们编写了 5 个函数：sendAT( )、connectwif( )、setup( )、loop( )和 updateTS( )。

1. sendAT( )

此函数用于将 AT 命令发送到 ESP8266。它有 3 个参数：String、integer 和

Boolean。AT 命令以字符串形式写入,并使用命令 esp8266.print(command) 发送到 ESP 模块,因为 esp8266 是串行软件的实例,该命令包含字符串形式的 AT 命令。整数表示超时时间,即在这段时间之后,如果未响应 debug = false 并重试。表 15.2 给出了所有已知 AT 命令的索引。

2. connectwif( )

此函数用于将 ESP8266 连接到可用的热点。在这里,SSID = "suruchi" 和 PASS = "suruchi123" 已经给了程序。因此,AT+WJAP = "SSID","PASS" 是连接到互联网的命令。因此,使用 send AT( )函数(如上所述),此命令已发送到 ESP8266。如果发生任何错误,将按照以下快照中所述的方式进行处理。

3. setup( )

这是 Arduino 编程语言的内置函数,是整个程序的初始化。首先,setup( ) 部分开始在代码中执行。注释写得很好,可以理解设置部分。

4. loop( )

这个函数是反复运行的整个代码的灵魂。它以我们想要的代码的方式运行。此处,analogRead( )用于读取土壤传感器模块的模拟值。它与 A0 引脚连接。因此,analogRead(A0)存储在传感器变量中,该变量是来自土壤传感器模块的实际模拟值。现在,土壤传感器模块的工作原理是分压器,即电压越低,电阻越低,离子浓度越高,即水分含量越高。因此,数据 = map(sensor,01023100,0);负责将数据映射到其实际含水量。Serial.print("Soil Moisture:")将水分含量打印到串行监视器。如果(data<"value"),则此处的 value 是特定类型园艺或特定土壤类型所需或理想的水分含量。这是由农业科学家决定的。例如,对于湿土类型,30 是所需的含水量。因此,一旦含水量低于要求的含水量,泵将被引导启动。此外,电机启用引脚与 Arduino 的引脚 8 相连。此用途的代码模块如下所示:

```
    if(data<value) //check if sensor value is less than the
    ideal "value" for the particular soil
{
digitalWrite(8,HIGH); //switch on the water pump
    pump_status=100; //update pump status variable value to
    100
}
```

该程序模块将启用水泵。因为,当水分含量低于要求的限制时,该引脚将变为高电平,并且泵状态是另一个变量,用于存储泵的状态(无论泵是开还是关)。泵状态=100 表示泵处于开启状态,否则处于关闭状态。此外,使用 updateTS( )函数每隔 10s 将水分值和泵状态存储在云中,这将在后面进行讨论。该任务的程序模块是:

```
else
{
    digitalWrite(8,LOW); //switch off the water pump
    pump_status = 0; //update pump status variable value to 0
}
```

由于 loop( )函数是连续执行的,因此 if-else 语句也会被连续检查。一旦水分含量超过要求的点,将使用 digitalWrite(8,LOW)关闭泵,并且泵状态再次为 0。

云上的所有数据都可以进一步用于数据挖掘。

5. updateTS( )

此功能负责使用传感器数据和泵状态值更新 ThingSpeak 云。以下命令用于使用其 API(api.thingspeak.com)通过端口号 80 到 ThingSpeak 上名为 srchsmn 的通道启动与 ThingSpeak 免费云的 TCP 连接。

```
sendAT("AT+CIPSTART = \"TCP \",\"api.thingspeak.com \",80 \r \n", 1000,
DEBUG);
```

15.7 实验工作

实验所需的不同组件列于表 15.3 中,而组件的描述列于表 15.4 中。Wi-Fi 模块通过移动热点或 Wi-Fi 路由器等互联网服务提供商与互联网连接。土壤传感器读取水分含量并将数据发送到 Arduino,此外,Arduino 将传感器读数更改为湿度百分比。

表 15.3 组件清单

组　　件	质量等级
Arduino Uno	1
Arduino Uno 电缆	1
Arduino Uno 圆管连接器	1

续表

组件	质量等级
ESP8266	1
水泵	1
YL-38 土壤水分传感器模块	1
YL-69 土壤水分探针	1
电机驱动器 PCB	1
插头到插孔连接器	8
插孔到插头连接器	6
插头到插头连接器	6

表 15.4 组件描述

组件 1	引脚	引脚描述		引脚	引脚描述	组件 2
Arduino Uno	A0	模拟读取	⇒	A0	模拟数据	YL-38 土壤水分传感器模块
	5V	V_{CC}		V_{CC}		
	GND	接地		GND	接地	
Arduino Uno	8	数字输入输出	⇒	A2	输入 2	连接到水泵的 L293D 电机驱动器
	GND	接地		A1	输入 1	
	5V	V_{CC}		ENA	许可	
	GND	接地		GND	接地	
Arduino Uno	0 (R_X)	接收机	⇒	T_X	发射机	ESP8266
	1 (T_X)	发射机		R_X	接收机	
	3V3	3.3V		V_{CC}		
	3V3	3.3V		CH_PD	芯片许可	

系统根据 loop() 函数（如前所述）工作，并且 Arduino 保持运行，并根据土壤的需要不断地将电动机的状态从打开更改为关闭，反之亦然。Wi-Fi 模块一直在将泵的状态和水分含量发送到云端。此外，数据具有私人和公共视图。在公众视野中，任何人都可以访问数据并做出结论（https://thingspeak.com/channels/476222）。此外，可以检查何时启动泵以及土壤需要多长时间用水一次。我们还可以通过 Virtuino App（通过通道 ID 连接到 ThingSpeak 通道）监视整个情况。也可以根据数据在 Virtuino App 中设置警报，以便我们可以获取短信和警报。该限制是灵活的，可以由我们根据需要设置。该系统将一直处于开启状态，直到电源开启并且连续工作以满足土壤对水的需求。需求满足后，系统将关闭。

可通过链接 https://thingspeak.com/channels/476222（公共视图）访问 ThingSpeak 云的这项工作状态和所有过去的数据。ThingSpeak 应用代码窗口如图 15.13 所示，智能灌溉系统的连通性如图 15.14 所示。此外，图 15.15 显示了土壤传感器的状态，图 15.16 显示了水泵的状态。另外，图 15.17 显示了 ThingSpeak 通道的快照。

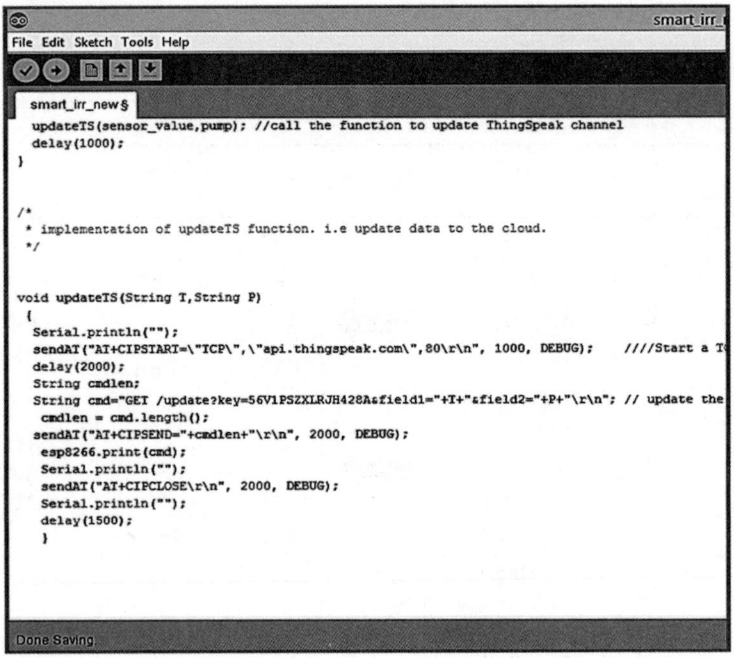

图 15.13　ThingSpeak 应用代码窗口

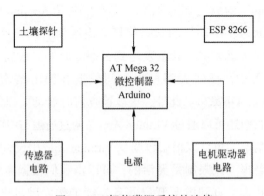

图 15.14　智能灌溉系统的连接

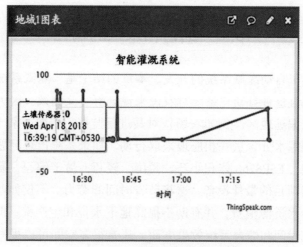

图 15.15 土壤传感器的状态

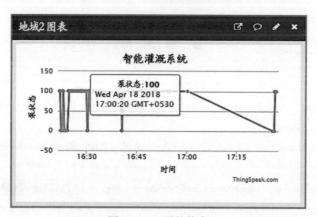

图 15.16 泵的状态

图 15.17 2018 年 4 月 18 日的 ThingSpeak 通道

15.8 结论和未来的增强

本章介绍了自动灌溉系统的开发。本章的结论是，灌溉系统已实现了完全自动化，并且这种自动化系统对农民来说既舒适又高效，因为他们既可以操作又可以从偏远地区（例如农场）对其进行监控，例如，家或市场。农民还可以每秒跟踪水分含量并相应地采取行动。如果系统出现问题，他们还将收到一条消息。ESP8266体积小巧，紧凑，轻巧，易于编程，易于安装，是适用于物联网项目的最佳设备，这将节省时间和劳力。不仅如此，还可以最大限度地减少水资源浪费，并有助于提高地下水位和生产率。但是，在多个传感器、作用时间和综合系统效果方面，还有很多空间可以提高智能灌溉系统的性能。

参 考 文 献

Aravind Anil, Aravind R Thampi, M. Prathap John, et al., 2012. Project HARITHA-An Automated Irrigation System for Home Gardens [C]. 2012 Annual IEEE India Conference (INDICON), Kochi, India.

David Chaparro, Mercè Vall-llossera, Maria Piles, et al., 2016. Predicting the extent of wildfres using remotely sensed soil moisture and temperature trends [J]. IEEE Journal of Selected Topics in Applied Earth Observations and Remote Sensing, 9 (6): 2818-2829.

Fan TongKe, 2013. Smart agriculture based on cloud computing and IoT [J]. Journal of Convergence Information Technology (JCIT), 8 (2): 201-216.

Joaquin Gutiérrez, Juan Francisco Villa Medina, Aracely López, 2015. Smartphone irrigation sensor [J]. IEEE Sensors Journal, 15 (9): 1-1.

Joaquín Gutiérrez, Juan Francisco Villa-Medina, Alejandra Nieto-Garibay, et al., 2014. Automated irrigation system using a wireless sensor network and gprs module [J]. IEEE Transactions on Instrumentation and Measurement, 63 (1): 166-176.

Nelson Sales, Orlando Remédios, Artur Arsenio, 2015. Wireless sensor and actuator system for smart irrigation on the cloud [C]. 2015 IEEE 2nd World Forum on Internet of Things (WF-IoT), Milan, Italy.

Nisha G, Megala J, 2014. Wireless sensor network based automated irrigation and crop feld monitoring system [C]. 2014 Sixth International Conference on Advanced Computing (ICOAC), Chennai, India.

Ruan Junjin, Peng Liao, Chen Dong, et al., 2015. The design and research on intelligent irrigation system [C]. 2015 7th International Conference on Intelligent Human-Machine Systems and Cybernetics, Hangzhou, China.

Sabrine Khriji, Houssaini D E, Wassim Jmal, et al., 2014. Precision irrigation based on wireless sensor network [J]. IET Science, IET Science, Measurement and Technology, 8 (3): 98-106.

Santosh Kumar, Udaykumar R Y, 2015. Development of WSN system for Precision agriculture [C]. 2015 International Conference on Innovations in Information, Embedded and Communication Systems (ICIIECS), Coimbatore, India.

Vidadala Srija, Bala Murali Krishna P, 2015. Implementation of agricultural automation system using web and GSM technologies [J]. International Journal of Engineering & Science Research, 5 (9): 1201-1209.

第 16 章　基于物联网架构的隐私和安全挑战

Umang Shukla

16.1　物联网基础

通信在日常生活中扮演着重要的角色，无论是政府、个人还是商业领域，通过互联网在人们之间传递信息都是日常生活中重要的任务之一，例如电子邮件通信、发送报告和管理数据的应用程序、Facebook 和 Whats App 应用程序。当传感器从环境中收集和跟踪数据并将其发送给人类时，人对机器（H2M）的通信就成为可能。在机器对机器（M2M）通信中，机器之间的点对点交换使用有线或无线通信，这种通信并不总是需要依赖互联网，并且基于通信标准的集成选项也很有限。另外，智能节点可以收集数据，应用基于智能的决策系统。

20 世纪 90 年代末，Ashton 在 Auto-ID 公司推出了物联网。他和他的团队研究了如何使用无线射频识别标签（Friedemann 等，2010）将智能节点连接到互联网上。基于两条定律，物联网应用将变得越来越广泛：第一定律是著名的摩尔定律，该定律基于芯片上晶体管的数量在两年内会增加一倍。这一定律促进工业大量生产 CPU 和相同大小的其他处理单元。1971 年初，英特尔在一个处理器上安装了 300 个晶体管。2012 年，处理器可以容纳 14 亿个晶体管。到 2018 年，IBM 的计算机芯片可以容纳 300 亿个晶体管。第二定律被称为库米定律，它指出以千瓦时为基础的计算量每一年半翻一番。根据这两个定律，可以使用体积更小巧的、功能更强大的设备，并有规律地减少执行计算所需的能耗。

16.2 物联网的基本要素

物联网不仅仅是在智能手机或其他设备上连接传感器和传输可视化数据，还有比这更大的作用。例如，智能交通系统在管理交通流、紧急服务和降低燃料消耗方面是非常有用的。在家里，智能冰箱可以在牛奶不足时发出提醒。物联网不考虑将设备连接到互联网，它收集数据并在数据分析的基础上向用户提供建议。有独特的身份和标准协议，用于在移动设备上接收基于温度变化或健康跟踪警报的通知。连接是指物理设备与数字媒体之间的连接，它具有任何时间、任何地点、任何内容的特点（Ray，2018）。

功能块执行诸如对象检测、基于传感数据的驱动等任务，执行设备到服务器和服务器到服务器的通信，并提供具有语义架构的不同服务（图16.1）（Ala 等，2015）。

图 16.1 物联网的基本要素

（1）设备：设备可以处理不同的任务，如系统中的传感、驱动、控制和监测活动。两种可能的连接方式是有线和无线。

① 设备到其他设备的通信或向服务器发送数据。
② 采集输入和输出传感器。
③ 基于互联网的连接。
④ 基于数据存储。
⑤ 基于音频和视频。

（2）通信：在不同的设备上提供网络服务。在这种通信模型中，有许多可用的业务应用程序具有不同的 Web 服务。主要类别如下：

① D2D 被称为设备到设备通信。
② D2S 被称为设备到服务器，用于数据收集和传输。
③ S2S 被称为服务器到服务器，用于内部通信和分析。

（3）服务：包括数据建模、控制、发布和分析等不同方面。

（4）安全：主要部分包括身份验证、隐私、设备安全和访问控制机制（图16.2）。传统的安全策略无法直接应用于智能设备，因为存在许多问题，例如可扩展性及其动态特性。

图 16.2　物联网的安全

16.3　特　征

物联网具有特定的关键特征，例如动态和自适应、自我配置、可互通的通信、唯一标识、环境感知和智能决策（Ray，2018）。

（1）动态和自适应：智能设备的制造方式能够适应变化并根据周围环境做出决策。以一个大学管理系统为例，该系统在每个教室都有许多用于温度检测的运动传感器。根据收集到的数据，系统将使教室做出相应的变化。根据动态性和自适应性，可以采集大量的数据样本，降低能耗。

（2）自我配置：在许多情况下，由于设备放置在偏远地区，因此需要对其进行自我配置。为适当的协作提供对节点的大量访问是至关重要的。

（3）需要可互操作的通信协议来升级现有通信协议，以便与基础设施进行适当的物联网通信。

（4）唯一标识：每个 IoT 设备都需要一个唯一的标签，如 ID、IP 地址或 URI。具有智能节点的物联网系统能够与用户和环境上下文进行通信，通过唯一的 ID 可以收集和更新特定设备的数据，这也允许控制和验证信息。

(5)综合信息网络(IIN):IIN 是一种信息网络,它能够在不同设备之间以及设备与系统之间进行数据交换。以一个温度传感器节点为例,它能够与网络中的应用程序和不同节点共享数据。此时,共享数据的连接设备增强了物联网领域的智能化水平。

(6)环境感知:基于周围环境的实际情况,节点收集信息并从收集的数据中提取知识,物联网在这一领域利用知识进行决策制定。

(7)智能决策系统:物联网本质上是多点跳跃式的,为了提高节点的寿命,需要在应用程序中提高通信的能量效率。所有节点可以自己通信和传输数据,并做出正确的决策。

16.4 对象的分类

对象的分类需要考虑不同的类别,例如电源管理、通信、本地用户界面、功能属性以及硬件和软件资源(Bruno 等,2015)(图 16.3)。

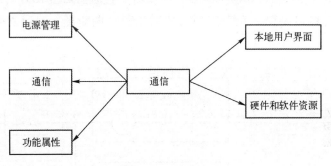

图 16.3 对象的分类

16.4.1 电源管理

传感器节点的电源管理主要分为两大类:一是能源供应;二是能源消耗。使用固定大小、不允许更换电池的节点,会被网络放弃。例如,在战争期间或其他环境恶劣的地区,更换是不可能的。相比之下,更换可更换的、固定尺寸的电池是可能的。来自环境的能源被称为太阳能(Petros 等,2018),市场上有低能耗的太阳能蓝牙设备,基于振动的动力振动手电筒已经被开发出来。对于功耗,占空比可以基于睡眠和唤醒模式。数据驱动是另一种方法,其中需要一种数据简化算法来管理不必要的数据回避(Junaid 等,2015)。

16.4.2 通信

主要有两种类型的接口：有线和无线。在对象和数据传输的拾取点之间可能存在两种不同的情况，目标启动或拾取点都可以启动通信。在通信中，安全性是通过对象或拾取点的认证来实现的。为了通过网络传输敏感数据，需要对数据流进行适当的加密。一种主要的物理规范，分为数据交换速率和范围，如 PAN、LAN 或网络类型。

16.4.3 功能属性

基于采集到的数据，传感器与系统之间进行交互，例如特定应用的温度传感器和位置数据传感器。在传感器级别可将其分为两类：有内存和无内存。执行器在环境中做出反应，发出光，产生冷，并移动物体。传感器和执行器作为混合动力形式之一，他们可以收集数据并根据数据做出反应。

16.4.4 本地用户界面

直接使用传感器上的按钮与用户进行交互称为主动交互。在被动交互中，用户通过显示屏、光、声音或振动进行交流，基本功能可以提供给传感器直接使用，有些对象没有任何接口，可以直接通过本地点进行通信。

16.4.5 硬件和软件资源

一个集成系统中的智能传感器具有计算、输入/输出和通信的功能。微控制器可以安装在微波炉、洗衣机和冰箱中。根据硬件分类（表 16.1），可将设备分为两类：高端设备和低端设备。低端设备需要占用较小的内存，并可在性能和 API 之间进行平衡，支持异构硬件、网络连接（如 IEEE 802.15.4、蓝牙或 DASH7）、安全性、实时操作以及节能解决方案（Oliver 等，2017）。设备系统的更新称为"补丁"，将软件更新程序无线传输到多个节点非常复杂。老旧的设备或没有更新的设备可能会成为 Mirai Botnet（Jong，2018）等恶意软件的攻击目标。

表16.1 物联网中的硬件平台

硬件平台	处理器	闪存	通信	环境	程序
Arduino Uno	ATmega328	32kB	802.11, 802.15.4, BLE4, 串行	Own IDE	带预定义示例的布线
Intel Edison	Quark	4GB	802.11, 802.15.4, BLE4, 串行	Intel XDX, Eclipse	布线, C, C++, Node js
Beagle Bone Black	Sitara	4GB	802.11, 802.15.4, BLE4, 串行	Android, Cloud9 IDE	C, C++, Python, Java, Node js
Raspberry Pi 3	BroadcomBCM 2835SoC	4GB	802.11, 802.15.4, BLE4, 串行	不同的操作系统可用, 如 Windows IoT、Raspbian	Ruby, Python, C, C++, Java
mbed – ARM Cortex M3 Core – LPC1768v 5.1	ARM Cortex m3	512kB	802.11, 802.15.4, BLE4, 串行	C, C++ SDK	C, C++

16.5 传统 TCP/IP 层方法存在的问题

TCP/IP 协议最初是为传统的计算机网络而开发的，物联网具有设备的异构性和资源受限的低端设备。这些设备的计算能力较低，需要在给定的电源备份下长时间运行。在 IP 网络层，发送的最小 MTU 约为 1500B 或更高，而传感器网络仅支持大约 127B 或更低，甚至 IPv6 也支持 1280B。在 TCP/IP 多点传送中，通知组中的多个节点以及在不知道确切节点的情况下发送查询都是可以支持的功能。许多无线 MAC 协议多点传送时不支持 ACK，也不具备丢包恢复管理功能，它们也有不同的数据速率或链路层。在休眠模式下，节点可能会丢失多点传送的数据包。多点传送需要通过多个跃点在网络上发送数据包，而在节点上过载，转发数据包需要消耗更多的能量。拥塞控制和可靠的数据传输都是传输层的重要任务，它通过点对点通信传输高效的大容量数据，为数据流中每个字节的顺序传输提供可靠性。在这一阶段，传感器传输少量数据；为小交互建立连接机制是不可接受的。节点作为执行器发送数据，具有低延迟要求。传统的握手过程会导致延迟。大多数提议的物联网应用都是基于面向资源的请求-响应通信模型开发的，例如，向用户发送客厅的温度数据。TCP/IP 通信模型要求客户机和服务器同时可用。传感器可能处于休眠模式以节省电力,并且需要动态或间歇通信模式。在这一阶段,传感器通信模型需要找到一种基于缓存的解决方案,以实现高效的数据传输,或者选择能够代表传感器进行传输或请求/响应的基于代理的通信。在 HTTP 协议中,客户端需要识别哪些数据应该转发或执行反向代理节点。不同的机制要求节点具有异构性。在拓扑的情况下,需要进行更改以重新配置代理,重新启动缓存机制(Wentao 等,2016)。

一个灵活的、分层的架构是必要的,因为未来连接的智能设备的数量可能达到数万亿。许多不同的体系结构还没有转化为合适的参考模型(Dhananjay 等,2014;Lin 等,2017;Pallavi 等,2017;Srdjan 等,2014)。IoT-A 是一个关于行业协作分析的架构(EU,2014),许多基本模型提出了三层架构(Luigi 等,2010):感知层、网络层和应用层。物联网架构采用了更多的层(Rafiullan 等,2012),如图 16.4 所示,它们之间的架构是五层模型方法,它将应用层或业务层互换(Ala 等,2015;Yang 等,2011)。

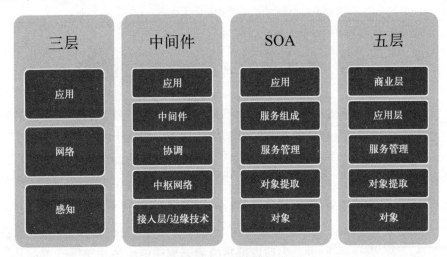

图 16.4 物联网架构

底层的对象层具有不同的器件和执行器,在一些研究论文中也将其视为感知层。在这一层,不同的传感器收集数据,他们也可以传输数据到另一个传感器节点。从传感器采集数据后,节点的主要任务是将采集到的信息触发上一层,并在应用层进行分析。在智慧家居或教室中,湿度或运动传感器就是感知层的例子(Miao Wu 等,2010)。

对象提取层提供了一种连接机制,通过 GSM、IEEE 802.15.4、BLE 4.0 和红外等技术提供安全通信。

服务管理层提供不同的服务，用于引用唯一地址和名称将数据从服务器传输到设备或从设备传输到设备。独立于设备实现细节和硬件规范的服务提供者，通过收集数据为预测和行动提供具体适用性的数据（Moumena 等，2012；Wu 等，2010）。

应用层将 CoAP 协议用于 Web，该协议将资源受限的传感器用于连接的节点（Sheng，等，2013）。同时，应用程序层处理用户界面，该界面在一个地点提供所有解决方案和实时数据分析（Joharan，2016）。

IoT 是业务应用程序领域最主要的关注点，它是从传感器收集数据并预测一些基本和压缩数据或选定数据，以便为用户提供决策。

在家庭自动化系统中，基于能耗分析的预测可以触发其他传感器并自动做出决策（Luigi 等，2010）。

16.6 标准和网络协议

物联网的快速增长归因于互联网和智能对象的可用性。物联网设备的功能有限，存储资源最少。根据相关文献研究（Zeng 等，2011；Archana 等，2017），通信中还存在许多挑战：

（1）对象的唯一寻址和标识；
（2）电源通信受限；
（3）路由协议中的低内存通信；
（4）更快的通信；
（5）智能对象的移动性。

表 16.2 列出了每层使用的协议。

表 16.2 每层使用的协议

应用		MQTT、SMQTT、CoAP、AMQP
网络	路由封装	6LowPAN 6TiSCH 6Lo Thread
数据链路		RPL CORPL CARP、BLE、ZigBee、NFC、Weightless、Homeplug GP、Z-Wave

16.6.1 数据链路层

在这一层，可以使用 BLE、Z-Wave、ZigBee、NFC、HomePlug GP 和 Wi-Fi 协议（表 16.3）。每个协议都可以在各个公司联盟下工作，以覆盖网络和应用领域，从而确定潜在的标准（Shadi 等，2017）。

表 16.3　数据链路层协议

标　准	ZigBee	BLE	Z-Wave	NFC	HomePlay GP
IEEE 规范	802.15.4	802.15.1	ITU-T	ISO	IEEE1901-2010
最大信号速度	250kb/s	305kb/s	40kb/s 或 100kb/s	424kb/s	10Mb/s
标称范围	10m	50m	30m	5cm	100m
网络类型	WPAN	WPAN	WPAN	P2P	WPAN
功率消耗	40mA	12.5mA	2.5mA	50mA	0.5W

1. ZigBee

ZigBee 是一种短距离、更简单、功耗更低的无线通信。该协议应用了 IEEE 802.15.4 标准，它可以以较低的速率给许多设备发送数据。应用程序开发包括照明、气体传感和警告通知的智能控制。ZigBee 具有星形、簇形树和网格拓扑结构，有 3 种类型的 ZigBee 设备：

（1）PAN 协调器，可以启动网络并负责路由数据；

（2）全功能设备可以在 PAN 协调器、协调器和设备 3 种模式下运行；

（3）精简功能设备可以与全功能设备进行通信。

2. Bluetooth LE（BLE）

BLE 是为低功耗应用而设计的，在物理层，BLE 仍然使用自适应跳频扩频，信道数量减少了 40~79 个。2017 年，一家 SIG（特殊利益集团）正式宣布支持 mesh 模型，该模型可为医疗、信标、娱乐等家庭应用提供多对多设备通信。

3. Z-Wave

Z-Wave 是 Zensys 为家庭应用开发的。它有两种类型的装置：控制装置和附属装置。许多附属装置只有一个控制设备，延迟甚至放宽到 200ms。在应用领域，它们支持智能照明、锁具、家庭能源管理和开关门，它还得到了 50 多个品牌的支持，包括亚马逊、Nest 和 GoControl。

4. 近场通信（NFC）

NFC 最初是在 20 世纪末发展起来，并应用在标准化的运输中，部署背后的主要概念是基于安全微控制器的票务系统。有许多基于 NFC 的支付操作可用，例如 Google Pay（Android Pay）和 Apple Pay，NFC 也用于移动电话之间的通信。

5. HomePlug GP

HomePlug GP 为 IPTV、游戏和互联网内容分发等宽带应用提供电力线路通信，它管理电气系统和应用程序之间的内部通信。IEEE 1901—2010 是电力线网络的标准，2001 年首次推出的 Homeplug 1.0 具有 14Mb/s 的峰值 PHY 速率。Homeplug AV 为 HDTV 和 VoIP 提供了足够的带宽，物理层的峰值数据速率为 200Mb/s，AV2 于 2012 年初推出，具有重复功能和省电功能。用于智能电网的绿色 PHY 峰值为 10Mb/s，也可用于家庭网络，与电力公司共享数据。

16.6.2 网络层路由协议

1. RPL

为依赖电池的节点开发低功耗、有损无线连接的路由算法是一项具有挑战性的任务。另一个挑战是由于移动性导致的频繁的拓扑变化。RPL 假设，传感器需要识别到控制器的路径，以及部分或所有的传感器都是能量受限的；另一个假设是，一些传感器可能无法识别到控制器的路径，这些路径可以传输到另一个传感器，也可以传输到控制器。

RPL 建立在面向目的地的有向无环图 DODAG 的基础上（Asma 等，2017），它构建了从单个叶节点到根节点的单一路径。

（1）每个节点将 DODAG 信息对象（DIO）发送报告给根节点。

（2）在通知目的地通告对象（DAO）之后，所有的子节点将数据传输给它们自己的父节点。

（3）DAO 传输到决定目的地的根节点。

（4）在此情况下，添加一个新节点将发送一个 DODAG 信息征集请求，得到 DAO-ACK 确认。

2. CORPL

在使用 DODAG 拓扑进行认知生成的认知网络中，通过选择在设备之间进行协调的多转发器集合，需要对 RPL 进行修改，从而构建机会转发来传递数据包。根据比较，选择 Hop 发送，它也通过发送 DIO 消息发送关于转发集合变化的更新。每更新一条消息，被适配的节点动态地做出改变（Adnan 等，2015）。

3. CARP

信道感知路由协议 CARP 是一种分布式路由协议。

- 它实际上是为使用轻量级数据包的水下通信而设计的。
- 它根据从相邻传感器收集的历史数据计算链路质量。
- 在网络开始时，sink 节点向网络中的所有其他节点发送 HELLO 包。
- 在另一种方法中，在每个节点上通过逐跳转发数据，下一跳的计算被独立地识别。
- CARP 不支持以前收集的任何数据的可重用性。
- 允许接收器节点重新收集旧数据的增强功能称为 E-CARP（Stefano 等，2015）。

16.6.3 网络层的封装协议

1. 6 LowPAN

6 LoWPAN 被称为低功耗无线个人局域网络的 IPv6 协议。6 LoWPAN 旨在成为一种适用于处理能力有限、功耗较低的最小设备的互联网协议。它为在面向 IEEE 802.15.4 的网络上传输数据 IPv6 定义了封装和头压缩。IPv6 中的地址和数据包大小要求最大传输单元至少为 1280 个八进制，IEEE 802.15.4 标准数据包大小为 127 个八进制。按照地址，IPv6 分配 128 位，基于 IEEE 802.15.4 的设备主要使用 IEEE 64 位扩展地址或 PAN 中唯一的 16 位地址。根据路由，网格路由更喜欢 PAN 和 IPv6 域而不是 PAN 域。已经提出了几种协议，分别是 LOAD 和 LOADng，并应用于智能电网或智能计费系统中。Thread 是 50 多个家庭自动化公司中最大的集团（Ramesh 等，2014）。

2. 6TiSCH

6TiSCH 是互联网工程任务组（IETF）的一个工作组，它的目标是旨在实现 IEEE 802.15.4e 时隙信道跳变。该工作组提出了对基于 IEEE 802.15.4e TSCH 的 IPv6 的延迟、可扩展性、可靠性和低能耗性能调整的改进（Diego 等，2014）。

3. 6Lo

一个活跃的基于资源受限节点网络上的 IPv6 的工作组，它的目的是旨在制定一套 IPv6 标准。当前正在开发有关 BLE、NFC 和 802.11ah 上的 IPv6 的数据链路规范（Anass 等，2014；Carles 等，2017）。

4. 基于 BLE 的 IPv6

BLE 能耗低，在智能手机、可穿戴设备和笔记本电脑中非常流行，并且在医疗保健、家庭自动化、健身跟踪和智能购物中心中都有应用。蓝牙无线技术有两种变体：基本速率和增强数据速率。2021 年，基于蓝牙的设备出货量超过 50 亿。BLE 可定期传输少量数据，最新版本的蓝牙 5 提供更高的数据速率、更大的范围和更高的广告容量。此外，支持网格还支持多对多 BLE 网络解决方案，网格化可以使 BLE 4.0、4.1、4.2 和 5.0 的软件完成更新。6 LoWPAN 支持减少开销和无状态 IPv6 地址自动配置。在 BLE 中，中心节点被视为 6 LoWPAN 边界路由器（6LBR），外围节点被视为 6 LoWPAN 节点（6LN）（Spörk 等，2016）。

16.6.4 应用层协议

1. MQTT

MQTT 由 IBM 开发，是运行在 TCP 上的发布/订阅协议（Locke，2010）。MQTT 是一种轻量级协议，因此许多物联网应用程序都使用它。MQTT 使用文本作为主题名称，这将会增加开销。客户机可以提供主题名称，也可用于订阅，代理的角色是验证客户端的特殊定制。关于基于安全的 MQTT（SMQTT）有很多正在进行的研究（Meena 等，2015）。

2. AMQP

高级消息队列协议（AMQP）在 TCP 上运行，它具有与 MQTT 中的订阅者和发布者体系结构相同的机制，但主要区别在于，对于 AMQP，代理类别是交换和队列。交换提供发布方消息并将其传输到具有不同角色和条件的多个队列中，订阅者可以从队列中获取可用的数据（OASIS，2012）。

3. CoAP

CoAP 在大多数物联网应用程序中用作 HTTP 的替代品（Luigi 等，2010）。与 HTTP 不同，它使用适于智能传感器的、高效的 XML 来传输数据，而且比现有的 HTML 解决方案更快。减小标头的大小可以标识正确的资源、传输数据并管理数据故障或更正。CoAP 消息的不同类型是可确定的、重置的、确认的和不可确认的，搭载在应答本身中作为响应，它还支持一个安全特性，实现了数据报传输层的安全（Carsten 等，2010）。

4. XMPP

可扩展消息和存在协议（XMPP）主要用于聊天和消息交换，它有 IETF 标准，而且传输数据的效率也很高，它遵循任何基于需要发布者/订阅者或请求/响应体系结构的应用程序的体系结构。有许多扩展部分介绍了高效的 xml 交换格式、传感器数据和用于发布/订阅身份验证和安全性的探索（Saint-Andre，2011）。

16.7 物联网应用

在这里，我们将探索使人类生活更简单的智能应用程序。所有这些应用程序都不完整或不可用，有些只是在概念层面上。如果利用好物联网，我们的家庭、医疗和政府部门的生活质量将得到改善。

最受欢迎的应用程序是家庭自动化的发展，它有 300 多个行业和初创公司致力于家庭应用程序。有很多例子，比如 Nest 和 AlertMe。接下来是可穿戴产品，如索尼智能 B 教练机，FitBit 是一个智慧医疗系统。其他潜在的应用包括城市交通、水分配、废物管理、污染控制和电力分配，谷歌和苹果等热门公司正在开发联网汽车。

16.8 技术挑战的类别

在工业中，有许多不同的参数来保证系统的平稳运行和可靠性。我们还面临着很多挑战（Dhananjay 等，2014；Moumena 等，2012；Rafiullan 等，2012；Sheng 等，2013；Manuel 等，2016），如图 16.5 所示，这些挑战包括安全性、不同设备之间的连接性、不同技术之间的兼容性，以及应用程序开发中使用的通用方法所必须遵循的标准，还必须有基于实时数据分析的不同研究。例如，家庭自动化不仅能够打开和关闭设备，而且还可以为用户提供关于如何改变日常活动的适当分析，它还将依据从不同传感器收集的数据，根据能耗和活动分析给出基本报表。

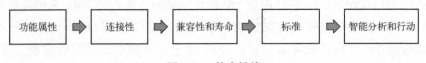

图 16.5 技术挑战

16.8.1 安全性

物联网在安全方面还存在重大问题，这是维护来自世界各地的应用程序开发标准所需要面对的。安全性失败的例子很多，比如访问智能汽车、智慧家居设备和跟踪用户的个人信息。

16.8.2 连通性

物联网环境的另一个挑战性阶段是必须连接不同的节点并使用通信协议传输数据。当前,通信连通性是基于识别这种网络中的低连通性和丢失的连接,因为连接了许多设备,这也需要云服务器的维护。

16.8.3 兼容性和寿命

随着互联设备的概念越来越流行,许多人开始自己制作不同的应用程序。但从系统的角度来看,确定一个通用的方法存在着很大的挑战。

16.8.4 标准

在一个连接的设备网络中,存在有许多网络通信协议,因此必须遵循一定的数据聚合标准:

(1) 处理非结构化数据;
(2) 通信协议和架构;
(3) 设备间数据传输和存储机制;
(4) 利用新的聚合工具的技术技能。

16.8.5 智能分析和行动

数据完成收集后,需要决策系统进行决策。人工智能需要对更多的数据进行分析和预测,许多基于云的服务都是开源的,实时数据挖掘在识别基于事件的分析中发挥着重要作用。如果不了解异常值,数据模型将面临许多挑战,而且许多软件都是基于传统的数据分析。

16.9 试验台和模拟

在本节中,我们将回顾为物联网研究建立各种实验的不同设施和支持,其中包括用于不同物联网开发的不同模拟器、现场项目和试验台。整个综述的重点是为公众提供试验台,如表 16.4(Alexander 等,2011;Maxim 等,2017)所列。

表 16.4 物联网和无线传感器网络的试验台

试 验 台	网络类型	支持/特征	备 注
FIT IoT-LAB	IoT	中型，近 2700 个传感器，实验室环境	它具有大规模、多站点、多用户支持的特点。可编程机器人提供的机动性
Smart IoT Santander	IoT	更大，节点支持为 20000 个真实的城市环境	在西班牙城市实施，有带 RFID 和二维码的传感器
JOSE	IoT	更大的传感器节点，提供基础设施和室外环境服务	位于日本；在应用层提供排泄物；使用 IEEE802.11、3G 和 LTE 传输数据
Motelab	无线传感器网络，网状网络，射频识别	三层实验室部署 190 个尘粒微粒	最早的公共室内设施之一。它被用作构建其他测试平台的框架，如 CCNY、CWSNET、IN-DRIYA
NetEye		在一个房间内，每 1 英尺室内有 15 个长椅，总共部署了 130 个尘粒微粒	通过 FCFS 调度技术支持多跳网络，并在不同的功率级别上工作
TutorNet		一间房间部署了 91 个尘粒颗粒，13 个 MicaZ 微粒	在此试验台可以保留节点来设置实验

对于支持可扩展性、提供能量、效能和定制协议测试的异构元素，主要有 3 类：全栈模拟器，它提供所有物联网元素的端到端支持；应用程序的大数据处理方面；以及网络模拟器（表 16.5）（Ala 等，2015；Chandrasekaran 等，2013；Alexander 等，2011；Sung 等，2000；Maxim 等，2017）。

表 16.5 物联网和无线传感器网络的模拟器

模拟器	特 性	备 注
Cooja	作为 Contiki OS 的一部分；研究人员可以在模拟器上重现真实场景	模拟 WSN 和 IoT 场景；在应用层协议植入（例如 MQTT 和 CoAP）中很流行
NS-3	在 802.15.4 上支持 6LoWPAN	缺乏对应用层的支持
GlomoSIM	有线或无线网络模拟器	为更大规模的模拟提供不同的库
TOSSIM	支持 TinyOS	Power TOSSIM 是扩展。可以模拟 WSN 中的能耗问题
Emstart	具有 Linux 微内核，提供节点间的故障缓解	可以分别执行模块
OmNet++	C++中的离散事件模型，构建提供模块编程模型	商业和学术许可证均可用

16.10　隐私和安全

如今，联网的智能设备已经具备了感知周围环境数据的能力，并且可以连接到云存储上。在日常生活中，用户不仅使用一台台式机或笔记本电脑进行互通，还可以使用各种设备进行交流。轻松连接到互联网现在是可能的，所以我们可以认为，世界上的许多设备取代了主要的现实生活应用程序。物联网设备可以收集关于每个用户的个人数据的信息，并分析它，以及基于它采取适当的行动（Ray，2018）。在这一点上，物联网应用可以改变日常生活，但用户需要明白，必须在某一点上牺牲个人的隐私和安全。例如，因为用户有很多设备需要管理，因此他们不经常更改密码，他们通常使用设备的默认密码。让我们通过更多的现实例子来理解在物联网设备中隐私和安全的重要性，因为随着设备越来越多，很难在每个服务中管理安全策略。在简单的桌面技术中，很难理解未知人的安全标准。如果物联网应用程序中的联网家庭设备受到勒索软件的攻击，该怎么办呢？

假设一个厨房与不同的设备相连，无论它是一个克罗克电锅、冰箱、咖啡机，还是一个灯泡，你都可以简单地在任何时间从你的智能手机上对它们进行控制。这听起来很方便，但这也可以使不知情的用户增加受伤的可能。例如，以 IoT Crockpot Android 应用程序为例，它在 Belkin WeMo 家庭自动化设备中发现了许多漏洞，并为 Android 应用程序提供了解决方案，这将为所有物联网设备和应用程序提出了安全指南方面的需求。

单个设备的安全挑战包括（Kevin 等，2017）：

（1）智能冰箱还存在涉及用户个人信息的隐私问题。

（2）视频监控和运动跟踪数据也受到影响。

（3）Mirai 恶意软件通过僵尸网络影响了许多设备，从而导致拒绝服务。

（4）针对作为域名服务器（DNS）基础设施的许多物联网设备的主要网络攻击，有证据表明，它们影响了许多著名的服务，如 Twitter、《纽约时报》、Netfix、Spotify、SoundCloud 等。

16.11　物联网安全架构

有必要以这样一种方式实现安全机制，以实现物联网应用的互联网协议

(Yang 等，2017）。在下面的章节中，我们将探讨基于物联网层面和现有安全问题的解决方案。

16.11.1 感知层

感知层分为传感器或控制器，与上层建立通信。有用于定位、识别、距离、音频/视频的数据传感器，以及更多用于观察不同活动的数据传感器。但是在异构网络中，感知层中存在着许多影响节点或异常节点识别的问题。在同一个方向上有许多研究正在进行中，例如具有安全机制的异构算法。在密码学中建立一个基于公钥的身份验证会给电力带来问题，有许多可能性会影响节点或节点之间的信任建立，在发送到其他节点之前识别敏感数据的算法也为用户个人数据提供了适当的隐私。

16.11.2 网络层

物联网中的每个设备都需要一个唯一的标识，因此根据设备和基于传感器的应用程序的增长率，它们不能使用 IPv4，因为它们需要更大的地址空间。必须使用低功耗的 IPv6，即 6 LoWPAN。此外，在安全和网关的标准中，也有未经任何修改的拟议安全解决方案（Shahid 等，2011）。安全和真实的通信端点需要标头身份验证和封装的安全负载。低能量节点的小型 MTU（Shang 等，2016）可以通过头压缩进行管理。

在物联网网络中，需要一些参数来管理多点传送和网状网格路由。

16.11.3 传输层

传输层的一个主要方面是在通信中提供可靠的数据传输和管理拥塞，但是在物联网应用中，很难基于低功耗节点、低延迟和通信中的较少数据量来识别不同的活动。数据传输层安全性提供双向身份验证，并使用 RSA 密钥与 X.509 认证配合使用，从而节省了能源，同时保持传统互联网上的标准。作为 DTL 和 CoAP 的组合，有许多关于附加安全位的工作被概括为 Lithe（Raza 等，2013）。

16.11.4 应用层

物联网应用需要来自节点的不同类型的数据，并将这些数据发送回节点，因此通信模块基于请求-响应。基于 Linux 的节点受到 Mirai 的影响，导致

DDoS 攻击。在那之后，Malwaremmustdie 发现了 IRCTelnet，有许多恶意代码攻击试图观察和获取用户的个人信息，还有许多网络钓鱼攻击和嗅探来识别网络行为。安全度量、数据认证、风险评估和识别入侵是衡量任何应用程序的安全级别所必需的（Swamy 等，2017）。

16.12 物联网应用中基于概率的信任建立技术

贝叶斯网络被认为是基于随机变量概率的有向图。物联网是可以视为节点的不同设备的组合。该节点可能会受到攻击和用户私有数据被盗的影响。他们以相同的身份将数据发送到另一个节点。因此，出于安全原因，识别节点的信任级别非常重要（Lin 等，2016）。

首先，根据 4 个步骤建立新节点或任何节点信任级别的结构级别，如图 16.4 所示。其次，通过参数的确定，定义节点信任、基本信任和不信任 3 个层次，并对先验概率进行整合和条件概率的分配。在下一个层次，我们必须找到基于贝叶斯定理使用先验概率和条件概率的后验概率推理。最后基于阈值概率对信任节点进行评价。

$$P(A|B) = \frac{P(B|A)P(A)}{P(B)}$$

另一项研究提出了一种基于联合概率的通信节点认证识别方法（Lee 等，2016），这里涉及物联网基础设施中节点之间的信息共享问题，它基于服务器和节点之间的条件概率数据认证。该方法与传统方案相比，效率提高了 5.2%，处理时间减少了 7.8%，通信开销也减少了 3.5%。

健身带和可穿戴设备用于日常活动，如健康分析、提醒、接收电子邮件和其他测量。我们共享数据而不关心个人数据披露者。许多利用这些敏感数据的公司都被要求管理隐私。研究人员发现，单一数据和从不同来源收集的非敏感数据以及汇总的数据也可以导致其他个人信息泄露。利用贝叶斯网络，他们根据与第三方共享数据时的风险度量的先验概率和条件概率计算后验概率（Ilaria 等，2016）。

水源控制系统有不同的传感器，这些传感器在相互传输数据时需要是安全的，网络需要在短时间内识别入侵。贝叶斯推断可以成功地识别正常或侵入性活动（Sun 等，2017）。

在这里，他们使用贝叶斯网络计算了入侵检测和可信节点检测，如上面所述，感知、传输和应用程序具有一组节点。从感知层开始，故障通向下一层（传输），而传输层故障通向应用层。基于当前情况应用马尔可夫模型，他们没有考虑全面的安全机制。研究中显示的仿真结果为基于马尔可夫模型的决策过程提供了信心、认证和完整性，并且他们还引入了面向切面编程技术。根据 Wang 等的结果（Eric 等，2015），具有应用安全、运行节点多、能耗低的特点。

16.13 总　结

安全和隐私问题不仅仅局限于物联网架构的某一个单层，每个应用程序都需要不同的隐私和安全解决方案。不同的加密和报头身份验证要求节点具有更高的处理能力，这意味着更少的能力和最小的计算量。基于概率的模型提供了更少的电力消耗并减少了服务器开销。在不影响数据效用的情况下，用户隐私更为重要，基于概率的方法可以防止第三方的未授权访问。

缩略词	全　称
6LoWPAN	IPv6 over low-power wireless personal area networks
ACK	acknowledgement
AMQP	advanced message queuing protocol
BLE	bluetooth low energy
CoAP	constrained application protocol
CSMA/CD	carrier sense multiple access with collision detection
CVP	cut vertex portioning routing protocol
DAD	duplicate address detection
DSDV	destination-sequenced distance-vector routing
DSL	digital subscriber line
DSR	dynamic source routing
DTLS	datagram transport layer security
ETSI	european telecommunications standards institute
GHC	generic header compression
GPRS	general packet radio service
H2H	human to human

H2M	human-to-machine
HD	high-definition
HTML	hypertext markup language
HTTP	hypertext transfer protocol
ICMP	internet control message protocol
ICT	information and communications technology
IEEE	institute of electrical and electronics engineers
IETF	internet engineering task force
IGMP	internet group management protocol
IoT	internet of things
IP	internet protocol
IPV6	internet protocol version 6
LAN	local area network
M2M	machine-to-machine
MANET	mobile ad hoc network
MQTT	message queue telemetry transport
ND	neighbour discovery
NFC	near feld communication
OSPF	open shortest path first
P2P	peer to peer
QoS	quality of service
QR	quick response
RARP	reverse address resolution protocol
RFID	radio-frequency identifcation
RIP	routing information protocol
RoLL	routing protocol for low power and lossy networks
RREQ	route request
SDOs	standards developing organizations
TCP	transmission control protocol
UDP	user datagram protocol
UMTS	universal mobile telecommunications system
URL	uniform resource locator

UTRAN	universal terrestrial radio access network
WAN	wide area network
WPAN	wireless personal area network
WSN	wireless sensor network
XL	approximate link state routing protocol

参 考 文 献

Adnan Aijaz, Hamid Aghvami A, 2015. Cognitive machine-to-machine communications for Internet-of-things: A protocol stack perspective [J]. IEEE Internet of Things Journal, 2 (2): 103-112.

Ala Al-Fuqaha, Mohsen Guizani, Mehdi Mohammadi, et al., 2015. Internet of things: A survey on enabling technologies, protocols, and applications [J]. IEEE Communications Surveys and Tutorials, 17 (4): 2347-2376.

Alexander Gluhak, Srdjan Krco, Michele Nati, et al., 2011. A survey on facilities for experimental Internet of things research [J]. IEEE Communications Magazine, 49 (11): 58-67.

Anass Rghioui, Anass Khannous, Said Bouchkaren, 2014. 6lo technology for smart cities development: Security case study [J]. International Journal of Computer and Applications, 92 (15).

Archana Bhat, Geetha V, 2017. Survey on routing protocols for Internet of things [C]. 2017 7th International Symposium on Embedded Computing and System Design (ISED), Durgapur, India.

Asma Lahbib, Khalifa Toumi, Sameh Elleuch, 2017. Link reliable and trust aware RPL routing protocol for Internet of things. 2017 IEEE 16th International Symposium on Network Computing and Applications (NCA), Cambridge, MA: 1-5.

Brandt A, Buron J, 2015. Transmission of IPv6 packets over ITU-T G. 9959 networks. IETF RFC 7428, February 2015, https://www.ietf.org/rfc/rfc7428.txt.

Bruno Dorsemaine, Jean-Philippe Gaulier, Jean-Philippe Wary, et al., 2015. Internet of things: A definition & taxonomy [C]. 2015 9th International Conference on Next Generation Mobile Applications, Services and Technologies, Cambridge, UK: 72-77.

Bush S, 2015. Dect/ule connects homes for iot. http://www.electronicsweekly.com/news/design/communications/dect-ule-connectshomes-iot-2015-09/.

Carles Gomez, Josep Paradells, Caesten Bormann, et al., 2017. From 6LoWPAN to 6Lo: Expanding the universe of IPv6-supported technologies for the Internet of things [J]. IEEE Communications Magazine, 55 (12): 148-155.

Carsten Bormann, Angelo P Castellani, Zach Shelby, 2012. CoAP: An application protocol for billions of tiny Internet nodes [J]. IEEE Internet Computing, 16 (2): 62-67.

Chandrasekaran V, Anitha S, Shanmugam A, 2013. A research survey on experimental tools for simulating wireless sensor networks [J]. International Journal of Computer and Applications, 79 (16): 1-9.

Dhananjay Singh, Gaurav Tripathi, Antonio J Jara, 2014, March. A survey of Internet-of-things: Future vision, architecture, challenges and services [C]. 2014 IEEE World Forum on Internet of Things (WF-IoT), Seoul, Korea (South): 287-292.

Diego Dujovne, Thomas Watteyne, Xavier Vilajosana, 2014. 6TiSCH: Deterministic IP-enabled industrial Internet (of things) [J]. IEEE Communications Magazine, 52 (12): 36-41.

Ekle Mackensen, Matthias Lai, Thomas M Wednt, 2012. Bluetooth Low Energy (BLE) based wireless sensors [C]. Sensors, 2012 IEEE, Taipei, Taiwan: 1-4).

Eric Ke Wang, Wu Tsu-Yang, Chen Chien-Ming, et al., 2015. Mdpas: Markov decision process based adaptive security for sensors in Internet of things [J]. In Genetic and Evolutionary Computing, 329: 389-397.

EU, 2014 September 18. FP7 Internet of things architecture project [Online]. http://www.iot-a.eu/public.

Friedemann Mattern, Christian Floerkemeier, 2010. From the Internet of computers to the Internet of things. In: From Active Data Management to Event-Based Systems and More-Papers in Honor of Alejandro Buchmann on the Occasion of His 60th Birthday [C]. Springer, Berlin, Heidelberg: 242-259.

Ilaria Torre, Frosina Koceva, Odnan Ref Sanchez, et al., 2016. Fitness trackers and wearable devices: How to prevent inference risks? [C]. 11th International Conference on Body Area Networks, Turin, Italy: 125-131.

Joharan Beevi M, 2016. A fair survey on Internet of Things (IoT). 2016 International Conference on Emerging Trends in Engineering, Technology and Science (ICETETS), Pudukkottai, India: 1-6.

Jong Hyup Lee, 2018. Patch transporter: Incentivized, decentralized software patch system for WSN and IoT environments [J]. Sensors, 18 (2): 574.

Junaid Ahmed Khan, Hassaan Khaliq Qureshi, Adnan Iqbal, 2015. Energy management in wireless sensor networks: A survey [J]. Computers and Electrical Engineering, 41: 159-176.

Kevin Fu, Tadayoshi Kohno, Daniel Lopresti, et al., 2017. Safety, security, and privacy threats posed by accelerating trends in the Internet of things [R]. Technical Report. Computing Community Consortium.

Lee Yang-Han, Jeong Yoon-Su, 2016. Information authentication selection scheme of IoT devices using conditional probability [J]. Indian Journal of Science and Technology, 9 (24).

Lin Jie, Yu Wei, Zhang Nan, et al., 2017. A survey on Internet of things: Architecture, enabling technologies, security and privacy, and applications [J]. IEEE Internet of Things Journal, 4 (5): 1125-1142.

Lin Jun, Shen Zhiqi, Miao Chunyan, 2017. Using blockchain technology to build trust in sharing LoRaWAN IoT [C]. Proceedings of the 2nd International Conference on Crowd Science and Engineering, Beijing, China: 38-43.

Lin Qin, Ren Dewang, 2016. Quantitative trust assessment method based on Bayesian network [C]. 2016 IEEE Advanced Information Management, Communicates, Electronic and Automation Control Conference (IMCEC), Xi'an, China: 1861-1864.

Locke D, 2010. Mq telemetry transport (mqtt) v3. 1 Protocol specifcation. IBM Developerworks Technical Library.

Lorenzo Vangelista, Andrea Zanella, Michele Zorzi, 2015. Long-range IoT technologies: The dawn of LoRa™ [C]. Future Access Enablers of Ubiquitous and Intelligent Infrastructures, Ohrid, Republic of Macedonia: 51-58.

Luigi Atzori, Antonio Iera, Giacomo Morabito, 2010. The Internet of things: A survey [J]. Computer Networks, 54 (15): 2787-2805.

Mahmoud Elsaadany, Abdelmohsen Ali, Walaa Hamouda, 2017. Cellular LTE-A technologies for the future Internet-of-things: Physical layer features and challenges [J]. IEEE Communications Surveys and Tutorials, 19 (4): 2544-2572.

Manuel Díaz, Cristian Martín, Bartolomé Rubio, 2016. State-of-the-art, challenges, and open issues in the integration of Internet of things and cloud computing [J]. Journal of Network and Computer Applications, 67: 99-117.

Marcelo Nobre, Ivanovitch Silva, Luiz Affonso Guedes, 2015. Routing and scheduling algorithms for WirelessHARTNetworks: A survey [J]. Sensors, 15 (5): 9703-9740.

Marrten Weyn, Glenn Ergeerts, Rafael Berkvens, et al., 2015. DASH7 alliance protocol 1.0: Low-power, mid-range sensor and actuator communication [C]. 2015 IEEE Conference on Standards for Communications and Networking (CSCN), Tokyo, Japan: 54-59.

Maxim Chernyshev, Zubair Baig, Oladayo Bello, et al., 2017. Internet of Things (IoT): Research, simulators, and testbeds [J]. IEEE Internet of Things Journal, 5 (3): 1637-1647.

Meena Singh, Rajan M A, Shivraj V L, et al., 2015. 2015 Fifth International Conference on Communication Systems and Network Technologies (CSNT), Gwalior, India: 746-751.

Moumena A Chaqfeh, Nader Mohamed, 2012. Challenges in middleware solutions for the Internet of things. 2012 International Conference on Collaboration Technologies and Systems (CTS), Denver, CO, USA: 21-26.

Muneer Bani Yassein, Wail Mardini, Ashwaq Khalil, 2016. Smart homes automation using Z-wave protocol [C]. 2016 International Conference on Engineering & MIS (ICEMIS), Agadir, Morocco: 1-6.

Nurzaman Ahmed, Hafizur Rahman, Md Iftekhar Hussa-in, 2016. A comparison of 802.11 ah and 802.15.4 for IoT [M]. Quality of Service (QoS) provisioning in Internet of Things (IoT). ICT Express, 2 (3): 100-102.

OASIS, 2012. Oasis advanced message queuing protocol (amqp) version 1.0. http://docs.oasisopen.org/amqp/core/v1.0/os/amqp-core-complete-v1.0-os.pdf.

Oliver Hahm, Emmanuel Baccelli, Hauke Petersen, et al., 2016. Operating systems for low-end devices in the Internet of things: A survey [J]. IEEE Internet of Things Journal, 3 (5): 720-734.

Pallavi Sethi, Smruti R Sarangi, 2017. Internet of things: Architectures, protocols, and applications [J]. Journal of Electrical and Computer Engineering, 2017 (1): 1-25.

Petros Spachos, Andrew Mackey, 2018. Energy efficiency and accuracy of solar powered BLE beacons [J]. Computer Communications, 119: 94-100.

Pinomaa A, Ahola J, Kosonen A, et al., 2015. HomePlug green PHY for the LVDC PLC concept: Applicability study [C]. 2015 IEEE International Symposium on Power Line Communications and Its Applications (ISPLC), Austin, TX, USA: 205-210.

Poole I, 2014. Weightless wireless—m2m white space communications - tutorial. http://www.radioelectronics.com/info/wireless/weightless-m2m-white-space-wireless communications/basics-overview.php.

Prithvi Raj Narendra, Simon Duquennoy, Thiemo Voigt, 2015. BLE and IEEE 802.15.4 in the IoT: Evaluation and interoperability considerations [C]. International Internet of Things Summit, Shanghai, China: 427-438.

Raafat Aburukba, Al-Ali A R, Nourhan Kandil, et al., 2016, Configurable ZigBee-based control system for people with multiple disabilities in smart homes [C]. 2016 International Conference on Industrial Informatics and Computer Systems (CIICS), Sharjah, United Arab Emirates: 1-5.

Rafiullan Khan, Sarmad Ullah Khan, Rifaqat Zaheer, et al., 2012. Future Internet: The Internet of things architecture, possible applications and key challenges [C]. 2012 10th International Conference on Frontiers of Information Technology, Islamabad, Pakistan: 257-260.

Ramesh Babu H S, Urmila Dey, 2014. Routing protocols in IPv6 enabled LoWPAN: A survey [J]. International Journal of Scientifc and Research Publications, 4 (2): 1-6.

Ray P P, 2018. A survey on Internet of things architectures [J]. Journal of King Saud University-Computer and Information Sciences, 30 (3): 219-231.

Raza Shahid, Hossein Shafagh, Kasun Hewage, et al., 2013. Lithe: Lightweight secure CoAP for the Internet of things [J]. IEEE Sensors Journal, 13 (10): 3711-3720.

Saint-Andre P, 2011. Extensible messaging and presence protocol (XMPP): Core.

Shadi Al-Sarawi, Mohammed Anbar, Kamal Alieyan, et al., 2017. Internet of Things (IoT) communication protocols: review [C]. 2017 8th International Conference on Information Technology (ICIT), Amman, Jordan: 685-690.

Shahid Raza, Thiemo Voigt, Utz Roedig, 2011. 6LoWPAN extension for IPsec. 1-3

Shang Wentao, Yu Yingdi, Ralph Droms, et al., 2016. Challenges in IoT networking via TCP/IP architecture. NDN Project, Tech. Rep. NDN-0038.

Sheng Zhengguo, Yang Shusen, Yu Yifan, et al., 2013. A survey on the ietf protocol suite for the Internet of things: Standards, challenges, and opportunities [J]. IEEE Wireless Communications, 20 (6): 91-98.

Spörk M, 2016. IPv6 over Bluetooth Low Energy Using Contiki (Doctoral dissertation. Master's thesis, Graz University of Technology, Graz, Austria).

Srdjan Krco, Boris Pokric, Fracois Carrez, 2014. Designing IoT architecture (s): A European perspective. 2014 IEEE World Forum on Internet of Things (WF-IoT), Seoul, South Korea: 79-84.

Stefano Basagni, Chiara Petrioli, Roberto Petroccia, 2015. CARP: A channel-aware routing protocol for underwater acoustic wireless networks [J]. Ad Hoc Networks, 34 (17): 92-104.

Sun F, Wu C, Sheng D, 2017. Bayesian networks for intrusion dependency analysis in water controlling systems [J]. Journal of Information Science and Engineering, 33 (4): 1069-1083.

Sung Park, Andress Savvides, Mani B Srivastava, 2000. SensorSim: A simulation framework for sensor networks. Proceedings of the 3rd International Symposium on Modeling Analysis and Simulation of Wireless and Mobile Systems (MSWiM), Boston, Massachusetts, USA: 104-111.

Swamy Nagasimha Swamy, Dipti Jadhav, Nikita Kulkarni, 2017. Security threats in the application layer in IOT applications [C]. 2017 International Conference on I-SMAC (IoT in Social, Mobile, Analytics and Cloud) (I-SMAC), Palladam, India: 477-480.

Tara Salman, Raj Jain, 2015. Networking protocols and standards for Internet of things [M]. Internet of Things and Data Analytics Handbook, John Wiley & Sons, Inc: 215-238.

Timur Mirzoev, 2014. Low rate wireless personal area networks (lr-wpan 802.15.4 standard) [S]. arXiv preprint arXiv: 1404.2345.

Wu Miao, Lu Ting-Jie, Ling Fei-Yang, et al., 2010. Research on the architecture of Internet of things [C]. 2010 3rd International Conference on Advanced Computer Theory and Engineering (ICACTE), Chengdu, China: V5-484-V5-487.

Yang Yuchen, Wu Longfei, Yin Guisheng, et al., 2017. A survey on security and privacy issues in Internet-of-things [J]. IEEE Internet of Things Journal, 99: 1-1.

Yang Zhihong, Yue Yingzhao, Yang Yu, et al., 2011. Study and application on the architecture and key technologies for IoT [C]. 2011 International Conference on Multimedia Technology, Hangzhou, China: 747-751.

Zeng Deze, Guo Song, Cheng Zixue, 2011. The web of things: A survey [J]. Journal of Communications, 6 (6), 424-438.

贡 献 者

Ahmed Gaber Abu Abd-Allah
博士研究员
埃及哈勒旺大学

Aya Sedky Adly
埃及哈勒旺大学计算机与人工智能学院

Jamimamul Bakas
印度鲁吉拉国立理工学院

Rajib Bag
印度西孟加拉邦最高知识基金会机构集团

M. K. Banga
印度班加罗尔达亚南达萨加尔大学计算机科学与工程系

Siddhant Banyal
印度新德里 Netaji Subhas 理工大学（前称 Netaji Subhas 理工学院）仪表与控制部

Sudheer Kumar Battula
澳大利亚塔斯马尼亚霍巴特大学技术、环境与设计学院

Kartik Krishna Bhardwaj
印度新德里 Netaji Subhas 理工大学（前称 Netaji Subhas 理工学院）仪表与控制部

Joy Chatterjee
印度西孟加拉邦最高知识基金会机构集团

Suchismita Chinara
印度鲁吉拉国立理工学院

Andrea Chiappetta
意大利罗马 ASPISEC（IT）首席执行官

Atanu Das
印度加尔各答 Netaji Subhash 工程学院

Manab Kumar Das
印度西孟加拉邦最高知识基金会机构集团

Saurabh Garg
澳大利亚塔斯马尼亚霍巴特大学技术、环境与设计学院

Atef Zaki Ghalwash
埃及哈勒旺大学计算机与人工智能学院

Sayon Ghosh
印度西孟加拉邦最高知识基金会机构集团

M. Gowtham
印度班加罗尔 Mysuru 和 Dayananda Sagar 大学计算机科学与工程系

Daneshwari Hatti
印度维贾亚布尔哈拉卡蒂工程技术学院电子与通信博士

Shyamalendu Kandar
印度工程科学技术学院信息技术系

Byeong Kang
澳大利亚塔斯马尼亚霍巴特大学技术、环境与设计学院

Ranjit Kumar
印度鲁吉拉国立理工学院

Upendra Kumar
印度比哈尔邦巴特那校区比尔拉理工学院计算机科学与工程系

Soumya Nandan Mishra
印度鲁吉拉国立理工学院

N. Ambika
印度班加罗尔 SSMRV 学院计算机应用系

Ruchira Naskar
印度希布普尔印度工程科学技术研究所

Sumit Pal
印度希布普尔印度工程科学技术学院信息技术系

Smita Pallavi
印度比哈尔邦巴特那校区梅斯拉理工学院计算机科学与工程系

Pranjal Pandey
印度新德里信息技术研究所电子与通信工程系

Mallanagouda Patil
印度班加罗尔达亚南达萨加尔大学计算机科学与工程系

H. B. Pramod
印度哈桑拉杰夫理工学院计算机

科学与工程系

James Montgomery
澳大利亚塔斯马尼亚霍巴特大学技术、环境与设计学院

Meenakshi Rawat
印度鲁基印度理工学院电子与通信工程系

Deepak Kumar Sharma
印度新德里 Netaji Subhas 技术大学（前身为 Netaji Subhas 技术学院）信息技术部

Umang Shukla
印度马哈萨纳甘帕特大学

Rupender Singh
印度鲁基印度理工学院电子与通信工程系

Suriya Sundaramoorthy
印度哥印拜陀 PSG 技术学院

Ashok V. Sutagundar
印度巴加尔科特市巴加尔科特电子与通信工程学院

Asis Kumar Tripathi
维洛尔理工学院信息技术工程系

内容简介

物联网安全技术是与物联网中的连接设备和网络安全密切相关的技术。物联网涉及网络连接系统中相关的计算设备、机械和数字机器、对象、动物和（或）人均有自己独特的标识符，并能在网络上自动传输数据。如果设备没有得到适当的保护，那么允许设备连接到互联网会导致出现许多严重的安全漏洞。本书使用安全工程和隐私设计原则来设计一个安全的物联网生态系统，并提供网络安全的实施解决方案，引导读者从了解物联网技术的安全问题开始，到解决如何将其应用于各个领域，如何应对安全挑战，如何为物联网设备构建安全基础设施等问题。本书全面讨论了物联网中射频识别（RFID）和无线传感器网络（WSN）的安全挑战和解决方案，将帮助相关研究人员和从业人员了解物联网的安全架构和安全对策研究的最新进展。本书作者为世界各地顶尖的物联网安全专家，他们介绍了自己对不同物联网安全方面的看法和研究成果。

本书可供从事物联网研发和解决物联网安全问题的研究人员和工程技术人员阅读，也可供相关专业的研究生和本科生参考。